あなたもすでに体験している?!

宇宙人コンタクトと
新人種
スターチャイルドの誕生

メアリー・ロッドウェル

島貫 浩［訳］

ヒカルランド

彼らが何者かではなく、
我々は何者なのか、
それが問題だ。

（ロバート・O・ディーン）

ママたちは、僕の本当の親じゃないんだよ。
僕の親は宇宙にいる。
それから、何か信じられないほど大切なことが、
この星の上で起こるんだよ。
それは意識のすべてのレベルに影響を与えるんだ。
それは、ママの時代には起こらないと思うけど、
僕が生きている時代に起こると思う。

（マイク・オラム、4歳）

多次元世界と高次元知覚

——それこそがコンタクト体験の果実です。

この体験は玉ねぎのような多重構造を持っていますが、
その玉ねぎのどの層を剝がしたとしても、
常にある事実が見えてきます。
コンタクト体験は私たちを多次元世界へと目覚めさせ、
その超現実を通して、
人間の潜在能力を深く理解することへと導くのです。

カバーデザイン　三瓶可南子
校正　麦秋アートセンター
本文仮名書体　文麗仮名（キャップス）

本書への推薦の言葉

メアリー・ロッドウェルの『目覚め（Awakening）（原書タイトル）』は、とても面白い本だ。洞察にあふれ、詳細な事実に基づいており、エイリアン・アブダクションとコンタクト体験の多くの異なった側面について考察しているように思われる。

このようなテーマに興味がある人々に第一級の資料として歓迎されるのは間違いないだろう。世界中の図書館に所蔵される価値があり、長きにわたってこの主題を研究する学者たちに参照されるだろう。

そして、アブダクションを直接体験した人々に多くの安らぎをもたらすはずだ。

フィリップ・マントル
ＢＵＦＯＲＡ（英国ＵＦＯ研究協会）の前調査責任者
『侵襲（Without Consent）』の共同執筆者

これはただの調査記録の本ではありません。調査なんてものをずっと超えた本なのです。この本は一人の女性とその調査の対象となった人々によって書かれたものです。メアリーは熟練のカウンセラーであり、彼女のライフワークは、エイリアン、つまり地球外生命体とのコンタクト体験に関する多くの側面と向き合おうとしている人々を助けることです。

彼女のプロ意識が全ページを通じて光り輝き、彼女が助けようとしている人々への慈愛と真の気遣いにその意識が結び付いているのです。彼女のアプローチはすべてのケースにおいて感情をあおりたてるようなものではなく、時には不可解なケースもあるものの、あらゆる可能性と説明を考察し、論理的で合理的です。メアリーは、読者の認識力に優しく語りかけます。この異様な現象に対する自分の視点を大勢の読者がきっと考え直すでしょう。

あるとき、誰かが、UFOアブダクション現象について、このように言いました。「証拠がないことは、存在しないことの証拠ではない」この言葉は、まったく真実です！　ついに私たちは、十分な調査の上に書かれた良書を手にしました。この本は、現在と未来の、とてつもなく大勢の人々の助けとなるでしょう。

アン・アンドリューズ
『アブダクション体験（Abducted）』の著者

読者からの書評

これは優れた情報源となる本であり、一般人、コンタクト体験者、専門家のいかんにかかわらず、この世界規模で起こっている現象について理解を得ようとする人々の助けとなるでしょう。

ドロレス・キャノン：アメリカの作家

とてつもなく助けとなりました。私と同じような経験をしたオーストラリアの人々について知ることができて感激です。一人の熱心で勇敢な専門家の女性のおかげで、私は大勢の人々とのつながりを得ることができました。これは闇夜を照らす大きなランタンのように光り輝く本です。

ダナ・レッドフィールド：アメリカの作家

メアリー、あなたの本は素晴らしい。これまで印刷されたこの分野を扱った本の中で、初めて真に包括的で正確な本であり、メアリーはそのすべてを明晰性と優雅さをもって網羅した。あなたに喝采を送りたい。

ルース・マッキンリー・フーバー　PhD：ACCET代表　アメリカ
ACCET：Academy of Clinical Close Encounter Therapist（精神医療専門職団体）

最近、あなたの素晴らしい本を買いました。これまで大勢の作家がやってきたように、単にアブダクションされた人々が感じ、体験したものを捉えることに終始しないという点で、この本は称賛されるでしょう。私はUFOなどの超常現象に関する膨大な蔵書を所有していますが、あなたのアプローチは唯一とは言わないものの極めて稀《まれ》です。

この本には至る所に多くの真実が込められています。続発するエイリアン現象の謎について「真実」を知ることは素晴らしいことです。最後に、この美しい本をありがとう。

アーニー・シアーズ：ヒーラー、UFO研究家　イギリス

この本の最大の利点を言えば、私が答えを知りたいと感じて本を開けば、その質問の答えが書かれているということです。電話を使わずに、あなたと話しているかのようです。この本のもう一つの強力なメッセージは、アブダクションの体験者が恐怖に対処した方法を描写したところです。今や私は落ち着きを取り戻し、不安ではなくなりました。

カレン：オーストラリア

この本はアブダクション体験者に関する本です。この本を読むと、自分自身がその体験をしているかのように感じます。素晴らしい！

ケイト・ミラー：ＵＦＯマガジン、イギリス

この本は私の「バイブル」の一つになった。まず、文学としての味わいがあるからだ。次に、アブダクション体験者がお互いに助け合うためのユニークな方法にフォーカスしていることだ。

ジェームズ・バジル：イギリス

この本には本当に姿勢を正され、考えさせられた。このような本に出会ったとき、その素晴らしさを言葉で伝えるのは難しい。真面目なすべての研究者の本棚にこの本はあるべきだと感じる。文字通りの意味で草分けとなった本書に祝辞を述べたい。

スティーブ・ライダー：サウサンプトンＵＦＯグループ　イギリス

世界中の様々な職業の大勢の人々が、自分が宇宙からやってきた生物と定期的に連絡を取っていると信じていると知ったら、あなたは驚くかもしれません。

７年前、熟練の助産師であり、カウンセラーであり、セラピストでもあるメアリー・ロッドウェ

ルは、そういった話をサイエンス・フィクションの類《たぐい》だと見なしていました。
しかし、一連の出来事を通じて彼女はその驚くべき体験をしたと主張する人々のカウンセリングを開始しました。メアリーは次第に、彼らの主張が過剰な想像の産物ではないということを理解していきました。彼らの主張は本物で、健康で正常な人々に起こったことであり、何よりも彼女の近所で起こっていたことだったのです!

口コミによって、メアリーはこの奇妙で異様な体験に携わる人々にとって信頼のおける相談役、受託者として知られるようになり、そのような人々を助け、尊敬を受けるようになりました。メアリーのもとを訪れる人々の数は何百人にも上るようになり、メアリーは宇宙人とのコンタクト体験に気づいている人々が大勢いることを知りました。

ある人々は生まれてからずっとその体験を薄々と気づいていましたが、大半の人々は完全な闇の中にいて、セラピストのところへ行って、説明不能の理不尽な恐怖を鎮めるしかありませんでした。

メアリーはこう言っています。

「〈目覚め〉のプロセスは常に簡単とは限りません。しかし、すべてのケースにおいて、その結果は変容的なものであり、正しい助けとサポートを受けることができれば、それは人生を変えるものになり得ます」

自らに問う準備はできていますか?

「私はエイリアンとコンタクトした体験があるのか？」

どうか、この本をあなたが第一歩を踏み出す助けとしてください。ためらう必要などありません。

ヘザー・ペドレー

私の3人の素晴らしい特別な子供たち
クリストファー、ミカエラ、ティムへ
この本の執筆に対して
絶え間ない愛情に満ちたサポート、
忍耐と寛容のスピリットをありがとう。
あなたがたは私の最も偉大な先生です。
言葉にできないくらい愛しています！

私の特別な両親へ。
母、イリス・マグデレーネ・シェリー。
今も心の中で、私はあなたの愛と笑顔、情熱を感じます。
すべてが可能であると、私は本当に信じています。
そして、父のヘンリー・マイケル・シェリーへ。
あなたの絶え間ない愛と開かれた心、包容力とサポートに感謝します。

私は両親に本当に恵まれました。
そして、私の兄弟姉妹たち、みんなを愛しています。

目次

序文　「エイリアン・アブダクション現象」待望のバイブル誕生

ロジャー・リアー博士

熱帯林は濃い緑で覆われていた。太陽の光が林の中まで降り注いでいて、ジャングルの地面に生い茂った草木を輝かせている。そよ風が吹いて植物が揺れ動き、ジャングルの地面に影を落とした。生命は満ち溢れ、その躍動する姿が空と木々の間の両方にハッキリと見える。どこもかしこも生命で一杯だ。ジャングル特有の濃厚な匂いがする。あらゆる生命が絞りだす大気の重みは、まるでタコの触手のようだ。そこかしこから生命がはじける音が聞こえる。誰もがそのような環境から想像するように、気候は暖かく多湿だ。誰かがドロドロのペンキが詰まった缶を開けて、天に青色のペンキをぶちまけたかのようだ。時折、波打つ白い群雲が大空に映え浮かび、やがて高空を流れて、あちらこちらへ四散してゆく。海原は静かに凪《な》いで、そよ風に合わせて、さざ波が起こる。水面はまばらな雲影を映し、それはまるで舞台の上で舞うバレエダンサーのようだ。これは、数百万年前の惑星地球の姿だろうか？

突然、ジャングルの中を1匹の生物が跳ね回るのが見えた。一目見たところでは、その生物は2本足で直立歩行する長い髪の裸の生き物で、ある種の猿のようだ。もっと近くで見ることができれば、それは猿ではないことが分かる。その生物の髪はブロンドの長髪で、肌はピンクがかった白色で滑らかだ。体毛はない。この生物は、あらゆる点で人間に見え、性別は男に思えた。じっくりと観察すると、その生物には並外れた特徴があることが分かる。姿形と身のこなしの両面で完璧に見えるのだ。彼の脚は逞《たくま》しく、走ればその筋肉が躍動し、その瞳は空のように青く、まるで澄んだ池のようだ。彼はかなりの高さまで飛び上がって、木から実をもぎ取ることができる。低い位置にある枝に飛びついて、枝から枝を渡っていく。折りを見ては、木に寄り掛かって休息し、手際よく集めた食料をむさぼっている。彼の身長は、おおよそで5フィート6インチ（約168センチ）、体重は150ポンド（約68キロ）ぐらいだろうか。似たような生き物は他には見えない。彼は独りだ。

不気味な夜の闇が大地をゆっくりと覆い、生命のあらゆる姿が暗黒へと溶けてゆく。風は静かに凪いで、海が夜空の光を反射している。星々が鏡のように光っている。静けさの中、不意に空気がかき乱され、そよ風が吹いた。その風はどこから吹いてくるのか分からず、皮膚に電流のような刺激を与える。それは自然な感じではなく、人工的なものに思える。

漆黒《しっこく》の夜空の遥《はる》か上空で、一つの星が瞬いて燦然《さんぜん》と輝きだした。その光は地球に向かって下降しながら輝きを増し、どんどん近づいてくる。電気的な波動が体毛を逆立たせる。ささやくようだった風が急に強まり、巨大な多層構造の飛行船がゆっくりとその姿を現した。円形に明かりが配置され、色とりどりの光を放っている。幾つかの窓が見える。その円形の飛行船は音もなく、ゆっくりと近づいてくる。まったく重力を無視して自由に浮遊しながら。その飛行船の巨大さに圧倒される。2ブロックほどの街ぐらいあるのだ！

なんの前触れもなく、飛行船の下方から青白い強烈な光錐《こうすい》が出現した。まるであたりをスキャンしているかのようだ。飛行船は、ゆっくりと慎重に少しずつ密林の上を進んでゆく。何かを探しているかのようだ。その後、飛行船は突然ぴたりと止まる。光錐の幅が広がって、地面の特定の領域に焦点を合わせた。ビームのターゲットは、ピンク色の肌をしたブロンドの男性だ。彼は眠っているが、不思議なことに光の中で浮かび上がり飛行船へと向かっていく。彼が飛行船の下部に近づくと、開口部の一つが開き、その人間の姿をした生き物を飲み込んだ。光のビームは現れたときと同じように不意に消える。飛行船は上昇を始め、どんどん速度を増して、やがてその光は遠ざかり、輝く星々の中へと消えた。

感覚的には短い時間が過ぎ去った。たぶん、数日か、数ヶ月、あるいは数年だったかもしれない。その期間は定かではない。場面は同じく、クリスタルのような黒い空が広がる同じ夜の静寂《しじま》だ。再び、空気が電気的にかき乱され、一つの星が天空から降りてきた。前回との違いは空に月が二つあり、惑星の上空の宇宙で光を浴びて輝いていることだ。一方は明るい白色で、もう一方は深いピンク色に光っている。二つの月は、陸と海を照らしている。今回の惑星は、見たところ巨大な陸地がたった一つだけあり、惑星上の広大な面積を占めている海に囲まれている。

前回と同じように、飛行船はゆっくりと降下する。飛行船がジャングルの上空、数フィートの高さまで降りたとき、真下の密林へと奇妙な光錐状のビームが放たれた。二人の人間型の生物が、胎児の姿勢で浮かんでいるのが見える。彼らはゆっくりと下降し、ジャングルの柔らかい地面の上で静止した。眩《まばゆ》い光を浴び、一方の生物は以前に飛行船に連れていかれた男であることが確実に分かる。もう一人は疑いなく女性の人間型生物だ。彼女は美の化身だ。豊かなブロンドの長髪がショールのように肩にかかっている。その脚は長く、完璧な形をしており、彼女のプロポーションは砂時計のようだ。彼女の目鼻立ちは天使のようで、青い瞳を湛《たた》えたその表情は絶対的に平和だ。すると、男が女性の前に立ち上がった。二人は見つめ合い、腕は情熱的に絡み合う。前のときのように、光のビームは突然消えて、飛行船はゆっくりと上昇を始めた。二つの月が放つ明るい光によって、円形の飛行船の下面の構造の大半がハッキリと見えた。その構造は著しく複雑で、私たちの理解を遥かに超えたものだ。機体の印象的な特徴が見えるようになり、太い文字で書かれた記章が読めた。

「合衆国空軍――地球外部隊605」

このシナリオは、未来時間における架空の作り話だ。しかし、このテーマは古代から存在し、聖書にも見出すことができる。おそらく、こういった出来事はこの地球上でも起こっている。そしてひょっとしたら、このような出来事は人類にも関係しているのだろうか？　これは勿論すべて推測だが、UFO研究の分野で今日も起こっている出来事だ。そして、具体的にはエイリアンによるアブダクション現象は現実のものであり、理解するのが困難なものだ。

メアリー・ロッドウェルは、この主題について調査を行い、この現象のまさに核心を扱った本書の著者だ。UFO研究の歴史において、この作品に述べられている膨大な資料について説明を成し遂げた者は誰もいない。彼女はその作品において、コンタクト体験者に焦点を絞るだけではなく、この現象の物理的な面と精神的な面の両方に多大な労力を費やして掘り下げている。彼女は入手した事実に注意深く寄り添い、コンタクト経験者の人々を整然と紹介していく。医学的な症状と非医学的な兆候に関する超個人的な現象に、きっと読者は心を奪われるだろう。

メアリーはまた、その価値が往々にして無視されがちな心理的な側面も盛り込んでいる。この現象について、個人的な観点と超個人的な観点の両方に対する明瞭で簡潔な視点を深く掘り下げて提示する能力の故に、彼女は称賛されるべきだ。この本は、この種の支援と信頼を求めているコンタクト体験者にとっては待望の書籍になるという点で非常に大きな一歩になるだろう。

メアリー・ロッドウェルは科学者でも医者でもないが、本書はこの現象について現実上の医学的、科学的証拠を提示しており、そしてそれがコンタクト体験者と社会全体にとって非常に重要なことだ。この主題の神話的な側面が永遠に消え去るときが来た。そしてメアリーは、極めて包括的なやり方で、アブダクションの「或《あ》る側面」について触れており、それがアブダクション現象そのものの理解をぐっと高め始めている。その「或る側面」とは、現実上の目的だ。なぜ、世界中のこれほど大勢の人々にこの現象は起きているのか？　一つの可能性としては、人類という種が遺伝的に操作されているということであり、そしてこのプロセスはおそらく、歴史を通じてずっと昔から行われているかもしれないのだ。メアリーは、今日の子供たちが50年ほど前に生まれた人々と違っているかもしれないという事実を見事に説明している。私自身の研究によって、それが事実であることが証明されている。１９４７年から１９８７年までの40年間にわたって、私は17の発育上の機能特性を用いて比較を行ってきた。その統計の中で、16％から80％に変化のスピードが速まった特異な時点があったことを発見したのだ。大部分の人がこのいたって具体的なデータに賛同していただけるだろう。そして、これは進化上のプロセスでも、他の既知の世界的、環境的な要素に起因するものではないと考えられる。そして、このプロセスが意識の拡大を含むかのように見えることも理解されるべきだ。あなたの小さな子供が秘密を話す姿に驚いて、畏敬の念の中で立ちすくんだ経験があるだろうか？　そしてその経験があった場合、たぶん、こう聞き返しただろう。「その力をどうやって手に入れたんだい？」これが人類が遺伝子的に操作されてきた動かぬ証拠なのだ。また、ある科学学会の中で、今日の私たちの遺伝学の知識が、この疑惑の影を証明するのに役立つと感じられている。本書は、この主題に対し極めて客観的な方法で光を当て、適切な情報提供者から数多くの証言を得ている。

この包括的な作品の中で、メアリー・ロッドウェルは「失われた胎児シンドローム」のような無数の関連した主題に自身を関わらせていく。それには、サイキック能力の百科事典なども含まれ、エイリアンのインプラントについて概説した章もある。

この作品の文章作法はまったく明瞭だ。この本は読者にアブダクション現象について簡潔な洞察を与えるだろう。それはコンタクトを直接経験した人々自身からもたらされたものだ。その内容はアブダクション体験の対処法から、コンタクトが何を意味しているのかについての理解も含まれている。

この本は、エイリアンによるアブダクション現象に関するバイブルになり、世界中のすべての図書館で見出されるようになるだろう。

2002年 9月

《AWAKENING》とは何か⁉ 多次元意識に目覚める究極のガイドブック

説明のつかない体験をされたことはありますか？　人間ではない「地球外生物」とのコンタクトは、とても奇妙で超現実的な出来事ではあるものの、多くの人々がそれをまったく自然に体験しています。「自然に体験」などと言うと、彼らは気が狂っていると思われるのでしょう。何故なら、大半の人々はその体験を「Xファイル」のような空想以外の何ものでもないと信じていて、彼らの体験が現実のものであるという可能性を受け入れることができないからです。本当は、有名なXファイルの物語とは裏腹に、「物語」の中の真実よりも、実際には彼らの体験の中の方にこそ真実があることに大勢の人が気づいています。それは「事実は小説よりも奇なり」という気づきです。この数年間で、大勢の人々がコンタクトを体験していると私は信じるようになりました。しかし、彼らの多くはそれに気づいておらず、大多数の人々はたぶん、これからも気づかないでしょう。

コンタクト体験は、並はずれて高度な個人的な体験です。この本はその根拠を示すでしょう。最初の問いは、これが適切かもしれません。「実際にはどれくらいの人々がその体験をしているのでしょうか？」私の最近の集計によれば、1600人を遥かに超えます。確かめる術《すべ》はありませんが、これは氷山の一角に過ぎない可能性が高いです。大半の人々は、この体験について口を閉ざしているることが分かりました。何故かというと、気が狂っていると思われたくないからです。しかしながら近年、自分の体験を洗いざらい話さざるを得ないと感じた勇敢な人々によって書かれた無数のETコンタクトに関する本が出版されています。間違いなく、それらの人々の大多数はあらゆる職業と社会的地位にあって大いに信頼のおける正直な人物です。そして彼らは皆、ある一つのことに同意しているのです――それは、彼らはその体験が現実のものであったと望んでおらず、またその必要もないということです！　コンタクト体験者の多くは以前にUFOを信じておらず、地球外生命体に関する考えを持っていませんでした。友人や家族が間違いなく不愉快な反応を引き起こすにもかかわらず、自分が体験したことを最終的に告白させるのは、彼らがコンタクトしたエイリアンたちなのです。

やがて私はコンタクト体験者たちが自分たちの身に何が起こっているのか、それを理解したいという強烈な決意に駆り立てられて、その体験を自分たち自身の現実としてもっと深く探求したいという勇気を持っていることに気づきました。多くの人にとって、その探求を始める前の自分がこれまで信じていたあらゆる物事に挑戦しなくてはなりませんでした。ある人々にとっては、その体験と比較すれば、大抵の突飛なSFがつまらないものに見えてくるのです。人間ではない、地球外生命体と思われる存在とのコンタクトを経験した人は、自分自身と自分の現実についての新しい意識を得ることによって、恐れを最小限のものに押し込めざるを得なくなります。その体験がトラウマ的なものでも、もっと「捉えどころのない類」のものであっても、その体験がもたらす究極的な効果は通常の場合、同じものです――コンタクトが変容へのトリガーなのです。彼らの物語が最終的に明らかにするものとは、その遭遇体験の性質がどのようなものであれ（例えば、眩い光、奇妙な生き物、宇宙船への搭乗など）、コンタクト体験は人間を多次元の意識へと目覚めさせる触媒なのです。その意識によって、彼らは新たな人間の潜在能力を示され、そしてそれはとてつもなく異様なものです。

この本はあなたのガイドブックとしての役割を果たすように意図されています。コンタクト体験の「目覚め」のプロセスをあなたに経験させることでしょう。あなた本人のコンタクト体験の有無にかかわらず、この現実への目覚めのプロセスを私たちは一緒に探求していきます。そこではあなた自身の旅を助ける情報が提供されるでしょう。時折、あなたを導くためのポイントが示されています。あなたは自分自身の力によって気づくでしょう。己自身の恐れ、正気を失ってしまうのではないかという恐れ、裁かれるかもしれないという恐れ、他人と違っているという恐れと対峙《たいじ》し、あなたが何者なのか、つまり自分をどう考えているのかを見出すでしょう。

この本を読み進める中で、あなたは何度も自問するでしょう。それは、軽い好奇心からかもしれませんし、「知る必要性がある」というもっと明確な意思からかもしれません。あなたは自分自身を信頼できることを知り、「内なる知」を使って新しいエキサイティングな拡大された意識を自分の経験を通して探求するでしょう。自分自身を信頼することを学ぶうちに、さらに深い理解へとあなたは導かれ、その理解があなたを探していて、答えを見つけるのを助けてくれるでしょう。この本を読むことによって、自分の個人的な現実を見極める助けとなるはずです。この目覚めのプロセスは、少数の人々のためのものでしょうか？　それとも、もっと大勢の人々のためのものでしょうか？　人類にとっての「目覚めのベル」という可能性はあるでしょうか？　もしそうだとすれば、それは何を意味するのでしょうか？

この本の中で述べられている物語は、数名の勇気ある人々によって伝えられた実話です。これらの物語は、コンタクト体験が人々を変えていった様子を描く意図があり、その変化はコンタクト体験者個人の意識だけではありません。人生を変容させる驚異的な方法で新しい能力が与えられる様は感動的です。これらの物語は、様々な職業の「普通」の人々によって書かれました。それは、コンタクト現象が誰にでも起こり得るということを意味します。

私たち全員が、その体験に遭遇する可能性があるのです！　コンタクト体験者の話を共有するプロセスの中で、あなたが自分自身の旅のどの辺にいるのか知ることができます。次のことを自分に尋ねてください。「私は多次元的な経験をしているのだろうか？」言葉を代えれば、あなたは人間ではない地球外生命体とコンタクトを体験していますか？　この質問に答えるとき、皆さんの大半は反射的に「イエス」、「ノー」のいずれかの返事をするだろうと思います。

しかし、私は皆さんにこう質問します。「では、どうやって、それを知るのですか？」

序章 魂の原点回帰へ！
コンタクト情報が〝本来の自分〟への覚醒に導く

人間ではない地球外生命体とのコンタクト体験は、一般的に「アブダクション」あるいは「宇宙人との遭遇体験」と呼ばれ、その体験をした人を普通「アブダクティー」と呼びます。私はこの本の中で「コンタクト体験」「コンタクト体験者」という言い方を好みます。心理的な問題を軽減しますし、より適切な定義に思われるからです。「コンタクト体験」とは、それを体験した人々が経験したことそのものであり、「アブダクション」といった言葉のように機械的でネガティブな意味合いを含みません。「コンタクト体験者」という言い方は、その体験自体に何の判断も下さないのです。また、コンタクト体験を受けた多くの人々は、自分たちが誘拐《アブダクション》されたとはまったく考えておらず、あるレベルで同意の上だったと信じていることも事実なのです。

「古典的なアブダクション」のシナリオと、あまり知られていない「気づかれにくいコンタクトの形態」の両方の情報をこの本の中に含めました。メディアの中で見られる古典的な形態のコンタクトは私の調査によると、コンタクト体験者のほんのわずかな比率しか占めていないことを示唆しています。つい最近になって、非常に多くの人々が本人が気づいていない穏やかなコンタクトの形態を体験しているかもしれないという推測を私は抱きました。何故かというと、その体験は困難を伴なわず、トラウマ的なものではなく、体験者の認識が低いからです。今のところ、この穏やかなコンタクトに関する情報はわずかしかありませんが、「古典的なアブダクション」のケースが氷山の一角に過ぎず、とても大勢の人々が、もっと「穏やかな類」のコンタクト体験を持っていることが証明されるのではないかと私は感じています。

この穏やかなコンタクト体験は古典的なコンタクト体験よりもずっとトラウマ的ではないものの、その体験をした人々はその体験に対する理解の欠如から恐れや混乱の中で生きているかもしれません。そのような体験をした人々全員が、社会や身近にいる友人たちからすらも孤独や疎外感《そがいかん》を覚えているのです。この穏やかな形態のコンタクトは、ある種の古典的なコンタクト体験に内包されている可能性もあるのですが、大抵の場合、兄弟や両親すらも含む、周囲の人々と自分がまったく異なっているという強烈な感覚と気づきを生み出します。この状態はしばしば、激しい孤独感と「無帰属感」を伴い、それはまるでこの地球という環境から逃げ出そうともがいているかのようです。あえて言えば、彼らは地球という惑星にほとんど適応できないエイリアンなのです。彼らはある種の「生まれながら持っている知識」があり、非凡な能力を所有しているのですが、他の人々とそれを共有できないと感じています。彼らは恐れてさえいるのです。何故なら、もし彼らがそれを告白するものなら、家族や友人、社会全体から拒絶されるかもしれないと思っているからです。この状況下にいる多くの人々は自分が感じているものを理解していないため、それが孤独感と深い内的な寂しさを生み出してしまいます。この「知覚」が、彼らに自分があたかも別の惑星からやってきたかのように感じさせ、「人間」の社会で生きていく上で多くの困難を生み出します。人々の唯物論的な関心が、突然とても忌々《いまいま》しい暴力的なものに見えてくるのです。そして、私たちの惑星を傷つけ、破壊している社会のやり方に極度の悲しみを頻繁に感じるようになります。人間以外の生物たちが犠牲になる様を見て、深く困惑し失望を感じるのです。

高められた感覚能力によって孤独感が増すのみで、その結果、多くの人はそれを補おうと創造的な仕事に引き寄せられます。高められた感覚能力は、エネルギー・ワークやヒーリングなどといったサイキックの領域で活用されます。しかし大部分の人々は、二つのことにすぐに気づきません。つまり、自分が他人とは異なっているということと、それがコンタクト体験によるものであるということです。

コンタクト体験は彼らのフィーリングを説明することができます。彼らは自分自身の多次元的な世界に心を開いています。コンタクト体験を認識することが、自分自身を理解するための触媒になり得ます。コンタクト体験が、それまで自分が知っていた、信じるように条件付けられ、そう教えられてきた、すべての質問に答えてくれるのです。それが内的なパラダイム・シフトを誘発し、彼らはコンタクト体験に敬意を払い、それによって拡大された世界を受け入れるべきだと決心するようになります。その新たに創造された世界への認識が究極の意味を持ちます。その決意が内部の深いレベルで共鳴し、彼らは自分の人生という複雑なジグソーパズルを組み合わせ始めるのです。

情報を得るにつれて、彼らは孤独感から抜け出し、自分は独りではないと感じるようになります。あちらこちらに自分と同じように感じている人々がいることに気づくのです。彼らの拡大された世界《リアリティ》の知識が、彼らのさらなる理解を求める原動力となって目覚め、増大した意識を通じて、自分たちが何者であるかを探求することができるのです。しかし、そこに至る前に、彼らは自分の拡大された世界《リアリティ》に敬意を払い、従来の制限された物の考え方を変える準備をしなければなりません。人間が理解し、体験できるすべてのレベルの世界を探求するためには、まず、自分が体験していることとは本物《リアル》だと自分自身を納得させる必要があります。自分がまったく狂ってなどいないのだと！

では、どういった根拠でコンタクト体験が本物であると言えるのでしょうか？　真剣な興味を持つ人々による未確認飛行物体（ＵＦＯ）の実在に関する現実的で科学的な証拠が大量に存在し、世界中の信頼できる普通の人々によって日々ＵＦＯが目撃されているからです。人間ではない、様々な種類の生物との交流を自覚している人々が何千人も存在しています。開かれた理性的な心をもって、その動かぬ証拠を調査したいと皆が願っているはずです。そうすれば、それらの証拠が自ら答えを語っていることにすぐに気づくでしょう。実際に、調査可能で質の高い資料が大量に存在し、それを考慮すれば、どうしてこの主題が依然として多くの集団の中で馬鹿げたものであると見なされているのか理解しがたいです。世界中の政府がＵＦＯ現象全体を実に長きにわたって隠蔽《いんぺい》しようとしてきたために、大衆は無知でいることが推奨されています。コンタクト現象とＵＦＯに関する情報が隠蔽されているという噂《うわさ》を深く調査するまでもなく、多くの明白な理由によって大半の社会からコンタクト現象が巧みに隠されてきたと私は信じています。この隠蔽工作は、情報操作とあざけりというカモフラージュによって、巧妙に実施されてきたのです。

それ故、空を飛ぶ正体不明の飛行物体とその謎に包まれた着陸事件が大勢の人々によって目撃されているという現実が、信頼に値する大きな写真やビデオという証拠があっても、社会の大多数がいまだに面白おかしいファンタジー以外の何物でもないと見なしています。この入念に仕組まれた言外の中傷によって大衆の思考は助長され、この奇妙な現象を現実のものとして受け入れるものなら、(a)とても騙《だま》されやすい人、(b)夢の世界の中で生きている人、(c)気が狂う寸前の人のいずれかのレッテルを貼られることになります。しかし、世の中にはその問題に興味を惹かれ、真剣に扱い始める人々がいます。証拠が存在しており、そしてそれは大いに説得力があるのです。UFO研究の分野に入ってくる多くの信頼のおける研究者や科学者たちは、最初は実に懐疑的です。しかし、いったん調査に入るとこの現象に対する証拠は圧倒的で、無視することができないことに気づきます。

一般的に信じられているのとは反対に、その現実について最も懐疑的なのは、実は体験者自身だという意見があります。コンタクト体験者の多くは、自分自身が個人的に影響を受ける前は地球外生命体の話をまったく信じていなかったと言うでしょう。事実、多くのコンタクティーは詳しく調査するうちに自分の正気を疑いながらコンタクト体験についてどんどん懐疑的になるということが分かっています。彼らが狂っていないことを証明する必要性から、彼らの調査はさらに分析的で、徹底的で、集中的なものになります。

この論争の的となる主題に関わる研究者やセラピストは、アマ、プロのいかんによらず同じ分析的なプロセスを経ます。UFO研究家のバッド・ホプキンス（『失われた時間（Missing Time）』の著者）は、自分は懐疑派の中でも最高の懐疑派だったと述べています！　人間ではない生物と直接コンタクトしたと主張する人々を、社会は冷ややかな目で見るはずです。

それに加えて、そのような現象について口にするものなら、失職の恐れすらあり得ます。そして、世間一般で信じられている既成概念と闘うという困難な挑戦を強いられるでしょう。このような状況を考慮した上で、コンタクト体験者が自問している同じ問いを自分自身にも問いかけるべきです。そして、そのことについてもっと考えてみるべきなのです。結局のところ、その体験をした分別のある人は自分自身を欺《あざむ》くのです。他人に対しては言うまでもありません。

そしてそのために私はこの話を紹介しているのです。私がそれを意識的に追い求めただけではなく、文字通りそれが私の家の玄関の扉を叩いたからです。私にコンタクト現象という概念を教えてくれた人は、どこにも行く場所がなくて私のところにやってきました。その彼は勇気をもって友人の一人にその話を打ち明け、私が偏見を持たない人間であることを聞きつけて私の所にやってきたのです。彼は果敢にも自分の異様な体験を私に話してくれました。それは彼を恐ろしく混乱させ、間違いなくギョッとするような話でした。それに加えて、彼は家族から怖がられていたのです。

そのとき、私がとった唯一の行動は、真摯に相手の話に耳を傾けることでした。私の個人的な信条は「何が分かっていないのか、それを知るのが第一」という姿勢です。しかし、彼は自分の真実を話していて、その体験が彼にとって完全な現実であるという印象を私は間違いなく抱《いだ》きました。

その当時、私は最新のカウンセリングの学位の取得に取り組んでいたこともあり、彼を助け、さらなる情報、勿論ある種の答えを得ることを願って、彼を観察下に置くことにしました。これは興味深いのですが、大変驚いたことにカウンセリングの監督者と参加者たちが、私の患者が精神異常であるとのいかなる判断も下さなかったことです。数年前に私はこの主題に関する何冊かの本を読んだことがありました。生来の好奇心と、その現象に対する伝統的な心理学上の説明が不足していると感じたからです。つまり、それは謎を探求する旅への触媒だったのです。

私がいまだに驚かされるのは、私たちが意識的に気づいている以上の生命体が存在しているかもしれないという可能性を受け入れる前に、どれほど多くの確実な証拠が個人的に必要となるのかということです。私たちは古い思考パターンや信念から作り上げられているのです。何と私たちは、自分たちが「知っている」ものに強くしがみついているのでしょうか。物理的な痕跡や身体的な傷跡、あるいは説明のつかない感情の強烈な高まり、そういった経験上の証拠を持っている体験者ですらも、絶えず自問し続けるでしょう。しかし、私たちは「伝統的」な現実の定義によってプログラムされていて、それが信じられないくらい強力なため、その定義に疑問を抱かずに、自分たちが見て、体験したことすべてを否定する傾向があります。その定義に限界があって、欠陥があったとしてもです。コンタクト体験は多くの点で「現実とは何か？」という理念に挑むものであり、すべての「現実という名前」のボタンを私たちに押させて思索させます。そして、ある種の体験は非常に興味をそそられるものであるため、否定するのが困難になるのです。この種類のコンタクト体験は激しい「目覚めのベル」となり、私たちはそのドラマを否定することはとてもできません。

古典的な形態のコンタクトは、多くの人にとって理解しやすいもので、「夜の訪問者」と呼ばれるものです。

「唸るような音が聞こえて、体が金縛りになり、恐怖が全身を這《は》い回る……パニックです……心臓をドキドキさせながら、部屋の様子を注意深く目で追います。叫びたくてたまらないのですが、声がまったく出ません。心の中で、もうやめて、と悲鳴を上げます。体がまったく言うことをきかず、例の唸《うな》る音が聞こえます……何かが起ころうとしています。そして、不気味な影を感じます。見えなくても感じるのです。何かが、何者かが近づいてくる気配がします。息を詰まらせながら、あなたはボンヤリとした形の影に怯《おび》えます……奇妙な、捉えどころのない何かが、ジリジリと近づいてきます。パニックが全身を襲い、あなたの心は悲鳴を上げます……最悪の悪夢がまたやってきたのです……どうか、どうか私に触らないで！　その後、この体験がずっと自分の身に起こっていたことをイヤというほど知るのです！」

ジュリアはこのタイプのコンタクトを何度も体験しました。溜息をついて、彼女は言いました。

「最初は映画の『サイコ』のワンシーンのように聞こえるでしょうね。ええ、私の体験は『サイコ』のようなものでした！　自分の身に何が起こっているのか分かりませんでしたが、それが何であれ、私から離れてくれず、私は本当に、ずっとどうしていいか分からず怯えていました。そんなわけで、40歳まではそのことを無視することに決め込んで何とか生きていました。自分の額にタトゥーのようなものが浮き出ていると感じたことがありました。テープが逆に再生されているような音が聞こえたり、災害の夢を見たり、睡眠障害、摂食障害、奇妙な発疹、激しい鼻血や不安など、様々なことが私に起こりました。パジャマを上下や裏表を逆に着て起きたことがありました。このようなことが頻繁にあり、それは夜、私のベッドに座り、私の肩を叩くのです。家の前で道を歩く足音がして、彼らは私の名前を呼びました。体が麻痺し、異様な匂いがしました。ペットたちが異常な動きをし、電灯がチカチカと点滅しました。私が住んでいた古い木造の家は激しく揺れ、何度も壊れてしまうのではないかと思ったものです。憂鬱になるような奇妙な出来事が何度もありました。それは説明できない終わりなき物語であり、私はこれらの出来事を理性的に処理することができませんでした！　私の周囲にいた人々もそれらのことが起こる様子を見ていましたので、私には証人がいます。しかし、私はそれを『夜の訪問者』の仕業だと言うことができませんでした。それを言った後に、何が起こるか分からなかったからです。

私は超常現象を研究しているサークルに行きました。自分の体験をそんな類のものだと思っていたからです。まったく違うのに！　しかし、私はそこで違いを学び、ヒーリングに興味を持ちました。それが私の最悪の悪夢に対する糸口となり、それがETであると知ったのです。今や私の認識の世界は何千回も崩壊し、私はずっと独りでそれに対処してきたのです。
そして私は夫と出会い、何かが再び混乱を生み出し始めました。今回はもっと様々な現象が発生しましたが、今度は夫と二人での体験となりました。夫は家の中で自分のやり方でその体験をやり過ごしました。その現象は、誰かの助けなしではどうにもならないものでした。近所の人々でさえ車の運転中にUFOを目撃し、驚いていました。メアリー、これが私たちに起こったことのあらましです。周囲の人々は真相を知りません。私が言いたいのは、メアリーが人々に別の筋書きを提示してほしいということです。それは一般の人々が知っているものだけでなく、人々を考え込ませるようなものです！」

ジュリアは、彼女が持つすべての物理的な証拠をもってしても、いまだに自分の体験が偶然だと思い込もうと、もがいています。その体験が彼女にとってあまりにも信じがたく、現実のものであるのにもかかわらず。では、コンタクト体験の形態がもっと穏やかで気づきにくいものであった場合、体験者がそれを認識するのはもっと困難なはずではないでしょうか？　ここで提示できる若干の定量化可能なデータが存在するかもしれません。それは様々な形をとるもので、例えば、フィーリングに関するものであったり、奇妙な言語を口にしたいと思う欲求だったり、おそらくスケッチやアートワークの形態の中にシンボルを描き出すといったようなものです。そのような体験をした大多数の人々は、それによって精神的外傷《トラウマ》を負っていませんが、それでも大きな孤独を感じ、混乱しています。しかし、すべてのコンタクト体験の帰結は一致するものです。それらの体験はすべて、影響を受けた人物の人生に大きな変化をもたらします。

最初、私は「古典的」なコンタクト体験に関わった人々にだけ焦点を絞っていました。しかし、調査を進める中で、古典的な形態のコンタクト体験に見られる（すべての特徴ではありませんが）幾つかの特徴を持った数名の人々を見出し、それからもっと微妙な、様々な異なった痕跡を持った人々の存在に気づいたのです。それらの痕跡は微妙なものであったものの、コンタクト体験が起こっていたことが暗示されていたために、私はゆっくりと基準を広げていきました。この基準の見直しを行っているうちに、何らかのコンタクトの形態を体験していると感じている人々の数が増えていきました。そして、その観点から、精神科医のジョン・マック博士らによる研究から私が当初考えていたよりもずっと多くの人々がこの現象の影響を受けていると考え始めました。しかしながら、コンタクト体験の形態がどのようなものであれ、それは依然として混乱と孤独を人々の中に生み出し、自分が体験したものを理解したいという切実な欲求を生じさせるのです。

私はセラピストであり、何人もの患者が私のもとを訪れるにつれて、人間が経験するこの現象の調査を開始しました。私は現実的なアプローチから開始しました。物理的で具体的なデータの照合から始めたのです。その後に、もっと本格的な調査に移っていきました。別種のコンタクト体験の形態があるのではないかという可能性を発見し、それには具体的なデータに乏しいと分かったとき、それが私にとって新たな問題になりました。どのようにしたら、そのような体験が現実のものであると証明できるでしょうか？　これは、アストラル・トラベルや体外離脱体験のような他の「非物理的」な人間の体験を研究する人々が直面するのと同じ課題です。まず、個人的なデータがどれくらい普遍性があるのか照合することから始めます。次に、そのような経験がそれを体験した個人に何らかの変化を及ぼすか調べます。そうすると、それを体験した人すべてに同じ現象が起きていることを暗示するような、何らかのパターンが生じているかどうかが分かるのです。こういった手法が漠然としたものだと思われるかもしれませんが、この現象に対する証拠が、その体験自体の中にだけ存在するわけではないことに私は気づきました。その体験をした時点から、体験した人の能力や知覚に変化が起こるからです。これは非常に興味をそそりました。コンタクト体験は、私たちすべてが望んでいるような科学的で具体的なデータを与えないかもしれません。しかし、その体験の証拠はそれを体験した人の顔や精神、感情の中にあるのです。

どのようにして、現実に対する考え方に疑問を投げかけるのか？

私たちが「コンタクト」と呼んでいる体験は、多くの様相を持っていて、それが明白なものであろうと不明瞭なものであろうと、私たちが現実だと信じているものすべてに疑問を投げかけます。その体験をした大半の人々が、それが現実であることに異議を唱えざるを得ないのは不思議なことではありません。明白な物理的証拠があるコンタクト体験ですら、現在の私たちの現実に対する認識が限られたものであることを示すにとどまります。

２０００年前、ナザレのイエスという有名な精神世界の教師が「私の家の中には、多くの住まいがある」と言ったとき、彼は拡大された多次元世界が存在する可能性について説《と》いていたのかもしれません。

では、この特別で優しい聖なる男は何の喩《たと》えとして「多くの住まい」という言葉を使ったのでしょうか？　当然、この発言の解釈は個人の考え方によりますが、イエスは他の人よりも確実に多次元的な人間だったと私は思います。興味深いことに、イエスはコンタクト体験者が示すようになる、ヒーリングや霊的な知覚といった特殊な能力を実際にやってみせました。そして勿論のこと、今日私たちの尊敬を集めている多くの精神世界の教師たちが主張しているような拡大された世界を彼は経験していました。

精神世界の教師たちはすでに宗教という媒体を通して、私たちの3次元的な概念に疑問を投げかけています。今日の科学でまだ説明できないような驚くべきことをやってみせる人もいます。ある人にとって、それは信念の問題であり、そしてそれはたぶん正しいです。とは言うものの、私たちの信念がどのように私たちの現実を制限しているのか、それを深く理解するために信仰が必要というわけではたぶんないでしょう。いわゆる「原始的」な部族社会では、この多次元的な世界の概念は抵抗なく受け入れられていて、彼らのある種の体験はコンタクト体験者のそれと一定の共鳴があります。彼らは「空からやってきた者」、「空飛ぶ戦車」のことや、どのようにして「神々」が何世紀もの間、彼らのもとを訪れ、新しい物事を彼らに教えたかを語ります。彼らはそれらの体験を精神異常とは見なしません。それどころか、その体験は尊重され、部族の中の尊敬を集める年配の人物によって体験されます。その人物は、シャーマンの能力を有した人間です。「星からやってきた存在」とのコンタクト体験の知識は、広く部族社会の中で見られ、それはアフリカから、南北アメリカ、オーストラリアのアボリジニまで及んでいます。彼らは自分たちの祖先は星からやってきたと信じていて、ある場合には銀河や星座の驚くような詳しい知識を披露します。私たちが持っている銀河についての知識の大半は高性能の天体望遠鏡から得たものですが、部族社会の人々が望遠鏡を使ったことはありません。このことはまったく不思議なことです。彼らが語ることが真実であるならば、彼らの知識が銀河からの訪問者から来たというのは、つまるところ本当のことなのです。

神秘的なことに興味がある人々にとって、これは面白い話だと思うのですが、コンタクト体験が部分的ではあるものの、ある種のシャーマニックな体験として解釈できるかもしれないことを示唆する調査報告があります。シャーマニズムに見られるように、研ぎ澄まされた意識やヒーリング能力、テレパシー能力といった驚くような才能を発達させ、意識的に学んだことがない知識と情報の中で知覚を変化させるのです。

UFO研究家のシモン・ハーヴェイ・ウィルソンとMUFON（Mutual UFO Network　相互UFOネットワーク）の研究者たちは『シャーマニズムとエイリアン・アブダクション　その比較研究』（2000年12月）という論文を発表しています。この論文の中で、シモンはシャーマニズムとアブダクション／コンタクト現象の間にある多くの驚くべき共通点について説明しています。様々な文化がコンタクトを体験している可能性があるように見えますが、それは別々のものに捉えられているのです。これは、経験を解釈する上で多くのことを導き出します。例えば、ある人が天使を見たとします。悪魔、あるいは精霊のガイド、死者の魂を見る人もいるかもしれません。いわゆる「近代的な人間」には、この見えない世界に対して原始的な恐怖心を持っているように見えます。何故なら、私たちは自分の知覚が捉えたものに常に疑問を持つようにプログラムされていて、すぐにその答えが見つからない場合は、それが現実のものではないと信じるようになっているのです。

現代人は科学中毒にかかっていて、科学的に説明がつかない個人的な体験を無視しようとする傾向にあります。私が思うに、私たちの多くがそのような体験をしているはずです。私たちは普通ではない体験をしたことにためらいがちで、それらを個人的な内的世界に押しやってしまいます。科学がその体験を説明できないのであれば、それは疑わしいものだと信じてしまっているのです。その一方で、経験は不意に私たちを訪れ、私たちを苦しめます。そしてその体験が何を意味しているのか理解しようともがくのです。その体験は私たちに執拗に疑問を投げかけ、それに深く向き合った場合、厄介な問題に直面することになります。恐ろしいことに、いったん自分の現実の「或る側面」について疑問を持つと、それを突き詰めれば、あらゆることに疑問を呈するようになるのです。これは恐ろしいことですが、他に方法があるでしょうか？　私たちは自分の体験を信じるべきなのでしょうか？　そして、それが恐ろしい考え――つまり、自分は狂っているのではないかという考えを誘発するのでしょうか？

しかし、私たちがこの現実への挑戦を好むかどうかにかかわらず、その体験はやはり存在しており、そしてそれは世界中のあらゆる年齢の人々、幼児から老人にまで影響を与えているのです。物理的な印《しるし》や傷跡、時にはインプラントされた固体の物体という形で証拠が残されていることから、この現象は実際に起きていることが分かっています。それは同時に複数の人間が共有することが可能な体験であり、信仰の有無や科学的な信念に関係なくあらゆる文化の中に見られます。この体験は心に傷を残すことがありますが、同時にそれが変容経験も生み出すことがあります。

『アブダクション（Abduction）』、『宇宙へのパスポート（Passport to the Cosmos）』の著者である精神科医のジョン・マック博士は、「アブダクション／コンタクト現象は、見えない世界と物質世界の間に横たわっている神聖なバリアーに挑むものだ。それは西洋的な思考の世界観を土台から崩壊させる」と述べています。博士は続けます。「西洋の文化の中には、一般的に知られている現実の境界を見極めようとする科学者や政治家、宗教家、企業エリートなどがいるかもしれないが、彼らは極めて小さなグループだ。人々は自分が体験したものを知っていて、それが常識的な機械的世界観と一致しないことを悟っている。人々の大きな割合は、見えない世界、あるいは隠された現実の次元が存在することを知っているように思える」

現代人は、自分が経験した多次元的な世界を、3次元の伝統的な世界にはめ込もうと絶えずもがき続けるでしょう。もしそれが3次元の世界に適合しない場合、人はそれを否定し、無視するでしょう。私たちの精神に葛藤とトラウマを生み出しているのがこの否定であり、そしてその葛藤とトラウマが混乱を生み出し、私たちは絶えず「現実とは何か？」という質問を繰り返すのです。これらを踏まえ、私たちの信念がいまだに制限されたものに根付いている状態の中で、どのようにしたら自分たちの体験を最低でも理解し、統合することができるのでしょうか？　私たちの混乱した精神は、自分の知覚に適合しない概念《パラダイム》に固執しようとします。ジョン・マック博士も「人々は自分が体験したことを知っている」と言っています。私は博士の意見に賛成で、人々が自分の体験に固執すればするほど、その体験の意味を理解したいと願うと考えています。そして、混乱して身動きがとれなくなったと感じた人々は、制限された信念を普及させている当人の所へ助けを求めに行きます。知覚に障害があった場合、それが現実の見え方に影響を及ぼしていると信じるように私たちは教えられてきました。では専門家たちは、彼らの混乱に対して、どのような助けの手を差し伸べることができるのでしょうか？

よく提案されるのは、薬剤によってそのような体験を抑制すべきであるという意見です。薬剤による治療は、彼らの体験を否定することが、その人にとって落とし穴となる可能性があり、彼らが留まっていなくてはならないと信じるように条件づけられてきた制限された現実に彼らを縛り続けます。当然、この行為はその体験を止めることはできないでしょう。体験の効果を制限するだけです。その一方で、精神の深い領域では、その体験と通常の現実との折り合いをつけさせようと質し続けるでしょう。そして、私たちの現実の枠組みが正常であったとしても、私たちの現在の理解は非常に限られたものであり、まずは現実とは何なのかを再定義すべきであることを認めなくてはなりません。それを始めるにあたって、私たちは個人的な体験を尊重すべきです。何故なら、それが私たちの現実が実際には何から構成されているかを理解する最善の方法だからです。

非物理的な世界には多くの現れ方があり、意思によってできるものと無意識に起こるものがあります。科学的な遠隔透視（リモート・ヴューイング）や、体外離脱体験などがそれらの例です。複数の世界の存在は、未来の出来事を見る能力である予知によって表現されます。エネルギーを視《み》ることができ、それを癒すことができる人々は、複数の世界にアクセスすることが可能です。他に、見えないスピリットを視ることによって、その現実領域にアクセスできる人もいます。そのような体験は、私たちの多次元的な性質を知る上で大きな手がかりとなり得る精神的な能力が存在している証拠を示しているのでしょうか？

コンタクト体験は、私たちの意識を複数の現実世界へと開かせます。そして、それによって「現実という概念の崩壊の危機」が生じるのです。地球外生命体は、私たちの現実空間に接触し、私たちに働きかけることによって複数の現実世界が存在することを教えてくれます。彼らは私たちの現実世界へと入り、時間と空間、時には固体の物体の中を移動することができます。彼らは絶えず私たちの現実の概念を引き伸ばし、私たち自身の精神の未知なる領域へと量子飛躍《クオンタム・リープ》することを強いるのです。人間は本質的に「理解したい」という欲求を持っています。自分の内部のどこかにある暗い穴の中に潜む奇怪なものを消し去りたいという切望とせめぎ合いながらも、その葛藤を忘れ理解したいのです。それらの奇怪な出来事は、何か信じがたい奇妙なことが起こっているという証拠です。ヒーリングやテレパシー、千里眼といった能力の目覚めは、コンタクト体験の後にまったく突然に起こることがあります。それは、意識的に学んだことのない情報や知識の場合もあります。

多くの場合、シンボルや絵画、文字などを努力せずに描き出すことができて、またそれは意識的な思考を伴いません。つまり、それはほとんど自動的なのです。常習的なドラッグの乱用といったような破滅的な悪癖から脱し、エコロジカルな心を持ち、非物質的で、より精神的な志向を持つようになった人々もいます。しかし、そこに辿《たど》り着くのは大変な長旅であり、私たちの大半は自分の人生経験を探求する上で助けを必要としています。ですから、もしその体験が現実のものであるならば、そして「量子的な現実」がそのどこからか派生しているとすれば、私たちはその体験を尊重すべきです。そして、コンタクト体験のようなものからトラウマが生じることは、その現実世界が存在しているというもう一つの妥当な理由です。

率直に言って、私たちがそれを認めなければ、どれくらいの人々が恐怖心からくる対人関係の機能不全や発作的な不安、性的虐待の影響を受けているか知ることはできないと言えます。機能障害にはもっと他の要因があるものの、セラピストと社会全体はコンタクト現象による可能性を無視すべきではないと私は提言します。それに加え、コンタクト現象が要因の一つであり、場合によっては根本原因である場合もあることを受け入れるべきなのです。

救いの手を差し伸べるためには、場合によってコンタクト体験の現象を意識的に分析し、またある場合には、より包括的なセラピーのモデルをじっくりと用いなければなりません。その人の「内的な気づき」を尊重する手段を私たちは提供し、そして彼らが自分に自信を持つために役立てることができるツールを与える必要があります。そのような手段を用いることで、私たちは統合のプロセスの中にいる人々にとって役立つ指標を生み出し、それが彼らの拡大した現実世界を有効利用する助けとなるのです。

ついに私たちは、他の人々と出会い、体験を共有することを通じて精神的な支えを提供することが可能になりました。ACERN（The Australian Close Encounter Resource Network　オーストラリア近接遭遇研究ネットワーク）を設立したからです。

ACERNは1997年に正式に発足し、わずか14年の間に1600人以上に利用されてきました。私はプロとしての姿勢を強調し、あらゆる「異常」な体験に敬意を払っています。この分野は一般的にただの「超常現象」のカテゴリーと見なされていて、私の見解ではコンタクト現象のイメージが大幅に変わるまで、専門家は首を突っ込みたがらないでしょう。

専門家の信頼を得ることは挑戦的なことでしたが、社会福祉と心理学のカウンセリングの学位を持つセラピストのエルの協力を得ることができました。仲間であり友人である彼女は、自分自身がコンタクト現象を体験していました。彼女はこの試みに加わり、助けを必要とする人々に専門的なサポートを提供するよう努めてきました。

コンタクト体験を告白することは、彼女にとって職業的、個人的両面でリスクがある行為であることは事実ですが、エルは勇気をもって彼女自身の体験について書きました。私はこの本の幾つかの章の中で彼女の物語に言及しています。彼女はプロのヒーラーとなって自分の道を歩み、私と同じようにコンタクト体験が人類にとって大きな意味合いを持っていると信じるようになりました。人々の意識を向上させるために、この現象は何らかの方法でもっと公にされるべきです。そうすることで、孤独と恐怖の中で苦しんでいる人々に私たちは手を差し伸べることができるのです。

ACERNのネットワークのもと、海外から私たちに助けを求めてやってきています。多くの人々が認識の不足から身動きがとれなくなっていることに私は気づき始めました。大勢の人々が自分の経験が本当は何であるのかを知る手がかりを持っていないのです。このような現状であることを考えた場合、彼らに手助けをする唯一の方法は、最低でもこのような本を書くことです。この本の大半の章は、体験者自らが書いたものです。私があるトピックを探求している際、よく電話を受け取ったり、新しいクライアントが私を訪れたりして、私が必要としていたデータや情報を提供してくれました。彼らは寛大な精神でそれを提供し、私がしたことは全体の小さな部分です。

初めに、この本はあなたのガイドブックとして意図されています。あなたに穏やかな助けの手を差し伸べ、目覚めのプロセスをお手伝いします。あなたは多くの質問を受け、時には信じられないような仮説に出くわすでしょう。しかし、最終的な判断を下すのはあなた自身です。しかし、この旅を始める前に、後戻りはできないことを知る必要があります。あなたが導き出した答えによって混乱し、本当に途方もない夢のような世界にあなたは目覚めるかもしれません。しかし、それがあなたの魂が完全に共鳴する世界なのかもしれません！

この本は、あなたがコンタクト体験をしたことがあるかどうかを確認する上で役立つ情報に満ちています。この本は実際的な資料に根拠を求めており、私たちの世界と経験に対する理解と答えは私たち自身の中に見出すことができるという信念に基づいています。私はすべての人間の信念と体験に敬意を持っています。そして、コンタクト現象について世間の人々がもっとオープンに議論する一助になることが私の願いです。何故なら、もしそれが本当なら、人類全体にとって、とてつもない含蓄を持つからです。これは私が無視することができない、何か途方もないものです。

第1章 アブダクション事例?!
コンタクト現象はそもそも現実（リアル）なのか？

混乱、恐怖……あなたが見た最悪の悪夢はどんなものですか？　この章には、私宛てに送られてきた手紙からの引用が含まれています。その人は、専門的な職業に就いた年配の男性で、その男性をデイビッドと呼ぶことにしましょう。彼はアブダクション現象に関する本を読んだことがきっかけとなり、私に手紙を書きました。本人の快諾のもと、彼の手紙からの抜粋がこの章には含まれています。彼の手紙には、その本を読んで感じた感情面での反応とともに、彼自身の体験についての詳しい説明が書かれていました。その手紙には、コンタクト現象の様々な奇怪な側面が生き生きと描かれていて、『アブダクション体験（Abducted）』という本を読んだことが彼にとって触媒になったことが分かります。それによって彼は目覚めて、コンタクト体験に向き合うようになったのです。

デイビッドは『アブダクション体験』の中でジェイソンという少年の経験を読むまで、アブダクション／コンタクト現象について一度も耳にしたことがなかったと手紙に記しています（『アブダクション体験』は、ジェイソンの母親のアン・アンドリューズによって書かれました。ジャン・リッチとの共著です）。私がびっくりした重要なことの一つは、この本の中で述べられている多くの体験は、デイビッドの話とまったく一致しないことでした。デイビッドは手紙の中で彼自身の個人的な体験をたくさん述べているのですが、それらの体験は間違いなく彼に特有のもので、そのことが私にとって彼の説明の妥当性を高めました。彼は自身に起こったことの多くが古典的なコンタクト体験のケースであるという事実にまったく気づいていませんでした。そして、この自覚の欠如が多くのケースで共通に見られることであることに私は後になって気づきました。

デイビッドは手紙の中で、自分の生い立ちについて簡潔に述べています。彼は子供時代に自分のIQが極めて高かったと教えられたそうです。彼は成長し、大学在籍中には幾つもの学位を同時に取得しました。デイビッドが言うには、彼は小さな農村育ちで、彼が生まれたとき、父親は50代後半、母親は30代後半でした。彼は3人兄弟の末子で、誰から見ても愛すべき家庭と優しい両親に恵まれていました。彼は子供時代、ほとんどの時間を独り遊びに費やし、とても内気でしたが、その少年時代と学校生活に変わったところはなかったと思われます。

彼が8歳か9歳の頃、恐ろしい夢を見たことを話しだしたときに困難なことが起こり始めました。3人の異様に細長く背の高い姿をした者が出てくる夢を何度も見たのです。彼らはデイビッドをまったく脅かしたりしませんでしたが、とても不安を感じました。彼らは常にグループで現れ、その中の一人は他の二人より背が少しだけ高かったそうです。彼らは茶色っぽい肌をしていました。頭髪があったかどうかは思い出せないそうです。彼らはその必要がないのにもかかわらず、デイビッドを常にじろじろ見ていました。彼らは自分を調べているのではないかとデイビッドは感じました。彼らがデイビッドの心の中を調査していたという、はっきりとした印象を彼は持っていたのです！その3人は自分を怖がらせることはなかったと彼は言っています。しかし、別の小さな生き物がいて、その生き物は彼を怯えさせました。彼の記憶によれば、その生物は灰色で、不自然なくらい病弱な色をしており、頭髪のない大きな頭に巨大な目を持っていました。その大きな目が最大の特徴で彼のすべての注意を引きつけました。デイビッドの話では、その生物は何度も彼のもとを訪れたそうです。

別の夢の中で、彼はその生物たちに囲まれた状態で目が覚め、自分が鈍い銀色をした部屋の中で横たわっていることに気づきました。天井は卵形というほどではないものの、わずかに湾曲していました。デイビッドは、その部屋を何度も訪れたことがある感じがしていて、浮遊感を毎回感じました。

デイビッドは純粋な好奇心から『アブダクション体験』を読み始めたのですが、彼が思うに、それは何らかの方法で彼にとって触媒効果を果たしました。そのときまで、彼はその手の話を一度も読んだことはありませんでした。せいぜい、新聞や雑誌の記事にちらっと目を留める程度です。その話は自分には関係のないものに見えたのですが、意外なことにその本を読み進めるにつれ、読むのが苦しくなっていきました。徐々に不快になって困惑し、読み終えることができないほどでした。彼はその本を返却するつもりで図書館に行ったのですが、直前ではっきりとした理由もなしに気が変わりました。デイビッドは本を最後まで読み終え、それが彼に深遠な影響を与えました。その結果については、これから紹介する彼の手紙の抜粋に書かれています。

彼の手紙は33ページもあり、個人情報が大量に含まれているため、ここでそのすべてを紹介するのは不適切でしょう。しかしながら、ここに彼の手紙の一部を未編集で紹介します。これが古典的なコンタクト現象のプロセスのパターンを例証するものと私は考えています。

デイビッドからの手紙〜夢ではないリアルな記憶の告白〜

メアリーへ

正直なところ、あなたと連絡を取るのにいまだにためらいがあるのですが、私の人生の大半で起こってきたことを誰かに直接話す必要性を感じています。その体験は私を震え上がらせてきたものですが、これ以上それを無視できず、それについて書かざるを得ないのです。

最初、私は自分がアブダクションされていることを否定していました。そう願いたかったからです。しかし、私の心の中に閉じ込めておくのが難しく、誰かに話す必要があるのです。誰かにこの話を切り出すのは大変なことで、私はたぶん、ひどく取り乱してしまうことでしょう。誰かなり混乱しているように見えると思います。誰かに話したいと思うその一方で、話すことがとても怖いのです。嘲笑《ちょうしょう》されるのではないかという恐れだけではありません。自分が話さなくてはならないものを直視したくないのだと思います。それは直視するにはあまりにも不快なものですが、心の奥底ではいつかは直視することを知っています。この手紙の中で、私はプライバシーについて心配しています。プライバシーの問題が気が進まない原因の一つなのだと思いますが、単に嘲笑されることを恐れているわけではありません。勿論、それも問題の一つではありますが。このことを話すことによって、私の職歴に深刻な影響を及ぼすと思っているのです。私がこのことを話すと、どんな友人でもその内容に戸惑うと思うので、自然と気が進まなくなるのです。

6歳か7歳のときに私に起こったことについて話したいと思います。ひどい洪水があって、橋が壊れたことがありました。その橋を修理していたとき、私は細い板の上を歩いていて、河に落ちてしまいました。河は増水していて、流れは非常に速かったです。私は泳ぐことができず、ツイード織のオーバーコートはずぶ濡れになり、パニック状態になりました。次の瞬間、何かが助けてくれるのを感じ、河の流れの中を導かれて、クレーンを支えてあったケーブルを摑《つか》むことができました。自分が落ちた所から、ほとんどまっすぐにそこに進んだかのようでした。流れが非常に強かったので、流れに逆らって動くことは不可能に近かったはずです。しかし泳ぎができなかったのにもかかわらず（私は水が嫌いでした）、どういうわけかそれができたのです。必死でケーブルにしがみつき、周囲の大人たちが私を助けるために降りてきました。私は分厚いレンズのメガネをなくして、その様子をぼんやりと見ていました。自分を河の中で助けてくれた人を探してあたりを見回しましたが、誰もいませんでした。誰も河の中にはいなかったのです。その後の人生で経験した様々な危機の中で、何度も誰かが助けてくれるのを感じました。まるで、誰かが私を導き、助け、守ってくれているかのようでした。それは、現在も続いています。

私は時々、得体の知れないものに怯えてきたのですが、その背後では誰かが私を守ってくれているように思えます。少なくとも誰かがいるのです。これは理解するのが難しく、説明するのも困難な感覚です。それが本当かどうか知りたいとは思いません。恐怖、いらだち、怒り、フラストレーションが再び私の中に蘇《よみがえ》り、それは心の中で明滅する完全な憤りであり、私はそれが何なのかを、たぶん知りたくないのだと思います。あるレベルではそれを恐れつつも理解しており、そのことが私にとっておそらくある種の慰めでもあるのでしょう。この手紙を書き終えることができるか私には分かりません。書き終えたとしても、投函できるか分かりません。これを書きながら、何度も中断してしまいます。問題となっている主題について書くことが難しいだけではなく、自分でも理解できない何かの要因があるようです。自分の心の中で、実際に起こった順序をつなぎ合わせるのに難儀しています。最低でも、それがあなたにとって意味を成さないといけませんから。ある事柄については、書けないかもしれません。今から話すことを誰にも言ったことはありません。それについて考えるのが困難で、ましてや書くのはもっと難しいです。『アブダクション体験』を読みながら私は泣いてしまったのですが、理由は今も分かりません。

本を読みながら、自分がどんどん混乱し、動揺していくのが分かりました。前に書いたように、最初は多かれ少なかれ、学術的な意味で興味を持っていました。さらに読み進めるにつれ、イライラし始め、実際に本を返しに行きました。あまりにも読んでいて不快だったからです。その本を読みながら、徐々に自分との個人的な関係に気づき始めました。それは自分が知りたくもなく、理解したくもないものだったのかもしれません。本の中の、ちょっときわどい描写を読みながら、いささかギョッとし、怯え始めました。まぁ、どんな表現をするかはともかくとして、少し怖くなったのです。

夢ではない夢を見て（夢よりも、もっとリアルなものです）、起きた後に怯えていました。夢の内容についてはあまり覚えていないことが多く、今でもそうです。その夢は意識の表層の下に浮かんでいるだけなのですが、それを見た後、その内容に恐ろしいものが含まれていたことを私は知っていました。恐ろしい悪夢です、特に「黒い奴」が恐ろしい。まったく動くことができず、目も見えず耳も聞こえません。完全な恐怖の体験です。何年間も私の心を誰かがもてあそんでいるという感覚がありました。

少年だった私は、自分には何か違ったところがあり、他の少年には起こっていないことが起きていることにゆっくりと気づき始めました。それから、たまに誰かがいる気配を感じて怖い思いをしました。すぐそこに、何かがいる気配を感じたのです。あたりを見回したのですが誰もいませんでした。「見られている」という感覚は、どういうわけか物理的なものには全然見えず、内側から見られているような感じがしました。自分の身に危険が迫っていると感じていたわけではありません。単に、誰かがそこにいると感じていたのです。私が経験しているもの、感じているものを何らかの方法で誰かが経験しているのです。時折、傷痕が残っているときがあり、少し痛みを感じるときがあります。たまに説明がつかない圧力感が起こるときもあります。それらの症状は普通、夜間に現れ、多くは頭部に起こり、時によっては、こめかみに感じます。

　自分が何かを忘れてしまっていることは十分承知の上なのですが、今朝、左手の中指の第一関節に小さな傷があるのを見つけたことを最初に述べたいと思います。痛みはなく、触ると少し感じる程度です。この傷は間違いなく昨日はありませんでした。この傷の様子を簡単に説明すれば、少しえぐられたような跡に見えます。どういうわけか私は今朝、疲労を感じていました。完全に忘れかけていたのですが、これまでもかなり頻繁に類似した、えぐられたような傷跡が残っていたのです。その傷の大半は関節付近で、前日にはその傷があることに気づきませんでした。

　子供の頃、ベッドの上で頭の方向が逆になって目覚めたり、座っていたり、どこかに行こうとしていたり、ベッドに戻ろうとしたりしていたことがありました。いつもたくさんの夢を見ていました。不安になるような夢をしょっちゅう見て、ゾッとしたり、ギョッとしたりしていました。ベッドの外にいるなど現実上の不快でイヤな悪夢のような体験も同時に起こり、次の朝、奇妙な考えや情報が心の中に生じました。また、誰かが私の思考を読んでいるような感覚があり、それが私を怖がらせました。そのような夢の中で自分が情報を得ていることを自覚しているように見えました。それは何かが心の中に入れられるような感じがするのです。

次に何を書いたらいいのか分かりません。大人になってもたまに目が覚めるのですが、部屋の中に誰かがいるような感じがするのです。何かが存在する、とにかく何かがいるのです。常に金縛りになっているのを感じて、まったく動くことができないのですが、何も私を押さえつけたりしていないのです。その後は決まって疲労感を覚えます。まるでよく眠れていなかったような感じがするのです。このことについて誰かに話すことを私はいつも恐れています。とにかく、それについて話すことに気乗りしないのです。別の非常に恐ろしい夢のことを書くのを完全に忘れていました。それはまさしく「ひとつ目」で、最初は遠くにいるのですが、じわじわと私の方に近づいてくるのです。私に覆いかぶさろうとしているような感じです。音はまったく聞こえません。今度も、まったく身動きできません。真っ暗闇の遠くの方にいるのにもかかわらず、その目はものすごく大きく見えます。背景も真っ暗なのですが、ただの空間しかない状態です。その目はそこに佇《たたず》んでいるように見えるのですが、その目を以前に別の夢の中で見たという記憶はありません。目は決して私の所には辿り着かないのですが、どういうわけかそれは常に近づいてきて、大きくなっているように感じます。しかし、それは少し離れた所に留まっていて、少しずつ近づいているような気配がします。これが矛盾して見えることを私は知っており、そして、その違和感が自分が夢の中にいることを気づかせます。この夢は10代半ばの頃に何度か見たきりです。

夢の中で予感を感じることがあり、目が覚めているときも予感を感じることがあります。時々ですが、暗闇が怖いことがあります。私を困惑させるのは、そういったことを怖がることがバカバカしいように見えることです。ましてや、それを気に病んだり、書いたりすることはなおさらです。私自身、厄介なのです。これらのことが私の少年時代を切り裂きました。それが起こることによる直接的な恐怖とともに、そのことを思い悩んで多くの時間を過ごしたのです。それがまた起こるのではないか、仲間たちや教師たちや自分の街に住んでいる大人たちが私を下品な言葉でからかうのではないかと怖がっていました。

9歳か、10歳頃から、問題が表面化してきました。学校でいじめられるようになったのです。いじめの多くは言葉によるものでした。人と違ったように思われていたようです。自分では、どう違うのか本当に分からなくなっていました。いじめられて傷つき、とても困惑しました。そして皆と同じように「普通」になりたいと祈りました。「普通」が何を意味するのか分かりませんでしたが。心の底では、自分には人とは違う何かがあって、やってみたところで絶対に他の人のようにはなれないことは分かっていました。

ここで私が言及したいもう一つの側面は、それがどれくらいの長さかは分かりませんが、子供の頃、自分では説明のつかない極めて長い時間を体験しているように感じたことが頻繁にあったことです。それは普通、日中の時間帯に起きるもので、今でもたまに起こっています。私は少々、白昼夢を見る夢想家のようなところが常にあって、自分は夢想家なんだと表現しています。もしくは、たまに目覚めて歩いている時間を除いて、単に眠りに落ちているだけなのかもしれません。そのような体験の後は決まって私は疲弊し、時にはいらだちを感じます。人々から離れ、独りで長い距離を歩き、公園や人目のつかない場所を探そうとしているときにそれは起こります。私はいつも、そのような散歩に出かけたいという強い欲求にかきたてられるのですが、それはある種の強制感があるもので、ほとんど抵抗できないものです。何とかして独りになる必要があるのかもしれません。何かを行うために、どうにかして周囲の状況を変えたいようなのです。

前の晩は眠りが浅く、相当イライラしているのですが、その理由は分かりません。私を本当に困らせていることの一つは、私がこのことを考えることによって心を開き、自分と向き合うことから生じるものです。まさにこの手紙を書くことがそうなのですが、この手紙はあなた宛てというより自分宛てなのかもしれません。今朝の私の最初の反応は、デリート・キーを押して、全部忘れて、すべてを消し去ろうとしたことでした。どうしてもそれができないことは分かっていて、今私が思うことは、この手紙を書きたいのだと自分が知っているということです。書く必要があるのです。

時々、私は外部から知識が心の中に植えつけられていることに気づきました。それは、たくさんのフラッシュバックを感じるからです。ある場合には、最初にあるアイディアを思いつき、それからそれに関する情報を探すのですが、それに関する完全に詳細な情報がすでに心の中にあったことがありました。別のケースでは、最初に本質的な部分だけを知っていて、詳細までは分からないこともあり、何らかのパターンのようなものはないようです。それを実行した場合、悪影響を受けるような行動を起こさないように警告を得る場合もあります。幾つかのケースでは、自分の直感を無視した結果、自分にとって非常に悪いことが起きました。それについては誰にも話せません。誰かに話しても、誰かが私の心を操作して、情報を抜き取って記憶を戻されるかもしれないですから。

時折、自分が情報を失ってしまったのではないかとパニックになることがあるのですが、どういうわけか、それが常に戻ってくることを私は知っていました。家庭教師に教わっていたことがあるのですが、何人かの教師は私の知識に困惑し、その知識がどこからやってきたのか何度か尋ねられました。そのとき私は、どの情報が本当のものとして話していいものか、それとも秘密にしておくべきなのか判断するのに熟達していませんでした。その情報がどこから来たのか分からないときは、特にそうでした。頭痛によって私は視力を悪くしました。その頭痛と私が受け取っている情報との間に強い関連があることに今の私は気づいています。情報が頭痛の直接的な要因なのだと感じているのです。まるで精神が通常の限界を超えたことによって締め付けられ、頭痛が起こっているかのようです。

「シルバ・マインド・コントロール」という講座に私は通っていました。最初から非常に心地よく、リラックスでき、その講座から多くを学びました。自分の内面深くに入り始めました。しかし私が抱えていた問題が再び起こり、それは強烈でした。自分が絶対に見たくないと思っていたことが姿を現し始め、忘れたいと願っていたことが記憶に蘇り始めてきたのです。

私にさらに多くの情報が流入し始め、明らかな理由もなしに再びパニックの症状も現れ始めました。パニックに対処できなかったので、すぐにそのことについて考えるのをやめました。叔母がガンを患っていて、まもなく死ぬであろうことを私は知っていたのです。私の予感通り、叔母はやがてガンとなり、彼女が亡くなるまで何年か看護を行いました。叔母の死は大変な悲しみでした。叔母がガンであると診断を下されるずっと前から、それを知っていたことが悲しみを増大させました。

私は自分がアブダクションされているとは考えていません。ただ、自分の心が何者かによって干渉を受けているのだと思っています。心の奥底では、ずっと前からその情報の源がどこなのか本当は知っていたのですが、明確にすることはできないでいました。疑いが忍び寄ってきて、私は怖くなり、それについて考えるだけで自分が正気ではなくなってしまったのではないかと恐れました。どういうわけか、現実世界の中に影響が忍び込んできたのです。例の本を読んでいると、パニックが始まるのです。その本の中に、私が知りたくない情報が書いてあることが分かっているからです。

私はこれまでに、私たちの惑星や太陽系の外からやってきた生命という概念に深く触れたことはありませんでした。人々がそのことに興奮する理由が分かりませんでした。私にとって地球外生命体が存在するのは明白で、ありふれたことのようにずっと思っていました。エイリアンとコンタクトした人々の話を聞いたことがありましたが、それは常に自分とはかけ離れた世界のもので、他人事だったのです。面白い話なのですが、前にも書いたように、その手の本を意識的に読んだことはほとんどなかったのです。それはまるで、それを読むのを自分が避けようとしているか、誰かが私にそれを読まないようにさせているかのようでした。私はあらゆる種類の本を読むのに、どうしてその種類の本をまったく読んだことがなかったのでしょうか？エイリアンというテーマは私にとってずっと興味の対象でしたから。自分が興味を感じたあらゆる他の領域の中で、事実上エイリアンに関する情報から離れていたのです。私は好奇心が旺盛なタイプの人間なのですが、アブダクションに関することだけではなく、その領域自体に入っていったことがまったくありませんでした。

先に述べた通り、自分がアブダクションされているとは考えていませんので、そのことを読むことに恐怖は感じないはずなのです。私は自分の知識の源が知りたかった。自分の身にそんなことは起こってはおらず、心の中にそのような情報が埋め込まれているのではないと信じ込もうとしました。私が幼少の頃、困惑した大人が「小さな子供が普通は知らないようなことをたくさん知っている」と私の両親に何度か言ったことがあります。私が10歳か11歳のときに、

「人間の身体とは全体が統合されたもので、全体とは部分が投影されたものである」と歯医者に話し、驚かれたことを覚えています。成長するにつれ、私は異常なことなど起こってはないと自分を欺き続けていましたが、徐々に渋々ながら、自分の知識の異常性を認め始めました。しかし、それはただの直感に過ぎないと自分に言い聞かせました。その後、様々な方法と若干の自己認識を通じて、その情報がどこからやってくるのか垣間《かいま》見るようになりましたが、そのプロセスは大して難しいものではありませんでした。

最初に、情報の出所を疑い始めたとき、それをまったく受け入れることができませんでした。それは根拠がない、非論理的なものだったからです。手に負えなくなり、その考えを拒絶しました。そんなことは私に起こりっこないと。非常に不快になって、怒りを覚えました。まるで、「その時」がやってきたように、ヴェールが上がり始めました。私はそれ以上、事実が明らかになるのを止めることはできませんでした。すべてが必然性を帯びていることを感じ、真実が明かされるのではないかと私はとても神経質になり始めました。今振り返ってみると、それは興味深いのですが、「例の本」の内容を知る以前にも、情報の源がどこなのか私は知り始めていたのです。前に述べたように、その主題に関する本を読むのを私は避けていました。それについて考えることすらもです。その本を返却する寸前まで行ったのは、それが自分と何らかの関連があり、それは自分が受け入れることができない何かであったことを直感的に知っていたからです。それはあまりにも奇妙で恐ろしく、受け入れられないことだったのです。

その本を手に取ったとき、激しい衝撃を覚えて、とてつもなく動揺しました。私は涙を流し、それは抗しがたいものでした。泣くことを恥ずかしくは思いませんが、自分が涙を流した理由を知りたいのです。単に何か得体の知れない、いらだたしく抑えることのできない不安を感じるだけでなく、どうしてここまで動揺しているのか理解したいのです。例の本は、その不安を私の意識に浮上させ、まったく突然に何が自分に起こっているのか分かったのです。

近頃、その本を読む前と読んだ後の両方の期間内に私はかなり多くの情報を得ました。それから、昨日の午後、私がこれを書いているとき、ラップトップのパソコンが実に奇妙な動作をしました。突然、文章が突然消えて、代わりに数字が現れたのです。文章の一部が別の段落の中に移動していました。私が書いた場所からずいぶん離れた場所に移動していました。それから理由もなく文書の中にスペースが幾つも挿入されていました。もう一つ、気がかりなことが起こりました。腕時計では、まだ午後の4時なのに、びっくりするぐらい空腹になり、6時の夕食まで耐えきれなくなり、スナック菓子を食べて乗り切りました。この手紙を書きながら本を読み続けました。私はユースホテルに宿泊していたのですが、ルーム・シェアしていた他の人が、私の腕時計の時間で午後10時に就寝したことに驚きました。後になって気づいたのですが、腕時計の時間が1時間半遅れていたのです。それが奇妙な時間差の要因でした。私は熟考し、私の時計は何らかの方法でおよそ午後2時から5時の間に、1時間半の時を失ったのだという結論を導き出しました。ついでながら、私の携帯電話のバッテリーがそれから約1日後に切れました。通常は、3日から4日ももつものです。電気カミソリは、3日か4日、時にはそれ以上もつのですが、そのときはたったの1日しかもちませんでした。

　これと似たようなことを私は過去に経験していて、それは常に私が情報を得た前後に起こっているように見えます。私の他の症状は、耳と目が敏感なことです。ポップ音楽のやかましい音や、がなり立てる小さなラジオの音に耐えられません。目も光に異常に敏感です。眩しい光に弱く、それを遮らなくてはなりません。コンピュータから離れるため、今日も散歩に出かけたのですが、散歩の最中によく情報を得ることがあります。

　私は何度か体外離脱を体験したことがあります。大半は睡眠中で、眠っている自分をただ見ているだけのことが多いです。子供の頃から経験していて、大人になってからも経験しています。深い瞑想中に、別種の体外離脱を体験したこともあります。私は何度か車と電気的な問題を起こすことがあるのですが、車の多くは老朽化しているので、原因をそのせいにしています。

　このことについて、自分が理解できないことが二つあります。どうして自分がこんなにも怖がっているのか理解できません。私はアブダクションされているわけではなく、ただ情報を挿入され、たまにそれを借用しているだけなのに、なぜここまで怖がっているのか分からないのです。特に夜間に。どうして可能な限り起きていて、意識を失わないようにできないのでしょうか？　正確には、何を自分は恐れているのでしょうか？（私はとても何かを恐れています）

私を混乱させているもう一つのことは、自分の心が調査されていることが分かることです。この世界に属している誰かによるある種のテレパシーに過ぎないと自分自身に言い聞かせ、そう思いたくなるほどのものでした。しかし、彼らが情報を私に授けることができるとすれば、逆に私が考えていることも彼らは知ることができることを今の私は知っています。ゾッとします。情報の源が分からないときでさえ十分イヤなものでしたが、彼らの正体が分かった今はもっと嫌悪感が増しました。彼らは私を怖がらせるだけではなく、彼らには憤慨させられます。彼らが何をすることができるのか考えるだけでもゾッとするのです。私は完全な無力感を覚え、それが何にもまして私を恐れさせます。私は合理的な思考ができるので、通常の恐怖には対処できます。しかし、これは完全に別物で、私は理解することもコントロールすることもできません。

様々な理由のために、ここには書いていないことがあります。基本的な理由としては、私はまだそれを解明しようとしているからです。私は彼らに悩まされており、自分はパラノイアやヒステリーでもなく、幻覚を見ているなどとは考えてもらいたくないのです。私はちょうど本のエピローグを読み終え、精神的な側面を扱った部分に心動かされています。瞑想を取り入れた主な理由は、精神的な救いを求めたからです。それは宗教をはじめ、他のどこにも見出すことができなかったものです。

精神的なものが私のこの手紙に内在している主題であり、私は今、そのテーマで本を書いています。他のテーマの一つは、現代世界における物質主義的な社会と真の価値の減少です。私たちが自分たちの世界に物質的な面で何をしているかが、もう一つのテーマです。これは私たちの惑星に対する汚染に関することであり、それは大概間違って対処されていて中毒を起こしています。これらの問題は表裏一体の切り離せないもので、同じ問題の違う側面なのだと私は見なしています。それは基本的に私たちが住んでいる世界の一部です。その目的は美や善に基づいてはおらず、物質主義やお金の獲得に向けられていて、それ自体が目的になっています。それは世界の浪費なのです。例を挙げれば、環境などがそうです。

私はエイリアンによる介入とアブダクションに関する見識を持っています。私は人間の魂に関する見識を持っています。宇宙の中に存在する人類と「別の生物」について知っています。宇宙が複数存在していること、私たちの宇宙の外側にも宇宙が存在していることを知っています。それらに起源がある存在によって私の心が干渉を受けてきたことを私は何となく知っているのです。私は自分が得てきた他の多くの体験を理解しているという絶対的な確信があるように感じています。それはただの思考でも、アイディアでも、曖昧《あいまい》な可能性でもありません。数々の恐ろしい予知が真実だったことを知っているのと同じように、私はそれを知っています。そうではないことを祈りました。かなり必死になって、自分が間違っているのだと思いたかったのです。自分が間違っていることを願います。しかし自分が間違っていないことを確信しています。解明すべき明白な疑問は「なぜ、私なのか？」というものです。私は解放されることを願っていますが、そうはならいことを知っています。私にこんなことが起こらなければ良かったと思っています。そうすれば、普通の人生を送れたものを。どうして私なのでしょうか？
そして、何の目的があるのでしょうか？

デイビッド

＊　＊　＊　＊　＊

デイビッドの手紙は相当に詳細に書かれていて、古典的なコンタクト体験の多くのパターンを例証する感情と状況に満ちています。例えば、以下のような点が挙げられます。

●コンタクト体験に対する不安と否定
●コンタクト体験に関するものを読むことを避け、読みたがらない
●恐怖と気恥ずかしさ
●プライバシーや秘匿性に関する不安
●ポジティブなETの支援
●体験に対しての怒り、フラストレーション、恐れ、混乱
●体験を話す際に感情が昂ぶり、涙を流す
●コンタクト体験に関する本を読むと動揺し、感情的になる
●深いレベルでのコンタクト体験を理解はしているが、否定を伴う

●ただの夢とは思えないような夢を見る
●誰かに心をもてあそばれているという感覚
●他人と異なっているという感覚
●見られているという感覚
●身体に説明のつかない印《しるし》や傷跡がある
●曖昧な記憶
●思考を監視されている感覚
●情報を受け取っている感覚
●金縛りにあう夢
●「目」や「目の夢」に対する恐怖
●予知
●少年期のトラウマと混乱
●時間の喪失
●人気《ひとけ》のない所へ行きたいという抵抗しがたい欲求
●体験したことを書くことを恐れる
●強烈な直感的「フラッシュ」
●年齢にそぐわない知識と情報
●瞑想によってコンタクト体験に気づく
●精神性への傾倒

●コンタクト体験を絶えず否定する
●壮大な多次元世界に対する気づき
●直感的に何が起こるか分かる
●体外離脱体験
●夜が怖い
●電化製品やバッテリーの故障（時計、車、コンピュータなど）
●正気を失うことへの恐れ
●絶えず「なぜ、自分が？」と自問する

私はここにデイビッドが送ってくれた短い話を付け加えたいと思います。ETが動物たちと交流している可能性が示唆されていると思うからです。彼はこのように書いています。

「10歳ぐらいだった頃のある朝、馬が倒れていることに父が気づきました。年老いたクライズデール種の馬が死に、父は悲しみました。父は私に何も言わずに、ショベルを手にその馬を埋葬するための穴を掘りました。父は、私が動物が大好きなのを知っていて、そのことを知ったら動揺するだろうと、父と母は私がその日、学校から帰ってくるまでそのことを伏せておくことに決めました。

トラクターが普及する前、父は馬を飼育していて馬を操る名手であり、自分が育てた馬たちを熟知していました。父は馬の傍らに穴を掘ることに午前中を費やし、昼食を食べるためにその場から離れました。父はそれから馬を穴に埋葬するためにトラクターを運転して戻ってきました。父がその場に戻ってきたその瞬間、年老いた16歳の馬がよろよろと立ちあがるのを見ました。両親が言う話では、その様子はまるで酩酊《めいてい》しているか、麻酔から覚めたかのように見えたそうです」

表面上では、この馬の話は不思議な興味をそそる話として片づけることができますが、デイビッドのコンタクト体験の経緯から見る可能性を加味すると、新しい意味を持ちます。これは動物もコンタクト体験を経験している可能性があることを示唆しています。さらには、デイビッドの体験に確かな裏付けを与えます。その年老いた馬は、ある種のコンタクトを体験をしていたのかもしれないのです。コンタクト体験中に宇宙船の中で自分たちが飼っているペットを見たことがあるという報告があります。私に宛てた手紙の中にデイビッドがこの話を含めたことを考慮すると、彼がそのことに大きな意味を感じていることを強く示唆していると私は思います。

デイビッドの手紙はとても鮮明にコンタクト体験の背後で起こるプロセスの流れを例証しています。最初に混乱し、次に好奇心から自分自身の正気を疑いながら情報をリサーチし、それを確認し、最終的にコンタクト体験が現実のものであることを認識します。あなたはそのプロセスを読みながら、自分自身の物語を展開させていくでしょう。私の職業上の経験から得た信念から言えば、コンタクト体験は間違いなく変化への触媒です。

この「手紙を書く」という単純なプロセスが、デイビッドにとっては大きな治療効果があったのです。手紙を書くことによって、デイビッド自身の個人的なジグソーパズルを組み立てることを可能にしたからです。それがさらに多くの扉を開き、自分の内にある霊的な気づきを含んだ情報へと彼を導きました。コンタクト体験の多くによって彼は大きなトラウマを受けましたが、そのトラウマの幾つかは孤独感や理解の不足から生じたものです。何のサポートも得ることができなければ、彼は自分の小さな世界の中で、たった独りでこの戸惑いと混乱の世界に対処しなくてはなりませんでした。デイビッドが異様な超能力を発揮していることを認識することが重要です。それは予知のような明らかな超常的な能力から、多次元的な世界に対する気づきと知識と情報のダウンロードのようなものも含まれます。彼はまた、精神的な成長と自己認識への欲求を経験しました。それは地球環境に関する懸念で、非物質論的なフォーカスを持っています。これらの全部が、コンタクト体験の変容的な側面であると私は考えています。

第2章　質問リストで深層チェック／自分はコンタクト体験をしたことがあるのか？

「崖の端まで来て」彼女は言った。
彼らは言った。「怖いよ」
「崖の端まで来て」彼女は言った。
彼らは崖の端まで行き、彼女は彼らの背を押した。
そして、彼らは彼女と一緒に飛んだ。

ギヨーム・アポリネール

コンタクト体験はジグソーパズルのようなもの……ピースを組み合わせる

コンタクト体験は様々な方法で起こります。また、それがコンタクト体験を非常に分かりづらくすることがあります。コンタクト体験が、常に「はっきりと分かる」物理的なものとは限りません。時によっては、非物理的なスピリットのエネルギー、つまりアストラル・ボディに起こることがあります。このセクションでは、物理的なものと非物理的なコンタクト体験の両方を検証してみたいと思います。

ＵＦＯコンタクトの統計

統計によると人口の11％が未確認飛行物体（ＵＦＯ）を目撃していますが、その目撃者はＵＦＯやその搭乗者と明確な交流を持っていません。第四種、第五種の近接遭遇の場合は、コンタクト体験者はＵＦＯを目撃し、ＵＦＯからやってきた生物と何らかのコンタクト体験をしたと感じています。

最も一般的な二つのコンタクト体験

●ＵＦＯを目撃し、何らかの形態のコンタクト体験をする
●日中／夜間に訪問を受ける

簡単な説明を始めたいと思います。ＵＦＯの目撃は、以下の4つのカテゴリーに分類されます。

●ＣＥ1……第一種近接遭遇：ＵＦＯを目撃するが、コンタクトを受けない
●ＣＥ2……第二種近接遭遇：ＵＦＯを目撃し、環境中に変化が見られる。植物が燃える等。動物

が怖がる。電気系統のトラブルが発生する可能性もある
●CE3……第三種近接遭遇：宇宙船の中、あるいはその周囲にいる乗務員を目撃する
●CE4、CE5……第四種および第五種近接遭遇……宇宙船の乗務員との接触体験
（アメリカのノースウェスタン大学の天文学部長であったJ・アレンハイネック〈故人〉が、この形式での近接遭遇の定義を最初に行いました）

多くの人々がUFOを目撃していますが、異常な体験をしているわけではありません。しかし、あなたがUFOを目撃し、その後でUFOに対して何らかの「異様な感覚」を感じた場合、あなたは何らかのコンタクト体験をしている可能性があります。それに必ずしも気づいているかは別の話なのです！

あなたはUFOを見たことがありますか？
以下のような経験はありますか？

●説明のつかない眩い光を空に見たことはありますか？　その光は飛行機や星でもなく、普通ではない挙動をしませんでしたか？
●光や眩しい物体に眩惑されたり、怖い思いをしたりしたことがありますか？
●UFOがあなたのあとをついてきたり、追いかけられたりされたことはありますか？
●車の中にいた場合、カー・ラジオに電気的な障害はありましたか？　他の機械的なトラブルや電

気的な影響はありませんでしたか？（例えば、突然エンジンが止まるなど）

- 睡魔に襲われたことはありますか？
- UFOを見た後に、頭が混乱しましたか？
- 時間が経ってから異常なことを経験しましたか？
- 動物が近くにいた場合、異常な行動をしましたか？
- 後になってから、吐き気を感じたり、身体に奇妙な発疹、傷跡、印《しるし》などがあるのに気づいたことはありますか？
- 車に乗っていた場合、異様な傷やゴミなどが付着していませんでしたか？
- 後になってそのことを誰かに話したくないと思いましたか？　そのことを考えるのを心がブロックしたいと思いましたか？　ただそのことを忘れてしまいましたか？

多くの人々がUFOを目撃した後にこのような類の体験をしたと報告しています。とはいうものの、UFOを目撃しただけで、他に何も起こらなかった人々も大勢います。しかし、上記の幾つかの項目があなたの体験に含まれていれば、第四種近接遭遇を体験しているか、何らかの形態のコンタクト体験をしている可能性があります。

何かが起こったとき、あなたはどんなふうに伝えるか？

UFOを見た記憶が、あなたを不安にさせるかもしれません。UFOを見たことでパニックになり、UFOを目撃した場所に対しても同様の不安を覚えるかもしれません。宇宙人や奇妙な飛行機、大きな眼を持った動物や昆虫の夢や漠然としたフラッシュバックを経験するかもしれません。

どうして思い出せないのか？

その出来事が心理的・感情的に辛く、トラウマ的なものであった場合、その記憶が曖昧で不完全なものであることに気づくかもしれません。トラウマを再体験することを防ぐ目的で意識がこれを行うことがあります。研究によると、記憶障害はその出来事を思い出すのを防ぐために心理的なブロックがかかっている可能性を示しています。それを行っているのは、コンタクト体験者と交流した存在か、体験者自身の精神かもしれません。ブロックの目的は、体験者をトラウマなどの感情から守るためです。

日中および夜間におけるコンタクト体験

「夜の訪問者」は古典的なコンタクト体験として一般的に知られていますが、夜間だけがそれが起こる時間帯ではありません。コンタクト体験は、昼夜を問わず、休んでいたり眠っていたりする必要はありません。それはシャワーを浴びているときでも、車の運転時でも、テレビを見ているときでも、散歩のときでも起こり得ます。子供たちに関しては、学校の校庭にいたときに起こったという報告もあります。時によっては、人々は特定の場所に行きたくなる衝動に駆られたり、独りになる必要を感じたりします。これらのことはすべてコンタクト体験の前触れである可能性があります。以下の対話は、長年コンタクト体験をしていたクライアントの退行催眠セッションの一部です。

クライアント：彼らは私をどこかへ向かわせて、何かをさせることができます。そして私はそのことを覚えていないのです。
メアリー：それは指示を与えられて、それを無意識で行うということですか？
クライアント：はい。
メアリー：どうして彼らはそんなことをするのですか？
クライアント：彼らが自分に接触できる場所にいる必要があります……そして同時に、そこに誰かがいて、私が何かをするのだと思います。
メアリー：では、あなたはそれをまったく覚えていないのですか？
クライアント：ええ。
メアリー：どうして彼らはあなたに知られたくないのでしょうか？
クライアント：怖がるからです。
メアリー：あなたを怖がらせないようにするためですか？
クライアント：そうです。

このコンタクト体験の形態は、かなり気づかれにくいものですが、ＵＦＯを目撃したことから派生する古典的なコンタクト体験の形態と同様に実際に起こっていることです。宇宙船や宇宙人を見たという記憶があるかどうかは分かりませんが、何かが起ころうとしているという感覚があったり、異様な眠気を感じたり、ただ漠然と何かを知っているという感覚があるかもしれません。加えて、以下のようなことも起こるかもしれません。

●周囲の動物たちが奇妙な行動をとったり、眠くなったりするかもしれません。一種の身体的な麻痺があり、身動きできないかのようです

●恐怖やパニックの感覚があるかもしれません。何体かの生物が見えたり、感じたりします

●何かが起ころうとしていることが分かる感じがするかもしれません

●部屋の中の奇妙な光

●部屋の中にいる他の人たちが深い眠りに落ちて、目を覚まして起きることができなくなります

●物理的な身体が宇宙船に転送されることがありますが、霊的／エネルギー的な身体だけが移動するときもあります

宇宙船に搭乗する経験がかなり一般的で典型的な例だということに私は気づきましたが、そのことを覚えていないこともあるようです。宇宙船に搭乗したことがあった場合は、通常フラッシュバックが起きたり、気がかりな夢を見たりします。それらのフラッシュバックや夢は、以下のような形をとる可能性があります。

●多くの異なったタイプの生物が一緒になって働いている様子を見ます

●あるものは「光」や黄金のエネルギーの形となって現れる。あるものは人間にそっくりな姿をしていて、多くは人間とは異なった形の美しい目をしており、頭髪があるものもいます

●身長が子供ぐらいの小さな生物がいて、ほとんど表情がありません

●彼らは一般に「グレイ」と呼ばれています。あるものは見た目が非常に動物に似ていて、爬虫類《レプテイリアン》のようであったり、小さな小人《トロール》に似ています。人々の話では、あるものは本当にロボットのような奇妙な姿をしているそうです。非常に親しみやすい姿をしたものもいて、彼らに愛情を感じることがあります。「接続感」を覚えることがしばしばあります。他の生物には、恐怖感を覚えることがあるかもしれません

●医療的な処置やモニタリングが度々行われます

●あなたの身体にヒーリングが施されることがあります

●あなたに教育的、精神的な情報が与えられることがあります

●精神的な昂揚感を経験し、とてつもない幸福感を覚えることがあります

●あなたが知らない他の人間を目撃することがあります。それがあなたの肉親や親戚、友人などであることもあります

●内的な次元に連れていかれるという感覚がある場合があります

●見慣れない風景を見たり、そこを訪れたりするかもしれません

●室に戻される記憶がよくあります。こういった経験をした人の大多数が、ベッドの中で目を覚まします

●かなりの疲労や無気力を感じて目覚めます

●打撲や目に見える発疹や印《しるし》などを伴って身体の一部が痛むことがありますが、それがどうしてなったか記憶がありません
●パジャマがベッドの下などおかしな所で見つかったり、眠る前とは違ったように着ていたりしていることがあります
●家の外で気がつくことがあり、家のドアの鍵が内側から掛っていることがよくあります

この説明は、夜間のアブダクションシナリオの概要に過ぎません。これらの体験は、夜間によく起こるものであることは事実で、夜間は人々が最も無防備な状態のときです。人々は恐怖を感じ、大半は夢や幻覚といったような想像の産物としてその経験を片付ける傾向があります。しかし、心の奥には漠然とした不安や答えることのでない問いが残っていることがよくあります。先ほど言及した体験の幾つかは、コンタクト体験にのみ関係しているのではないことに注意する必要がありま す。例えば、体外離脱体験（OEB）は20％程度の人に自然発生しているようであり、それはコンタクト体験と必ずしも関連があるわけではありません。同様に、朝起きて疲労や気だるさを感じたとしても、それは貧血やウィルスなどによる身体的疾患によるものかもしれません。

私は総合的な質問リストを作成しました。このリストはあなたを導き、あなた自身のコンタクト体験のジグソーパズルを組み立てるのを助けるでしょう。このリストは、あなたが体験しているかもしれない、あらゆるコンタクト体験に対して潜在意識を開かせるトリガーとなるかもしれません。それにより、あなたの人生で起こってきた偶然に見える出来事を統合する手助けとなるかもしれま

せん。それらの出来事は、その当時は重要ではないと見過ごされてきたかもしれないのです。質問項目の多くが肯定的な答えだったり、不安や混乱、恐怖といったような感情的な反応を示した場合は、それはコンタクト体験があった可能性を示唆しています。しかし、この質問リストはあなたがコンタクト体験をしたかどうかを判断するものではありません。あくまで目安として意図されています。リストの最初の項目を何点か読んだ後に、不快感や不安を覚え始めた場合は、時間をおいて次の章に進んでもらっても結構です。リストをすぐに読み続けるかどうか慎重に考えることは大切なことです。リストを読む前に、もっと事前に本の先の内容を読む必要があるかもしれません。

質問リスト　私はコンタクト体験をしたことがあるのだろうか？
質問リストは私に何を語るのか？

これはコンタクト体験の幾つかのパターンの概要を説明するものです。コンタクト体験によって引き起こされる一般的な体験とフィーリングの目録になっています。以下の質問にお答えください。

身体的影響
あなたは……ありますか？

●時々、抵抗しがたい眠気に襲われ、異様に眠くなることがありませんか？
●これまでに、身体の特定の部分に説明のつかないひっかき傷、あざ、やけど、ふきでもの、圧痛などを伴って目覚めたことがありませんか？
●身体に異常なこぶやひっかき傷、あざなどができたことはありませんか？
●雑音に異常に敏感になったことはありませんか？
●首や背中に問題はありませんか？
●鼻に問題を抱えていませんか？
●光に過敏ではありませんか？
●目が覚めたとき、鼻血が出ていたことはありますか？
●低血圧、心拍数や体温の低下など身体的な兆候が見られますか？
●生理の周期が時折ずれたり、あたかも妊娠していると感じたことはありますか？
●後になって胎児がいないことを確認するためだけに検査を行ったことはありますか？
●食事に関する問題はありますか？
●不眠など、睡眠障害をお持ちですか？
●子供のようにおねしょをしたことがありますか？
●休んでいるときに、時々身体が動かなくなるという麻痺の経験をしたことがありますか？

夢とフラッシュバック あなたの夢は……ありますか？

●壁や窓ガラスをすり抜けたことがありますか？

●病気か、どこか変に見える子供や赤ん坊を見たことがありますか？
●知らない人や、奇妙な生物とセックスしたことはありますか？
●妊娠や出産に関する夢を見たことがありますか？
●胎児が抜き取られたことがありますか？
●あなたと関係があるように感じる奇妙な子供を見たことはありますか？
●世界規模の大災害、環境問題、警告等の夢を見たことはありますか？
●風変わりな不毛の大地を見たことはありますか？
●フクロウ、ピエロ、ネコ、クモ、オオカミなどの夢を見たことはありますか？
●追われている夢を見たことはありますか？
●ネバネバした密度の濃い物質の中で窒息しそうになったことはありますか？
●水の中で呼吸したことはありますか？
●奇妙な器具で医療的な検査を受けたことはありますか？
●病院や医者が夢に出てきたことはありますか？
●エイリアンの宇宙船や、奇妙な生物の夢を見たことはありますか？

身体と信念に関する変化。どのような影響がありましたか？
あなたは……ありますか？

●眠るとき、明かりを点けたままにしなくてはなりませんか？

●セックスなどの異性関係に問題が発生しましたか？
●引っ越しを何度もしましたか？
●子供時代の記憶に喪失している部分がありますか？
●偏見のない心で自分自身を見るようになりましたか？
●地球外生命体の存在を信じていますか？
●自尊心を保つのが難しくなりましたか？
●動植物が人間にとって大事であると見なすようになりましたか？
●人目のつかない場所に行ったり、独りきりになりたいという衝動がありますか？
●大人であっても、暗闇への恐怖がありますか？
●ベッドを窓から遠ざけて、壁際に移動していますか？
●食器棚が怖いなど、閉所恐怖症ですか？
●廊下にいるとき、パニックや不安を感じますか？
●医者や歯医者が嫌いですか？
●見られているとか、観察されているとよく疑いを持ちますか？
●針に恐怖を感じますか？
●人を信じるのに困難を感じますか？
●子供時代、10代に大きな記憶の欠落がありますか？
●別の世界に興味がありますか？
●環境問題に情熱を感じますか？

●あなたはベジタリアンですか？　ワンネスに興味がありますか？
●精神世界に深い興味がありますか？
●フクロウ、ピエロ、サンタクロース、ネコ、昆虫、クモ、オオカミなどに恐れを感じますか？

直感的フィーリング あなたは……ありますか？

●両親、あるいはその一方と似ていないように感じますか？
●あなたは誰とも似ていないと感じますか？
●あなたの人生において、使命や特別な目的があると感じますか？
●ここに所属していないと感じますか？
●超能力のような特殊な能力を持っていますか？
●夜空を見ると、切なくなったり、引きこまれそうになることはありますか？
●ＥＴ現象やＵＦＯに惹きつけられますか？
●テレパシーによる情報やメッセージを受け取ったことはありますか？
●意識的に学んだことのない情報や知識を持っていると感じたことはありますか？
●惑星や社会に対して危機を感じていますか？
●物質的な価値に興味がありますか？
●健康的な食生活をしたいという欲求はありますか？

●自殺したいという強い欲求を感じたり、時々人間であることがあまりにも困難であると感じることはありますか？
●理由は分からないが、特定の場所に惹きつけられたことはありませんか？
●子供時代や10代に、セックスに関するトラウマがありましたか？
●UFOや宇宙人の写真を見ると動揺しますか？
●理由は分からないが、話すべきではないと思っていることはありますか？

超常現象、異常な体験 あなたは……ありますか？

●時間の異常体験。「余分な時間」もしくは「失われた時間」。目的地への移動や何かをする時間が予想より短かったり、逆に余計にかかったりしたことはありますか？
●あなたの周囲にある時計や照明器具、TVなどの電化製品の電源が勝手に入ったり、誤動作したことはありますか？
●自分が眠っていた場所とは異なる所で目が覚めたことはありますか？
●目が覚めたとき、衣服のボタンの掛け方が変だったり、衣服がまったく別の所にあったことはありますか？
●体外離脱体験（OEB）をしたことはありますか？
●直感が非常に優れていたり、テレパシーなどの超能力があることに気づいていますか？

●眠った覚えがないのにもかかわらず、目が覚めたことがありますか？
●どこから聞えてくるか分からない甲高い音や、唸るような音を聞いたことはありますか？
●硫黄やゴムのような奇妙な臭いがしたことはありますか？
●自宅や他の場所で、異常な光の球や光のフラッシュを見たことはありますか？
●異様な霧や靄を見たことがありますか？
●近所で黒塗りのヘリコプターを見たことはありますか？
●家の周囲で異様な雑音がしたことはありますか？
●奇妙な形をした雲を見たことはありますか？
●周囲の動物たちが奇妙な行動するのを見たことがありますか？
●あなたの寝室や家の中で、フードを被った影を見たことはありますか？
●どうして付着したかが分からない染みが、枕やベッドに付いていたことはありますか？
●意識的に学んだことのない情報を知っていることに気づいたことはありますか？
●コンタクト体験によって何らかのヒーリングを受けたと感じたことはありますか？
●あなたの周囲に「存在」のエネルギーを感じたことはありますか？

不安や恐怖症がありますか？　それは何ですか？

●エレベーターの中にいるときですか？
●窓にカーテンが掛っていないときですか？

●暗闇が怖いですか？
●ホーム・セキュリティに不安はありますか？
●特定の場所に恐怖を感じることはありますか？

この体験に関係する他の恐怖症があり、それは例えば、開けた場所やクモに対する恐怖である場合もあります。

記憶や夢のようなフラッシュバック　それは……かもしれません

そういった体験は、いつ起こるか分かりません。例えば、あなたは突然、別の出来事のヴィジョンを見るかもしれません。それは非常にリアルに見え、極度の恐れや不安を引き起こすかもしれません。そのような例には、以下のようなものがあります。

●あなたは何らかのことをしていて突然、自分が宇宙船の中にいることを心の目で見るかもしれません。それがあなたに不安とパニックを引き起こします
●あなたが運転中にフラッシュバックがあり、走っているのとは別の道が見えて、それが不安や恐怖を引き起こすことがあるかもしれません。フラッシュバックは曖昧で、記憶がない奇妙な出来事に関することである可能性があります。そして、それは理由は分からないものの、あなたを激

しく動揺させるかもしれません

コンタクト体験者のエルは、レストランで外食中に引き起こされたフラッシュバックを幾つか覚えています。そのレストランの外観はとても病院に似ていました。彼女の言葉はこうです。

「私たちはレストランに近づいていました。レストランの大きさは平均的なサイズで、見た目は現代的でした。ステンレス製の一本足の長テーブルにスツールが並んでいました。天井は低く、青とグレイの埋め込み式のライトが見えました。即座に私は精神的な苦痛に圧倒され始めました。この近代的な、しかしどこか病院のような環境が、宇宙船に搭乗したときの記憶を呼び覚ましたのです。鮮やかに、シャープな明瞭さで、ＥＴたち、彼らの目、光を反射する医療器具、彼らが作業している様子が見えました。それはこれまで見た以上にリアルだったため、私は完全に圧倒されてしまいました」

質問リストを読み、あなたは動揺しましたか？

- 質問を読んでいる際、不安や困惑、恐怖などの感情的な反応があり、非常に不快になり始めましたか？
- 質問リスト全体を読み通すのが難しいと思いましたか？
- 質問リストに対して当てはまる割合が高いと思いましたか？

この3つの質問のいずれかの答えが「イエス」だった場合、あなたは何らかの形態のコンタクト体験をしたことがあるかもしれません。

自分はコンタクト体験をしていると思います。私は何をすればいいのでしょうか?

この質問があなたの心に浮かぶか、何らかの感情的な反応があった場合、あなたには下すべき判断があります。以下の文章と質問があなたの役に立つかもしれません。

●この主題は、現時点ではあまりにも対処するのが困難で、脅迫的です
●別の機会にこの問題について考えたいです
●もっと知りたいが、今は人生がうまくいっていません
●質問リストは私に深い影響を与え、もっと知りたい
●これは本当に近接遭遇体験なのでしょうか? それとも、ただの私の妄想なのでしょうか?(あなたがそのように思っているとしたら、あなたの助けになりそうな章がこの本の中で後で出てきます)私はこの体験によって、大きな影響を受けたと思っています。私はパニックに襲われ、混乱と孤独を感じ、時には怯えています。(心的外傷後ストレス障害〈Posttraumatic stress disorder:PTSD〉の症状を参考にしてください)

●私の経験は自分にとって非常に特別なものでした。私はその経験が何を意味するのか、もっと知りたいです

さて、先に進む前に、注意書きを記しておきます。

あなたの人生が順調に行っている場合、本当に知る必要がない限り、あなたの個人的な体験が意味することをこれ以上調査すべきか慎重に考えてください。ここから先に進むと決心するならば、家族や友人、サポートグループ、プロのカウンセラーやセラピストなどによる感情面でのサポートを利用することがあなたの助けとなります。

「私は決断できません。とても困惑しています」

●それでしたら、この問題は当面の間、保留にしましょう
●決断を下す際にあなたの助けとなるもっと多くの情報があります。この体験について、もっと多くのことを発見し、専門家の助けを求めてください
●あなたが信頼できる身近な人に話してみましょう
●小休止して静かな場所へ行き、リラクゼーションや瞑想のエクササイズを用いて、あなたの「インナーセルフ」に尋ねてください（第5章のテクニックが助けとなります）

マイペースで行うことが大切です。そして、この本をいつでも読めるように手元に置いておくことを忘れないでください！　もしあなたが恐れ、疑っているのなら、好奇心によるものだとしても、この本を読み続けることを私は提案します。その後、あなたの準備が整ったときにでもこのセクションに戻ってくればいいのです。次章からは、あなたが混乱を克服し、あなた自身が正しい結論を下す手助けができるように意図されています。

第3章 変容ステップから確認せよ／狂っているのか、コンタクト体験をしているのか？

自分は狂っているのか？　それとも、コンタクト体験によって多次元的な意識に目覚め、変容への過渡期にいるのだろうか？

私にとって、それは威嚇的なエイリアンへの恐怖ではありませんでした。それは、まったく避けることのできない衝撃だったのだと思います。宗教、科学、心理学、そのいずれかによっても準備してこなかった「何か」を経験したのです。この体験に何の準備もなされてきませんでした。非常に多くの「知ったかぶり屋」がいます。彼らは何らかの「箱」にそれを入れることができると思っています。彼らが知っている何かに見えるからです。人々が耳を傾けてくれるような方法でそれを何とかして説明しようと私は試みました。これは人々が知っているどんな体験とも異なるものなのだと！　たぶん、私は「知ったかかぶり屋」の態度を変えさせることはできないでしょう。しかし、少なくとも他のコンタクト体験者は私が知っていることを知っているでしょう。

ダナ・レッドフィールドからの手紙の抜粋

（『召喚（Summoned）』、『ET－ヒューマン・リンク（The ET-Human Link）』の著者）

この章では、心理学的な概念と、コンタクト現象に対する伝統的な説明を検討してみたいと思います。このセクションは、あなたの体験が慣習的な説明で折り合いがつくのか、それともあなたが何らかのコンタクト体験を経験しているかどうかを判断する際の助けとなるよう意図されています。それは、より深い理解に導くための「インフォームド・チョイス（十分な説明を受けよく考えた上での選択）」の質問です。しかしながら、その解釈はあなたの視点に大いに左右されることを認識しておいてください。

以下は、歴史的、宗教的な見地から見た様々な解釈の概要です。その後で、心理学的な観点から、それらの解釈と、もっと一般的、標準的な解釈との間にどのような相違があるのか検証していきます。そのすべてが、あなたに理解をもたらし、十分に情報を与えられた後でも多くの矛盾する見解を持っていると主張する権利がある人々がいるという事実が認められるでしょう（私はそう願っています）。これらの解釈の知識があれば、どの説明にあなたが納得できて、最終的に正しいと共鳴するものは何かを見極める手助けとなるでしょう。

コンタクト体験の解釈は無数に存在し、その大多数は慣例的な解釈です。しかし、その解釈が混乱の原因になることがあります。その例を一つ挙げると、歴史的な背景に当てはめた場合、それは星からやってきた「神々」が私たちを訪問したという古代の文献の記述に見られます。その主題の絵や絵画が数多くあります。洞窟の壁画から中世の美術に至るまで、何らかの空飛ぶ乗り物が描かれています。それはしばしば、何かの象徴か神話的比喩、「古代人の想像上の空飛ぶ乗り物」として説明されています。歴史的な文献では、原理的な宗教家たちによって、地球外生命体の訪問とは悪い存在、つまり悪魔の仕業として解釈されがちです。

もっとオープンに、別の見方に同意する宗教団体に属する人々を探すと、コンタクト体験の解釈は再び多様性を見せます。長老派教会の牧師である、バリー・H・ダウニング博士はその著書『聖書と空飛ぶ円盤（The Bible and Flying Saucers）』の中で、聖書の中のＥＴの訪問と、その乗り物に関する記述を検証しています。博士の感じたところでは、それらの記述はその現象と人類が歴史的、宗教的に多くのつながりを持っていることを例証しています。ヴァチカンに属する「福音宣教省と信仰弘布会」のコラド・バルダッチ司祭が、この解釈に賛同しています。悪魔祓い《エクソシスト》であり、悪魔学者でもあるバルダッチ司祭は、イタリアの国営放送のＴＶ番組で、ＥＴとの遭遇は悪魔との出会いではなく、心理的障害によるものでもなく、十分に検討に値するという自分の意見を述べました。しかし、宗教団体の中の多くの人々はそれらの体験を、いまだに悪魔的な存在の訪問だと解釈していることを私たちは知っています。そして悲しいことに、宗教団体などから答えを探し求め、コンタクト体験を悪魔的なものだという解釈に同意する人々は、その解釈に同意する前よりも怖くなってしまいます。

バルダッチ司祭の言葉は、ホイットリー・ストリーバーの著書『確認（Confirmation）』の中で引用されています。本の中に、ミカエル・ヘッセマンとバルダッチ司祭によるインタビューに対する言及があるのです。ミカエル・ヘッセマンは人類学者、歴史家で、『UFO秘密の歴史（UFOs A Secret History）』などのUFO関連の書籍の筆者であり、『マガジン2000』の編集長を長年務めていました。ミカエルはバルダッチ司祭に次のように質問しました。

「地球外生命体とキリスト教の信仰との間に矛盾は存在しますか？　また、カトリックが地球外生命体の存在を信じることは容認されるでしょうか？」

バルダッチ司祭はこう答えました。「矛盾はまったくありません。地球外生命体が存在することを信じると断言することは合理的です。彼らの存在をもはや否定することはできません。UFO研究の文書など、地球外生命体と空飛ぶ円盤が存在する証拠が大量に存在するからです」

心理学の分野においても、多くの専門家がこの現象を精神病や幻覚と解釈することによって無視しました。そして人々の多くの割合が、その解釈が真実であると信じることで安心感を覚えました。しかしながら、この解釈は恐ろしい釈明です。

ダナ・レッドフィールド（コンタクト体験者、著述家）は、私宛ての手紙の中で、彼女が「人間の恐怖心」と呼ぶものにどのように対処したかについて説明しています。彼女は言います。「これは人間による銃や誘拐による脅しではありません。冷笑や、詐欺扱い、排斥です。それは極度の疎外感です。その体験を話していいと誰を信頼できるというのでしょうか？　ある時点で両親に話すと、とても感情的になるため、話すのをやめました。両親は私に入院の必要性があると考えていると悟ったからです！　私を引きこもらせ、最後には本を書かせたのは、そのような類の目覚めだったのです。そして、その中で力を得ました。いったん本を出すと簡単には批判されなくなります。真実を話すことは常に健全だと思われています。しかし、真実を話し、それでいて常に世間の中で安全でい続けられることはできるのでしょうか？」

自分の体験を理解するため、心理学的手段を模索するコンタクト体験者は、コンタクト体験について話すことが自身の心理的な健康にとって著しくトラウマになると判明することがよくあると分かっています。社会全般はおろか、家族や友人に告白することは、次の章のサンドラの話に見られるように極めて破滅的な結果となることがあります。サンドラにとって、彼女の体験を話し、真実を語ることが彼女の心理的な健康に大きなダメージを与えたのです。そして、解釈には多様性があって、話した相手の意識に偏見がないことに大きく依存するように思えます。結局は、彼らができる最良の方法でその体験を解釈せざるを得ないのです。映画や本の中で得たもの以外に比較するものを彼らが持っていない場合、その体験に対する知見が不十分である可能性があります。こういった理由から、あなた自身が理解して学ぶことを最初に決心することが何にもまして重要なのです。あなたにとって、この体験が何を意味するのか決めるわけです。

幸いにも、心理学の分野の人間の全員が、その体験を伝統的な解釈の範囲内で行うとは限らないでしょう。ハーバード大学の精神科の教授であるジョン・マック博士は、バッド・ホプキンスにもっと深い研究の道に誘われるまでは、その現象に対して最初は懐疑的だったと認めています。バッド・ホプキンスはコンタクト現象に関する研究者で、何冊かの本を書いている人物です。ジョン・マック博士は、何百例ものコンタクト／アブダクションのケースとその心理学的な歴史を研究し、一連の臨床試験と徹底的なインタビューを行った後、その体験は信憑性《しんぴょうせい》があるという結論を下しました。

彼は、それらの研究成果を彼の最初の本である『アブダクション－宇宙に連れ去られた13人(Abduction : Human Encounters with Aliens)』にまとめました。その結果は驚くには値しないものですが、彼は多くの同僚に嘲笑され、同僚たちは彼を大学から追放しようとさえしました。幸いにも、同僚たちの目論みは失敗し、博士の貴重な研究は今日も続けられています。博士はPEER(Program for the Study of Extraordinary Experience Research、超常体験を調査研究するプログラム）を設立し、2冊目の本『宇宙へのパスポート（Passport to the Cosmos)』を出版しました。1995年にコロラドのフォートコリンズで開かれた「新しい科学学会のための国際協会」のスピーチで、博士は次のように述べました。

「私たちの文化の中に、一般的な現実の境界を定める科学や宗教、企業エリートの非常に小さなグループがあるのかもしれません。人々は自分自身の体験を知っており、自分が体験しているものと一般的に信じられている機械的な世界観が一致しないのです。人々の多くの割合は、見えない世界、つまり現実の隠された次元が存在することを知っているように思われます。アブダクション現象は事実上、私たちに現実の性質に関する深遠な質問を熟考することを強い、私たちが社会として何が現実であるのか、その定義の内容を再検討させます」

コンタクト現象に対する認識は変化しており、それは声を上げた勇気ある多くのコンタクト体験者たちと、自分の職業生命をその道に捧げる準備ができたジョン・マック博士のような人々のおかげです。こういった類のコミットメントにより、さらなる情報や研究がシェアされ、拡大された意識の潮流が生まれます。そしてそれが、さらなる探求に刺激を与え、ついにはこの主題に一定の信頼性を与えることができる証言や証拠の重さが十分になるところまでいくでしょう。

「その人々は、大きな意味を持った深遠な何かを本当に体験しているという感覚がある。そして、それは単なる個人の無意識の投影ではない」とジョン・マック博士は述べています。

地球は平らではなく丸いことを大勢の人々がすでに何年も前から知っていたことが、最終的に社会全体に認められる確かな証拠が出現する歴史的な瞬間がありました。コンタクト体験者にとっては、その現象を受け入れるのにおそらく時間を要さないでしょう。しかし、大衆の意識がそれを否定しなくなるまで、しばらくの間、私たちが待たなくてはならないことは間違いないでしょう。しかしながら、現時点ではダナ・レッドフィールドが言うように、私たちは学ぶことができます。「話すべきときに話さず、沈黙すべきときに沈黙しないことは、どちらともリスクがあり、相応の結果を呼びます」つまり私たちは、自分自身の状況を見ながら理解と受容を決めることができるのです。

コンタクト体験に対する心理学的な説明とは何か？ 自分は狂ってしまったのか？ それともこれは現実なのか？

この体験に対してどのような説明がなされているのか、心理的な健康に関する疑問を持つ人々に示すことは当たり前のことでしょう。「自分は気が狂ってしまったに違いない」という思いは、実に切迫した恐怖です。あなたにとって、この説明が妥当なものかどうかを知るために、ここであなたの助けとなる情報を幾つか紹介したいと思います。コンタクト体験とは、一種の精神不安定の産物なのでしょうか？ それとも、奇妙ではあるものの、現実のものなのでしょうか？ コンタクト体験について、どのような解釈がなされているかもっと理解するため、私たちは精神疾患の症状を検討し、伝統的な心理学が、コンタクト体験をどのように説明しているのか見ていく必要があります。それによってのみ、あなたの体験に伝統的な説明が妥当かどうかを判断することができます。この章の終わり頃に、「コンタクト、変容へのさなぎ」という部分があります。そこでは段階的なプロセスが提示され、あなたは体験を尊重するようになり、徐々にそれらの体験を統合し、完全に受け入れられるようになります。

二人のコンタクト体験者、エルとカレン

エル：私の人生はまったく奇妙で、まるで「バットマン」か何かの世界に住んでいるみたい。これがぜんぶ本当だと考えるだけでゾッとするわ。
カレン：自分が狂っていると思うより、それが本当だということを知ったほうがいいのではないかしら？
エル：それは分からない。少なくとも、私は投薬治療ができるだろうし、それですべて解決しちゃうと思う。
カレン：でも、それは効果がないかもしれない。状況は変わらず、それはずっと続くかもしれませんよ。

どのようにして、精神的疾患とコンタクト体験を区別するのか？以下の質問に答えてみましょう。

質問は、あなた自身の体験を評価する上で役立つ指針となるよう意図されています。

●内的な体験と外的な体験を区別できますか？　つまり、心の中で起こっていることと、外側の世界で起こっていることの違いが分かりますか？

●どんな内的な体験が、一般的に知られている世界の姿と一致しないか明確に理解していますか？
●3次元の現実の中で活動することができますか？
●日常生活に順応していますか？
●明晰な判断がまだできていると思いますか？
●感情のコントロールができますか？
●通常の場合、過度の気分変動なしで、外側の刺激に適切な反応をすることができますか？

これらの質問についてよく分からない場合は、専門家のアドバイスを求めるのが賢明ですが、コンタクト現象について知識を持った人が理想的です。しかし、非常にトラウマ的なコンタクト体験をした人は、その体験の影響で何らかの精神的不安定となっている場合があることも覚えておくべきです。

伝統的な心理学では、コンタクト体験をどのように解釈しているのか

〈それは想像や作り話だろうか？〉

作り話は現実の話ではなく想像上のもので、個人の幻想の世界は多様であり、それは人それぞれの独自性があります。一方コンタクト体験では、極めて類似した古典的なコンタクト体験のシナリオを経験した人々が世界中に何百万人も存在していて、その体験には同様のパターンが見られます。これが意味することは、仮にコンタクト体験が想像の産物であったとしたら、その体験をした複数

の人々のすべてが同じ空想をしていたということになってしまいます。興味深い話があります。アメリカのある学校の教師が、30人の子供たちにエイリアンの絵を描くよう頼みました。すると、その絵は子供の想像力によって多様性があったのです（その中の一つも「グレイ」には似ていませんでした）。

〈睡眠時麻痺や側頭葉てんかんのような身体的な不調〉

この現象には、脳の電磁場が影響しているという仮説があります。コンタクト体験の場合、この仮説はその深さと詳細な内容、複数の証言者のイメージが一致することを説明することができません。コンタクト体験者は、自分が言ったことや見たことを覚えていて、そこには多くの一致と類似性が見られます。また、この仮説は二人の人間が外傷などの要因がないのに同時に全健忘の期間に入り、その後、一切の意味のある引き金もなしに意識を回復していることを説明できません。

〈妄想〉

それは、私たちが「すでに知っている」現実の歪みである。それは通常の場合、人間関係の悪化と不毛な付き合いの結果である。しかし、コンタクト体験の場合は、何百万人もの人々が「同一の妄想」と記憶を持っていることになり、またコンタクト体験をした人々の中には、とても若い人もいます。私のクライアントの一人は、彼女の当時18ヶ月だった娘が、ホイットリー・ストリーバーの『コミュニオン（Communion）』の本を手に取り、カバーに描かれているグレイの顔を指さして「見てママ、この人がやってきて、私を連れていったの」と言ったことを教えてくれました。小さな子供がコンタクト体験に関係する妄想をすることはあり得ません。研究によると、コンタクト体験は生まれて間もない極めて早い時期から始まっている可能性があることを示唆しています。

〈脳腫瘍〉

開業医に言わせれば、腫瘍などの何らかの異変であるのは明らかだ。脳スキャンや類似した検査から、物理的な証拠が出るだろう。しかしながら、一例を挙げるとホイットリー・ストリーバーは脳スキャンを試みましたが腫瘍は見つかりませんでした。私のクライアントは何人も脳スキャンを行いましたが、いかなる異常も示しませんでした。

〈幻覚〉

客観的な現実を伴わない知覚であり、怪我や薬物乱用、脳腫瘍などによって発生する妄想。コンタクト体験の場合、これらの基準にどれも該当しません。

〈共通幻覚、「二人組精神病」〉

共通幻覚は、親密な共生関係にある二人の間にだけ起こります。これは、複数によるコンタクト体験のケースには当てはまりません。

〈ユングの元型〉

集合無意識の理論とは、すべての人間は基本となる原始的なイメージを共有しているというものです。コンタクト体験の場合、この理論では複雑で詳細にわたる体験を説明できません。コンタクト体験では感情と行動がハッキリと描写されています。ユングのイメージでは、無意識の記憶の想起に頼らない、意識的な目撃を説明することはできません。

〈暗示〉

セラピストは、クライアントをリラックスさせた状態で誘導し、あるシナリオを与え、あたかもその人個人の記憶であるようにクライアントに暗示をかけることができると言われています。コンタクト体験では、良いセラピストであればクライアントを誘導しないよう大きな配慮をするでしょう。妥当性を確認するため、意図的に逆の暗示をかけるセラピストもいます。それは、クライアントを正してまったく別のことを言わせることができるか確かめるためだけで、そうすることによってクライアントがセラピストに誘導されていないことが分かるのです。さらに、何マイルも離れた場所で働く臨床の二人の催眠療法士が、同じ出来事の参加者たちが細部まで正確に一致する体験を持っていたことを発見したという例もあります。

〈抑圧された性的虐待〉

人類は、抑圧された性的虐待の象徴的表現として「宇宙時代のイメージ」を生み出している。コンタクト体験の場合、研究によると、そのような背後関係が明らかになったケースはほとんどなく、1000人に一人の割合でした。それに加えて、逆のことが真実であることが示されたのです。つまり、人間による性的虐待の記憶が、エイリアンの侵入の偽装になり得るのです。

〈メディアの影響〉

自分がコンタクト体験をしているものとメディアに信じ込まされていることが示唆されている。コンタクト体験の場合、大人向けのTV番組やトーク・ショーを見ても理解できない子供の感情問題をこれは説明していません。またこの解釈は、メディアを通じて一般に流布されて知られているものとは異なる具体的かつ詳細な情報をコンタクト体験者が知っていることを説明できません。

〈ほら話〉

でっち上げられた話、あるいは悪ふざけである。コンタクト体験では、別の種類の体験や作り話であることを示唆する証拠が希薄であり、類似した特徴を持ったストーリーが個人によって報告されています。

〈注目を浴びるため〉

コンタクト体験をしたと言って注目を集めたがる人々がいると指摘されている。研究では、それは稀に起こることだということが示されています。何故なら、現実にはそういった行為は、嘲笑の対象となり、精神に異常があると見なされる可能性があるからです。私はそのようなクライアントに出会ったことがなく、実際にはそれはまったくの逆だと私は言いたいです。人々は、コンタクト体験を否定したがっていて、それをもっとうまく説明する病名があれば喜んでそれを受け入れるでしょう。

コンタクト体験者に実施されている心理学的なテストはあるか？

　はい、以下のようなものが含まれます。

●ミネソタ多面人格テスト
●ウェクスラー成人知能テスト
●主題統覚テスト
●ウソ発見器
●脳スキャン

　精神的な健康という点では、コンタクト体験者は承認基準内に十分入ることが分かっています。コンタクト体験に対する心理学的な説明を扱った本が何冊か出版されています。これらの仮説に対して十分な議論がなされており、満足のいく回答が出されています。例えば、有名な精神分析医のジョン・マック教授や、研究者のバッド・ホプキンスによって書かれた本です。

それらのテストとは別に、コンタクト体験が現実のものであるという証拠はどんなものがあるか?

●どうやってそこについたのが分からない模様や傷跡が身体に見られる。それはアザや発疹の場合もある(中には、ブラックライトの下で光るものがあります)

●同じ体験をした人が家族の中に二人以上いる。家の中や車で移動しているときに、「失われた時間」を二人以上の人間が体験する

●インプラントや身体の異常。X線で物体が見え、外科手術で摘出されることがある。それがフィルムに記録されています(ロジャー・リアー博士の『エイリアンとメス(Aliens and the Scalpel)』をご覧になってください)

●すべての年代のグループに影響を与えている事実。この現象に対する事前の知識を持たない2歳や3歳の幼い子供がこの体験をしています

●ある種の体験の後に、車体に模様が残っている。例えば、ビル・チョーカーは『Ozフィルム』の中でノウルズ家の物語を記録しています。1988年に彼らはオーストラリアのナラーバー平原を横断しているときに、「卵型の物体」を目撃したと主張しています。その物体は車の上に着陸し、車が道路から浮かび上がったと彼らは信じています。その後、ノウルズ夫人は車の屋根に手を置いてみると、屋根が黒っぽい灰色の粉塵《ふんじん》で覆われて、悪臭を放っていることに気づきました。家族4人全員がそれを目撃しました

●その現象が起こった際の動物たちの異常行動。コンタクト体験が起こったとき、動物たちが奇妙な反応を示します
●記憶と夢に対する感情的な影響
●世界中のすべての文化と信念体系を持つ何百万人もの人々が、この体験をしています
●ＰＴＳＤ（心的外傷後ストレス障害）のような感情面でのトラウマがある場合があります。これは、実際のトラウマがない場合は起こりません
●多くの人々が、ベッドから物理的に離れていることを経験しています
●多くの人々が心理学的なテストを受け、身体的、心理的な異常が見つかりませんでした
●コンタクト体験から名状しがたい癒し（ヒーリング）を受けた人々がいます
●心理的側面、感情的側面、精神的側面、霊的側面のすべてのレベルで変容を経験した人々がいます
●ＨＳＰ（高次知覚能力　High Sense Perceptions）がコンタクト体験をした人々に認められます。千里眼、テレパシーの技術、ヒーリングの能力、多次元的な現実に対する認識など

こういったことをもっと理解するために伝統的な心理学に注目することが大半の人々には合理的な方法です。たとえ最終的な答えがそこで見つからなかったとしても、多くの人にとってそれがプロセスとして必要です。しかし、精神疾患が多くのレベルで人間をポジティブな変容に導くことはありません。これから述べていくコンタクト体験とはその点が違うのです。精神疾患は、ヒーリングや千里眼などの高められた知覚能力を活性化させることがありません。

「精神科医ははっきり言っていました。ジェイソンは精神病ではないと」

『アブダクション体験（Abductied）』の著者でありジェイソンの母親であるアン・アンドリューズは言いました。1995年の11月、ジェイソンのかかりつけ医もジェイソンは精神障害ではなく、彼は正気を保っていると明確な意見を述べていました。すでに精神科医がアンに伝えていたジェイソンは幻覚を見ているわけではないという事実とそのかかりつけ医の意見は一致したのです。しかし、ジェイソンが眠るのを助けるために抗うつ剤の投薬は続けられました。ジェイソンと彼の両親は、これ以上、精神科にかかっても無意味だと思いました。「ジェイソンは、自分はウソつきじゃないと言って、泣きながら精神科から出てくるでしょう」とアンは言っていました。母親なら誰でも、ジェイソンを助けようとしてくれる人に彼を会わせたかったのですが、コンタクト現象を信じ、それを知っている人々が息子をもっとも助けてくれるのだとアンは主張しました。

それに加え、ジェイソンは精神科医に彼の身体の上に浮き出た模様を見せたのですが、それについて調査も説明もされなかったとアンは言っています。これはよくあることで、多くのクライアントが異様な模様や傷跡、瘤《こぶ》などを医者に見せても、それらは見落とされ、重要ではないものとして無視されると言っています。

私が見てきた多くのクライアントたちは、メンタルヘルスの専門家の所へ行き、対応が様々であることに気づきました。しかしながら、従来の解釈では説明がつかないため、精神異常が見つからず、妥当な診断を下すことができない精神科医にとって、睡眠障害やうつに対する投薬を提案するのは極めて普通のことです。

私たちがここで提供した情報は、あなたを導き、あなたの体験を見極める手助けとなるように意図されています。それをもとに、あなたはご自身の体験がコンタクト現象か、精神疾患のどちらに適合するか自分で判断することができます。あなたの体験がコンタクト現象だと解釈され、自分の体験に妥当性を感じた場合、この情報は新しいプロセスとパラダイム・シフトのための触媒として作用するでしょう。その新しいパラダイムは従来のものよりも広大で多次元的なものです。そして、それがあなたの従来の信念のすべてではないとしても、その多くが変更を余儀なくされることは不可避でしょう。

あなたを新しいパラダイムへと目覚めさせるこのプロセスを、私は「コンタクト、変容へのさなぎ」と呼んでいます。これはあなたが新しい情報と多次元的な現実に関する信念を統合するために必要なパラダイム・シフトです。この変容が「現実のもの」であるとしたら、あなたの世界とあなたが信じるものに何を問いかけるのでしょうか？　そのシフトは、現実に対するあなたの認識から始まり、あなたの中の変容のプロセスを刺激します。

コンタクト、変容へのさなぎ。パラダイム・シフト

コンタクト体験を認めることは、未知への壮大な跳躍です。大勢の人にとって、コンタクト体験が現実に基づくものだと受け入れるのは恐ろしいことです。伝統的な思考がこの体験に有効な説明を与えることができないと最後に悟ったとき、あなたは「アウト・オン・ア・リム」(枝の先端にいること)を感じ、伝統的な思考という名の枝が脆《もろ》くも崩れ去るのを感じるでしょう。コンタクト体験の受容には、大きなパラダイム・シフトが要求されますが、それが変容へのさなぎなのです。

混乱から、近接遭遇と共にある人生へ

コンタクト体験にはプロセスがあり、様々なステージを受容と癒しを求めて探求していきます。第1章で、デイビッドは彼の現在進行中のコンタクト体験のプロセスを例証しています。彼は同時にそれらのステージの間を揺れ動きながら体験しました。これは、コンタクト体験に見られる一般的なプロセスの一部です。

それでは、そのプロセスを詳しく見ていきたいと思います。コンタクト体験者がそれをどのように感じているか説明してみましょう。コンタクト体験に対する最初の一般的な反応は、恐怖と混乱です。しかし、それと同時に好奇心と疑問が発生し、その体験を理解しようとして資料を勉強する

ように刺激されます。そこで浮かんでくる疑問は、間違いなくこうです。「これが現実であり得るのか？」ある引き金となる出来事が最終的にその体験が現実であるという確信を与えることがよくあります。私はそれを「認識するための出来事」と呼んでいます。しかし、その広大な現実を受け入れ、従来の制限された現実を手放すための格闘は続きます。しかし、ゆっくりと情報を吸収し、心を解放していくことを通じて、コンタクト体験者はそれを受け入れる地点まで達することができ、世界観を変える「転換」を開始するのです。

少しずつ統合されていくことで恐れは静まり、やがて新しい現実を完全に容認するための準備が整ったと感じるようになります。個人的な変容は続き、それが高度な知覚を目覚めさせ、コンタクト体験と共に生きて、成長していくとともにそれらの能力は「正常化」されていくでしょう。

このプロセスを見極める意義

私たちの多くにとって、困難な体験をしているときに基準があると助けになることがよくあります。最初は混乱や恐れを感じるものの、多くの人はコンタクト体験を克服し、どうにかして統合と癒しができるところまでやってきます。

恐れから変容への10のステップ・プロセスとは何か？

1. 混乱。恐れている段階。孤立と恐怖を感じる
2. 好奇心。疑問を感じる状態。何が起こっているのか知りたいと願う
3. 論争。外側にさらなる情報を探し求める
4. 狂気と不信。自分が狂っているのか、それとも多次元的な体験をしているのか、そのいずれであるかを知りたいと願う
5. 確認。「認識するための出来事」。これは現実であるという確信を持つ
6. 葛藤。否定と受容のせめぎ合い。自分が何を信じたいのか自問する
7. 変化。新しいパラダイム。世界観が変化する
8. 転換。多次元的な現実を受容する
9. 鎮静。変容に向けて統合を開始する
10. コンタクト。意識的にコンタクト体験と共に生き、成長する

どのプロセスにいても、しばらく間、これらの指標の間をさまようでしょう。それは極めて普通のことで、ゆっくりと時間をかけて体験を統合していくのです。そうして安定していきます。

もう少し詳しく変容への10のステップ・プロセスを見ていきましょう

1. 混乱

エルの説明が一番分かりやすいです。

Q：あなたが恐れていることは何ですか？

「私が恐れているのは、『彼ら』と私の体験が現実であるということです。自分が知っている世界が重複していくのが怖いのです。その結果、多くの物事が関連性と意味を失ってしまうのです。私の娘が将来、彼らと交流するのを恐れています。周囲の人々と折り合いをつけていけるだけの強さが自分にないことを恐れています。人々は、私の体験と激しい感情を軽視し、私が狂っていると思うでしょう。すべてのことを告白することが私の家族にとって最善のことなのか私には不確かで、私は家族に告白することが怖いのです」

2. 好奇心。何が起こっているのか

コンタクト体験者の多くは、何かを恐れています。しかし、それが何なのか分かりません。彼らは異様な超常現象や奇妙な夢や体験と共に生きていて、それが不安を感じさせるのですが、その不安の理由がまったく分かりません。彼らはただ「ヘンだな」と訝《いぶか》しがっているかもしれません。

ある人はこう言っていました。「いつも頭の中が、ただゴッチャになっているのだと思っていました」気が狂っていると思われるのを恐れることによって、他の人に自分の考えを表現する妨げになることがあります。彼らの考えは葬り去られ、個人的な悪夢になるのです。しかし、ある時点で触媒となるものに出会います。それは生命の危機かもしれません。UFOの目撃や、コンタクト体験に関する本や、ETの顔の絵や、テレビ番組などでもあり得ます。それが、以前は関心が薄かったこの現象を調査する推進力になります。それが引き金となって、しばらく間、この現象を理解しようとして情報を集めることに憑《と》りつかれたようになることさえあります。その情報の一部に混乱を感じ、この脅迫観念に強い不快感を覚えつつも、理解に努めようとします。

3．論争。外側に情報を探し求める

このステップはコンタクト体験者にとって重要な時期です。異なった情報源から情報を集めれば集めるほど、この現実に対する認識を得る機会がどんどん増えていくからです。他の誰かによってあなたの体験が語られているのを読むことが非常に有効で、癒しとなります。また、この分野の専門家が近くにいるか調べることが非常に重要です。私たちの大半は、信頼のおける人々からの情報であればそれを受け入れやすいように条件付けされているからです。

4．狂気と不信。これは現実の体験なのか？

あなたの体験が現実であるかどうか見極める手引きを与えるため、私たちはこの問題をこの章で検討しています。前の章の情報があなたの状況に適合し、「共鳴」を持っていることが分かれば、あなたの体験についてさらなる明確さをこの章はあなたに与えるでしょう。その事実を発見することによって心理的なショックを受けるときでもあり、自分は気が狂っていると感じるかもしれません。そのため、この現象について一定の理解を持っている信頼できる人を探して、適切なサポートを受けることが非常に大切です。この時期は、サポートと人的・情報的リソースを積極的に探す時期です。この本の中に、あなたを手助けできるさらなる情報が含まれています。

5．確認。「認識するための出来事」。これは現実？

助けて！　これは現実なの！　あなたが最終的に自分がコンタクトを体験していることに気づいたとき、何が起こるでしょう？　それは、最終的に絶対的な確信をつかむ瞬間で、自分の体験が現実のものであるという認識を得ます。

6．葛藤。否定と受容のせめぎ合い。何を信じたいのかを自問する

自分が本当に知りたいのか分からない！　多くのコンタクト体験者にとって、これがジレンマです。自分が精神的に健全であると信じている、言い換えれば、自分が正気であると考え、その現象が物理的に現実のものであると考えた場合、人生のあるときに自分が人間ではない生物と交流していたという結論が必然的に下ります。経験上、最初の反応は通常はこうです。「そんなこと、信じられない」実際、多くの人々がその体験が真実であることに直面していることとは裏腹に、精神疾患だと考えたほうが簡単に折り合いがつけられると言っています。

7．変化。新しいパラダイム。世界観が変化する

「一本一本、私が知っている現実という布地が引き裂かれていきました。自分がこれまで存在していると信じていたよりも、もっと大きな生命の構図の断片にどんどん直面していきました」（エル）

コンタクト体験の現実に目を開くとき、世界観の変化がついに訪れます。そして、その体験の受容が始まるのです。徐々に無数の混乱と異様な出来事が、あるパターンへ収束し始め、あなたは自分の体験を確かめていきます。この認識のプロセスの期間に多くの発見が、さらに新しい情報の引き金となり、その情報がその新しい現実にいっそうの確信を与えます。以前の親しみのある安全な現実の境界が溶解し、それを新しい現実と調和させていくのには時間と勇気がいります。このプロセスの期間は非常に不安定で、絶えず現実に対する疑問がまだ残っているでしょう。しかし、最終的にそれを受け入れ理解したとき、大きな安心を感じるはずです。この時期は、サポートと理解が必要不可欠で、もし可能であれば、あなたの現実を再度確認する助けとして他のコンタクト体験者と交流することが大切です。

8．転換。多次元的な現実を受容する

私の本を読んだ最初の出版社の人はこう言いました。「これを本当に出版したいのですか？」私は本を出版し、その結果を知りました。ある人は私の気が狂っていると思い、またある人は私を称賛しました。確実に言えるのは、私にはもう秘密はなく、それは恐れがもはや存在しないことを意味します。

ジェームズ・ウォールデンの手紙からの抜粋
(『エイリアンの究極の計画（The Ultimate Alien Agenda)』の著者)

その現実と折り合いがついたとき、あなたは新しい基盤を創造することができます。そこから統合を開始し、もっと学ぶのです。しかし不幸にも、恐れの中で閉じこもり、何も知らず誤解している懐疑的な心を持った人々とあなたは付き合っていく必要があります。あなたは、自分の「秘密の生活」がすべての人と共有できるものではないことに気づくでしょう。しかし、自信を持って自分の体験をオープンに語りだす人々が大勢出現しています。それは彼らが人々と対立したり、悪評を得たいわけではなく、人々の意識にコンタクト体験に関する情報を受け入れさせたいからです。また多くの人は、自分のコンタクト体験を認めるのをずっと恐れ続け、孤立し怯えている人々に情報を与え、サポートしたいと願っています。

9．鎮静。変容に向けて統合を開始する

ジェームズ・ウォールデンのこの言葉がこのプロセスを最もよく表しています。「他の生物や他の世界に対する恐れを捨て、人間のスピリットが生み出す愛をもって受け入れたとき、人生はずっと快適になることを私は経験的に学びました。同じ道を歩む他のすべての人々の話に、座って耳を傾けると、彼らも私が理解していることと、全く同じことを語ります。彼らは自分たちのセッションで他の惑星や他の次元での生活を詳しく語ります。そして、それらの人々は普通の一般人で、大学生から秘書、弁護士、心理学者など様々です。これらの人々は一般的にヒーリングや心霊的な能力など、優れた力を持っています。彼らはそれぞれ独自のやり方で進化し、自分がここにいる理由を理解しており、生命の壮大な構図が何たるかを知っています」

10. 統合、コンタクト体験を癒し、それと共に生きて成長する
「自分の被害者意識を癒したとき、私の世界はポジティブな方向にシフトしました。今や私は身体と感情を癒すフルタイムのスピリチュアルなヒーラーであり、催眠療法士であり、ホリスティックな教師です。私の主要な目的は、人々が自分の健康や態度、意識に責任を持てるよう手助けすることです。これが、私をアブダクションした存在（教師たち）が、私が成し遂げることを助け、半ば強制したことなのです」（ジェームズ・ウォールデン）

コンタクト体験は、物理的側面、感情的側面、精神的側面、霊的側面、そのすべてのレベルにおける変容の触媒であり、その体験はその人のすべてを変えます。それらの体験を受容し統合することによって、人は二つの現実に健全なバランスをとることが可能となり、それをもって意識が成長し、より深い理解を探求したいと望むようになります。コンタクト体験者は、意識的にコンタクト体験に参加することによって、その交流に変化が起きることに気づきます。多くの人は、自身のコンタクト体験を積極的に探究し始めると恐れが減少し、自分自身と自分の個人的な現実に対する理解が深まります。

第4章　精神医学の限界……自分は狂ってなどいない、受け入れることで全てが始まる

ジェイソンは、当初行っていたような日々のカウンセリングを必要としていません。何故なら、彼は今、何が起こっているのか理解していて、支えてくれる両親がいるからです。精神科医に会うなど、次々と別の輪の中を飛ぶことを強いられてきた彼が不憫《ふびん》でなりません。非常に大勢の若い「アブダクティー」たちが、精神科医や行動心理学者、その他いわゆる専門家のもとへ送られています。彼らはてんかんのテストを受けさせられ、多くの青年たちが精神病——統合失調症か躁うつ病のいずれかに診断されます。彼らはそれに落胆してしまいます。何故なら、誰も彼らを信じず、正気を疑われるからです。

アン・アンドリューズ&J・リッチ著『アブダクション体験（Abducted）』より抜粋

コンタクト体験と精神医学の概念

この章では、サンドラのケースを取り上げたいと思います。これは若い女性のコンタクト体験の話で、コンタクト体験が純粋に伝統的な心理学のモデルから解釈された場合、どういったことが起

こるのかを示しています。サンドラの体験を慣習的な方法で解釈した結果、彼女の人生は一変し、その影響でトラウマが残り、それを治療するため重度の投薬治療が必要となったばかりでなく、さらに混乱し、大変なうつ状態となり、何度も自殺を試みるまでになりました。サンドラは自分に下された心理学的な解釈を受け入れることができず、圧倒的に不利な状況にもかかわらず、彼女は自分が体験しているものの正体を見極めようとしました。独力で調査したところ、彼女は徐々に自分の体験が彼女独自のものではなく、多くの人が体験していて、そういった体験が「アブダクション／コンタクト」と呼ばれるものに分類されていることに気づきました。この理解が、信じがたい奇妙な世界にサンドラを連れていきましたが、それを通じて彼女は彼女自身と彼女の世界に対する新しい理解を得ました。私にとって、サンドラの話は人間の精神の回復力と勇気を示していると思います。誰にも顧みられず、彼女は自身に何が本当に起こっているのかを見極めるため、個人の力によって疑問に挑んだのです。

14歳の頃、彼女は医者に自分がエイリアンを見たという情報を伝えました。その秘密を告白した結果は当たり前のもので、精神疾患と診断されました。これは彼女にとって衝撃的であり、その説明を受け入れることができませんでした。そのため、その体験の正体を理解することが彼女の個人的な使命となりました。精神科の治療は彼女の状態を複雑に悪化させ、彼女はさらに混乱するばかりでした。彼女は恐ろしいコンタクト体験と共にずっと生きていただけではなく、強烈な抗精神病薬の不快な副作用も体験しました。それらによって、彼女の健康と幸福が多大な損害を被ったことは驚くに値しません。サンドラは精神的な恐怖で打ちのめされました。この時期、彼女は自殺の寸前まで追いやられました。しかし、自分の体験について信じるように教えられていたものがあったのにもかかわらず、サンドラは自問し続け、次第に自分の体験が確かなものであるという結論に達しました。彼女は勇敢にも、自分にもっと相応しく適切だと感じる支援を探し求めました。そして、そのサポートを通じて、彼女は自分の「現実」に敬意を払う勇気を得て、それが彼女の人生を決定的に変えたのです。自分の体験を個人的に管理したことは別として、サンドラの物語は他に例を見ないような特別なものではありません。しかし、仮にそうだとしても、私は彼女の物語を伝える必要があると感じています。サンドラの物語は、混乱と恐怖のプロセスを経て、コンタクト体験と共に生きて成長していく過程の完璧な実例なのです。

サンドラの話では、彼女のコンタクト体験は3歳か4歳のときに始まっていて、彼女が自分に起こっていることを話すには幼すぎて無理だったと言っています。彼女はその衝撃と戦い、その結果、恐怖と混乱が生じ、それが彼女の感情と精神の両面に影響を与えました。彼女の両親は、サンドラが体験しているものにまったく気づいていませんでしたが、その振る舞いを心配していました。8歳のとき、彼女は様々なメンタル・ヘルスの専門家の所に連れていかれ、14歳になったとき、やっと自分がエイリアンを見たことを精神科医に告白しました。そんなことはなかったのだと彼女は無《む》碍《げ》に告げられ、統合失調症と診断されました。投薬治療は彼女の体験を止めることはできず、精神病というレッテルが彼女を打ちのめしました。彼女に投与されていた薬は強力で、自分がゾンビになったようだと彼女は常に訴えていました。彼女の自尊心は失墜し、やる気を失い、無価値であると感じ、人生がすべての意味を失いました。そして彼女は何度も自殺を試みました。

サンドラの物語は、コンタクト体験が始まった幼い子供時代に私たちを連れていき、彼女が味わった混乱と恐怖について教えてくれます。彼女は自分の体験をどうやって説明していいか分からず、またその相手もいなかったため、孤独感が育っていきました。最終的に恐怖と孤独の中に閉じこめられていると感じ、正直にオープンになって医者を信頼する以外に選択はないと思い、自分に起きていると彼女が考えていることを医者に話しました。医者はサンドラの現実を否定・無視し、その結果、彼女は精神病というレッテルを貼られ、自分は裏切られたと感じたと回想しています。直感的に、彼女はその体験を理解しようと努め、最後には自分の体験が現実のものであると自身を説得するに足りる個人的な証拠を得ます。そして、その証拠が彼女が必要としている適切なサポートを求める勇気を彼女に与えました。しかし逆説的に、コンタクト体験という現実は同時に彼女にとって挑戦的なものでした。一度、自分の体験を現実として認めてしまうと、彼女の脆弱《ぜいじゃく》な世界は揺らぎ始めました。その現実を完全に受け入れると、自分の世界に対する知覚に大きな変更を加える必要があると知ったからです。それは自分が精神病であると信じるのに匹敵するくらい恐ろしいものでした。しかし、サポートを受けながら、彼女は徐々に自分の体験と折り合いをつけ、それらの体験を受け入れ、統合を開始しました。それ以降、この受容と統合は彼女の現実のさらなる探求へと導き、個人的な成長と新しい意識へと彼女をフォーカスさせました。

サンドラの両親にとって、そのすべてがとてつもない衝撃でした。こういった状況下で、身近にいる親族や愛する人たちが直面する困難を理解することが大切です。彼らはコンタクト体験が本当である可能性があるのか、あるいはこれは精神疾患なのか見極めるのは難しく、それがどれだけ大変なのかを理解してほしいのです。つまり、彼らはかなりの不安、恐怖と言っていいものを体験するでしょう。要するに、仮にコンタクト体験が現実に起こっているとすれば、それは家の中で起こっているということなのです！　それに加え、すべての親は子供たちを守りたいという本能を持っています。息子や娘にそれが起きていたと知ったとき、親たちが味わう無力感はどれほど切実なものでしょうか！　危機的な状況に陥ると、問題を解決しようと両親が闇雲になるのは容易に想像がつきます。牧師、聖職者、精神科医、あらゆる種類の専門家たちを見つけて、この問題に対処し、分類を依頼したい！　メンタル・ヘルスの問題を扱うのは難しいことですが、エイリアンが自宅を訪れ、自分の子供に赤ちゃんの頃から干渉（誘拐）してきたという可能性に直面するよりも簡単なのです。それを考えるだけでゾッとするものですから！

ケース・スタディ～サンドラの物語～

「自分が子供の頃、夜ベッドに行きたがらない理由を言葉で説明できませんでした。奇妙な怪物が夜、私のところにやってくるのを説明する方法を知らなかったのです。私は子供時代の大半の時間を恐怖と孤独の中で過ごしました。何が起こっているのか理解できず、自分の体験をどのように話していいかまったく分かりませんでした。家族は私が話すまでそのことにまったく気づいておらず、そのとき私はすでに10代になっていました。私たちの家族はキリスト教を信奉しており、私が体験したものは家族の信仰で説明できるものではありませんでした。邪悪なスピリットが存在している可能性だけがその例外でした。そのため、心理学者と精神科医の両方に私は連れていかれ、たくさんの診断と様々な薬を与えられました。この時期に絶望的になったことが何度もありました。人生を閉じることを計画し、一度は自殺寸前までいきました。

17歳のとき、あるテレビ番組を見ていたのですが、それを見てギョッとしました。それはドキュメンタリー番組で、人類の歴史を通じて地球外生命体の支援があった可能性を示唆する考古学的な証拠を検証するものでした。その番組の内容が、私の体験が現実のものかもしれないという具体的な証拠となり、私は本当に混乱しました。でも、自分が何かをしなくちゃってことだけは分かりました。それで私は、地元パースのUFO研究団体であるASPR/UFORUM（オーストラリア心霊研究協会、ユーフォーラム The Australasian Society for Psychical Research）にコンタクトし、彼らにメアリー・ロッドウェルの電話番号を教えてもらったのです」

サンドラとの最初の電話を私は鮮明に覚えています。サンドラはこう言っていました。

「誰にもナイショで電話しているのですが、誰かに話したいんです。自分がバラバラになっちゃいそうで」私はどんな助けがいるかを訊き、彼女は答えました。「ただ私の体験のことを理解してほしいんです。独りぼっちで、とても孤独を感じています」それからサンドラは彼女がテレビ番組を見て、恐怖を感じたことを私に伝えました。「何をしたらいいのか分からないのです。あのドキュメンタリーが正しいとしたら、私の体験が本当だと分かってしまうから。これが何なのか整理するために助けてほしいのです。それはまるで悪夢です！　夜、眠るのが恐ろしいと感じています。できる限り起きているように頑張るのですが、夜があまりにも怖いので、よく両親の寝室で眠っていました。これは自分の手に負えないと感じていたんです」

彼女が覚えている具体的な体験にはどんなものがあるか私は訊ねました。

「私はそれに気づいたときのことを鮮明に覚えています。それは私が8歳の頃のことだったのですが、私にとってこの体験がすごく鮮明なものである理由が分かりませんでした。他の大勢の人には、それは不安と恐怖を感じさせる曖昧な夢のようなものだからです。でも、それは何か特別な意味をこの体験が持っているかのように感じたのです。母が私をベッドに押し込んだのを覚えています。それはだいたい夜の8時頃でした。本当に自分が眠りに落ちたことを覚えていないのです。次に私が覚えているのは、突然目が覚めて、私はベッドの上にはおらず、ラウンジにいたんです。でも、どうして自分がそこにいるのか理解できませんでした。部屋の中で閃光が見えて、私は途方もなく怖くなりました。ただ何かが変だと感じ、本当にショックを受け、両親の寝室へと走っていきました。私は夢遊病ではありませんので、まったく不思議なことなのです。奇妙なことなのですが、ETが話題になると常にそのときの記憶が蘇ってきます。

私は子供時代から思春期までずっと部屋の中で光を見たことがあり、窓の外に『存在』を感じていました。そして、それが人間ではないことも知っていました。まるで、その存在が私を見ているかのように、よく金縛りにあうのを感じました。私は怖くなり、あまりにも不安を感じたため、寝室の窓のそばで眠るのに耐えられなくなりました。

幼少の頃、自分は両親の愛に恵まれた幸せな少女だと思っていました。しかし、最も幼い頃の記憶から、私の人生に恐怖が忍び込んできたことを思い出すことができます。4歳のときに、私は変わったのです。それは、ある『現実』が私に触れたかのようでした。その現実が、あまり良い世界ではないことを私は知りました。私の中の何が変化したのかは分かりません。しかし、それはコンタクト体験が始まったときに起こったと私は信じていて、そう説明するのが確かでしょう。あるとき、自分の部屋の中で光が見えて、その存在のグループによって連れていかれたことを覚えています。そしてそれは私の現実の一部であり、私の想像の産物ではないことを私は常に知っていました。こういったことが、子供時代にずっと続いたのです。奇妙で恐ろしい記憶が常に自分につきまとっているように思えました。しかし、グレイの絵やUFOやETに関するテレビ番組を見たときだけ、私の幼い恐怖心が強まっているように思えました。そういったテーマのすべてのものが、私に大きな影響を与え、私の中の何かの引き金となったのだと思います。

幼い頃から、私は世界や宇宙について絶えず質問をしてきました。6歳のときにUFOについてのドキュメンタリーを見たのですが、それが私の恐怖心が始まったときでした。それから、ＵＦＯやＥＴに関するものは何でも、それを見たとたん、とてつもなく怖くなりました。あるとき、私はテレビで作家のホイットリー・ストリーバーが出ているのを見ました、彼は自分のアブダクション体験と著書の『コミュニオン』について語っていました。私は本の表紙の顔を見て、本当にすくみ上りました。その顔に見覚えがあり、それはＥＴ（グレイ）の顔だったのです！　とても怖くなって、不意にＵＦＯやエイリアンの番組に遭遇しないように、テレビを見ないようになりました。それは、本当に不思議なことです。私はホラー番組や不気味な犯罪番組を見てもちっとも怖いと思わず、ＥＴやＵＦＯの番組だけが怖かったのですから。

私が住んでいる場所の近くでＵＦＯの目撃が相次ぎました。あるレポートでは、ＵＦＯによって人々が空中に持ち上げられたと伝えられ、それがテレビで放送されたのです。それと同じときに、近所の小さな男の子が私の寝室の窓の外に光を見たと教えてくれました。私は恐ろしくなりました。私は夜中に何度も起きて、寝室の明かりを点《つ》けて、部屋の中にグレイがいないことを確かめたものです。私は必死になって、自分の体験をもっと合理的に説明できる別の方法を探しました。私が信仰している宗教では、悪霊か何かが訪れているといったような解釈となったため、もっと怖くなるだけでした。宗教的な解釈は、私をもっと怖がらせ、混乱させるだけだったのです。夜驚症は、私の子供時代を辛く、困難なものにしました。それは家だけではなく学校生活にも影響しました。私はとても寂しくなりました。友人を作るのが難しく、友達の輪の中になじめないと感じました。学校での学業のプレッシャーから絶えず不安を感じ、うまくやっていけないと思ったものです。いつも疲れていて、びくびくしていたことを覚えています。8歳の頃から、クラスメイトたちから距離を取り始め、校庭で独りで遊んで時間を過ごしました。学校で友達を作らないと決めたのは自分の方でした。クラスメイトと自分との相違と分離を感じたからです。クラスメイトとの間に絆や共感を持てなかったのです。ある先生たちは私を困惑させました。私にあまり元気がないと言うのです。私はやる気を失い、無口になりました。いつも自分が部外者であると感じ、そこから抜け出したくて仕方がなかった。私は恐怖で消耗し、不安から解放されることはありませんでした。

メディアからETに関する情報をどんどん得ていきました。この恐怖の日々を孤独に過ごし、15歳になるまで自分の『秘密の生活』を決して両親に話しませんでした。10代の頃は、とても疲れていて無気力であることがしばしばで、学校を休んで問題を起こしたものです。学業に後れをきたし、ますます不安になって落ち込みました。非常に孤独で、いまだに友人を作るのが困難だと感じていました。私は自分と同じ歳の他の女の子たちよりも大人びていると思っていました。まぁ、私は恰好が悪かったのでみんなは私を笑っていたでしょうけれども。

自分が15歳のときには、高校3年生のような精神状態だったと思います。私はこれ以上、学校にいたくないと思いました。そこに属していたくなかったのです。友人もなく、自分の世界が嫌いでした。プレッシャーに押しつぶされ、手首を切ろうとしました。しかし、母が私を取り押さえました。母は私を学校から連れ出しましたが、後になって両親は私を復学させようとしました。しかし、私は学校を抜け出すために何でもしました。最後には、家にいることを許されました。学校では完全な孤独と混乱を感じていたのです。私が学校を去った後、奇妙な現実が私に影響を与え始めました。恐怖で完全に消耗し、四六時中見られているような感じがする恐ろしい日々が待っていたのです。それは実に恐ろしいもので、私は途方に暮れました。一時的に祖母と引っ越ししたのですが、彼らがついてきていることに気づきました。彼らは私が行く所ならどこにでもついてくるのです！　また振り出しに戻り、睡眠不足でどうにもならず恐怖に陥りました。８ヶ月後、私は両親と共に家を引っ越し、両親に精神科医の所に連れていかれました。私は医者に自分の体験について話すことに決めました。エイリアンに怯えていると伝えるべきだと感じたのです。しかし、医者は私が話したアブダクションの体験を理解も信じもしませんでした。馬鹿げた話をするなと言われました。そんなものはない。エイリアンなど存在しないと。

１９９４年のクリスマスに、私が統合失調症であると医者が考えていることを母が教えてくれました。どうやら、精神科医は私の事例を医学界に紹介し、医師たちが統合失調症だと結論付けたようでした。それには本当にゾッとしました。その知らせは私をとても困惑させました。何故なら、それを伝えられた瞬間から、医者の診断が真実ではないことを私は知ったからです。恐怖心があったのにもかかわらず、私はＵＦＯやＥＴ現象に惹かれていました。多くの本や雑誌を読み始め、身体の傷や模様《マーク》などの物理的な証拠について学んで詳しくなりました。そして、私自身のあざや傷や模様のことを思い出したのです。朝起きると、ズキズキとした不快な頭痛がして私は疲れ切っていました。それが何を意味するのか知っていましたが、誰に話せというのでしょうか？　誰にも理解されないと感じていました。この種のことを専門とする精神科医がアメリカにいると聞いたことがあり、その人を何とかして探し出すことが私が受けることができる唯一のサポートでした。しかし、それは不可能でした。私にはお金がなく、結局誰も私を信じていませんでしたので。

17歳になる頃には、私は3回入退院を繰り返し、アブダクションはやみませんでした。投薬による鎮静で疲弊し、人生とは地獄だと感じました。誰も私を信じてくれませんでした。私は両親と医者に自分の体験を告白しましたが、彼らは精神病だと言い続けました。

学校を退学し、家にいたときは、両親が共働きだったので、多くの時間を独りで過ごしました。私は内気で神経質だったので、一人で外出するのが怖かったのです。職を得る自信がなく、就職するのが非常に困難に思えました。いつも疲弊していて、眠かったからです。その生物たちが私を連れていかないように、ずっと起きていようと頑張って夜を過ごしました。そのため、夜に起きているのが本当に疲れるため、昼間の多くの時間を睡眠に充てる必要がありました。それは寂しく孤独なもので、私は絶えず落ち込んで不幸でした。人生は無価値だと感じました。

17歳のとき、完全に目が覚めているときにある体験をしました。金縛りになるのを感じ、一体のETを見たのです。私は自分の身体から魂が吸い出され、窓をすり抜けたように感じました。大声で叫ぼうとしましたが、声が出ませんでした。本気になって母を呼ぼうとし、最後には何とか声が出ましたが、母は非常に驚いていました。両親は私を病院に連れていき、専門家はそれを精神病の症状だと言いました。

様々なメンタル・ヘルスの専門家たちと会い続けて私は10代を過ごしました。医者や精神科医たちが様々な診断を私に下しました。彼らは妄想か憂鬱病など、様々な症状を並べ立て、治療と称して薬物の混合投与を受けました。私は薬物治療が大嫌いでした。薬が私の体験を変えることはなく、恐れを軽減させることもありませんでした。薬は頭を曖昧にさせ、無気力にしただけだったのです。エネルギーを奪われたと感じました。必死になって物事を変える必要があるというモチベーションを奪われたのです。今思えば、薬物はうつを軽減するのではなく、うつを生み出すことに貢献していたのです。

多くの時間を自分のために費やしました。私には考えるための時間がたっぷりとあり、自分に何が起こっているのか分析しようとしたのです。私は決定的な体験を何度かしていることを知っていました。その幾つかが、ハッキリ目覚めているときに起こり、また身体に奇妙なあざや模様があったからです。身体の模様や、奇妙な感じがするのはどうしてなのかとよく不思議に思っていました。UFOやETに関連するものは何であっても、それに奇妙な感覚や恐怖心を持つのはどうしてなのかと思っていました。私は必死になって実際に自分に何が起こっているのか理解しようとし、徐々に薬物による治療に不満を感じるようになりました。18歳のときにETについての番組を見て、地元のUFO団体に連絡する決心がつき、彼らが私に電話すべき人を教えてくれました。テレビのドキュメンタリーが、助けを求める勇気を得るために必要な情報をやっと私に与えたくれたわけです。それはまるでジグソーパズルのピースが一斉に組み合わされ始めたかのようでした。私は必死になって、すべての意味を見出すために助けてくれる誰かを探したのです」

＊　＊　＊　＊　＊

サンドラが私に電話をくれたとき、彼女が必要としていた情報を伝えることができました。そして彼女をカウンセリングに招待しました。サンドラは、私と連絡を取ったことを母親に伝えていませんでした。その体験がどんなものであっても、それを現実のものであることを母親が認めるのは難しいことをサンドラは分かっていたので、母親に伝えるのは困難だと言っていました。何とかして母親に伝えるべきだと私はサンドラに提案しました。私はサンドラと話すことができて嬉しく思っており、私にできるのであればサポートと安心を提供したいと申し出ました。サンドラの母親から電話があり、私はこの種の体験に関する多くの質問を受けました。私の職歴と研究が役に立ちました。サンドラの母親は私の職歴を調べた上で、完全に自分が納得することができれば、サンドラを連れてくると言いました。

サンドラは、何ヶ月間か私のもとを訪れ、準備が整ったと感じた後にサポートグループに加わりました。彼女はまだ、非常に脆弱で内気で照れ屋であると感じていましたが、カウンセリングを通じて彼女は自信を取り戻し、強くなっていきました。見知らぬ人と会うのは彼女にとって非常に困難なことでしたが、他のコンタクト体験者と会って、彼らと話すことが役に立つとサンドラは感じました。彼女にしてみれば、グループに加わり、他人と会うのに大きな努力と勇気が必要でした。それと同時にサンドラの両親にとっては彼女を連れてくることに大きな抵抗がありました。自分の娘とその世界にどんなことが起こっているのか、その可能性に大きな不快感をまだ持っていたからです。

サンドラがグループに加わったことが彼女にとって重要でした。自分の体験を認めることによって、大きな一歩を踏み出したのです。彼女の不安は実に明らかで、椅子の上でそわそわと動き、他人から目を隠していました。彼女は温かく受け入れられ、グループの他のメンバーの体験を夢中になって聴くうちに、サンドラの気恥ずかしさはゆっくりとなくなっていきました。サンドラに自分の番が回ってきたとき、彼女が自分の体験を共有しようと努力しているのが分かりました。彼女はゆっくりと、途切れ途切れに自分の物語を話し始めました。しかし、彼女はグループから敬意と礼節を払われ、それが助けとなって彼女は徐々に自信を持ち始めていきました。彼女は勇気を出して自分に起こったことを参加者に話し、自分の精神病の病歴に関する情報を打ち明けました。彼女は怒っていました。彼女の体験が残酷なまでに誤解され、過去に誤って解釈されてきたからです。グループの他のメンバーの話を聴き、彼女はついに自分自身の現実を確信して言いました。「やっと今、自分が正気なのだと分かりました！」

その後、すぐにサンドラの「認識するための出来事《イベント》」はやってきました。翌日の朝、私は彼女から電話を受け取りました。彼女は取り乱していて、こう言いました。「私は一晩中起きていました。これが起こるのを止《と》めてほしいのです」

その後すぐに、再び彼女から電話がありました。それは結局、コンタクト体験ではなかったと彼女は言っていました。彼女はただ恐怖を体験し、自分が狂ってしまったのだと言っていました。この電話はどちらとも、私にとっては大きな驚きではありませんでした。前の章で論じたように、確信と認識にはすぐに否定がつきまとい、体験を受け入れるのに気が進まなくなります。その体験が世界観に脅威をもたらすからです。サポートグループでの体験は、サンドラにとって非常に重要でした。それは彼女の体験を実証するものでしたが、彼女にはそれが何を意味するのか見直す時間が必要でした。彼女のすべての恐怖が再び表面化していました。自分の体験を現実として受け入れた場合、それは定期的に自分の寝室にその生物たちがやってきているという事実と直面しなくてはならないことを意味したからです。それを知るのが本当に怖かったのです。私たちは徹底的に話し合い、彼女は最後にこう言いました。「受け入れることですべてが変わります。私は恐れの中で生きたくありません」

サンドラはこうして自身の変化を体験し、彼女はやっと多次元的な現実の視点を受け入れるようになりました。

サンドラ自身が感じていた課題は、その生物たちが彼女を訪問していることを受け入れることでした。彼女はこう言いました。「知的生命体が、私の許可もなしに私の生活に入ってくるなんて信じられません。この考え方がすべてを変えました。恐れがなくなり、それが自分の定めだと、私はそれを受け入れることができました。彼らは怪物などではまったくありません。知識を得るにつれ、彼らが悪魔ではないことが分かりました。彼らは悪ではないと、サポートグループの人から学びました。彼らも私と同じように宇宙の一員なのだということを私は受け入れることを学んだのです」

彼女は最終的にそれで落ち着きました。彼女は恐れから変容に移行したのです。

統合――コンタクト体験と共に生きて成長する

数ヶ月後、私はサンドラが自分のコンタクト体験にどのように対処しているか訊ねました。

「彼らは私が眠りに落ちる直前にやってきます。以前よりも怖く感じなくなったようです。私は眠りに落ち、翌朝、気がつくとただ目が覚めています。最近では、両親にわざわざ言わなくなりました。ほとんど毎晩のように彼らはやってきます。私にとって、それは夢を見るように当たり前のことなのです。私を苦しめていたのは、恐怖だったのです。その生物たちは私が覚えている限り物理的な存在ではありません。多くの時間、彼らは私の周りに守護天使のように寄り添っています。

私には、彼らがそこにいるのが分かり、彼らが私に触れるのを感じることができます。彼らは粗野でも気難しくもなく、好奇心が旺盛で、本当にポジティブで愛のエネルギーを持っています。彼らは私が招いたからやってきているのです。彼らはグレイではありません。彼らの絵は描けないのですが、彼らはまるで天使のようです。地球の生物ではないのですが、本当に素敵なんです！　彼らの意図は、不正や拷問ではなく、好奇心なのです。彼らは私の身体に興味があるんです。彼らは私のつま先、髪、顔、鼻を突《つ》くんです。私はそう感じています。彼らは私に純粋な好奇心を持っているんだと本当に思います、私の魂のエネルギーに。時々、私は自分の身体を彼らと共有していると感じます。本当にスゴイことなんです！　私は彼らがやってこられるように準備をしています。私はすべての時間を完全にコントロールしています。私が彼ら（グレイではありません）を思うとき、異なったエネルギーを感じます。それは純粋なスピリットのエネルギーで、まるで光の存在のような感じです。ドラッグ（投薬治療）が原因で、私はまったく精神的に開かれていませんでした。それはまるで私の可能性がすべてブロックされているかのようで、そこに本当の自分はありませんでした。以前の私の生活は純粋に物質的で、タバコや食べ物が私が前に楽しんでいたもののすべてでした。私の精神的な意識はそこにはなく、ドラッグがそれにストップをかけていたのです。物事が共鳴を起こしているかのようでしたが、その物事をどうして自分が受け入れることができないのか理解することができませんでした。

小さい頃からETとは悪者で、悪魔として教えられ、それがETに対する見方を本当に条件付けをしています。彼らは私たちの一部などではなく、多くの人にとって彼らは恐怖の対象です。何故なら、大半の人々は彼らが存在することすら知らないのです！　教会は彼らのことを話すことすらしません。教会の人たちが言う世界は、私たちと神のこの世は……動物は感情や魂を持っていません。植物も同じです。それって、なんて哀れなんでしょうか。最初に精神科医が私に『声』が聞こえるかどうか訊いたとき、私は自分が精神病に違いないと精神科医に信じてもらいたいと思っていました。すごく変に感じていたからです。でも、今はそれに対してまったく異なった感じ方をしています。自分のコンタクト体験は、私の人生全体を変えました。コンタクト体験の目的とは、人生をより良くするためにあるのだと私は信じています」

サンドラが自分の体験を徐々に受け入れるにしたがって家族は混乱し、不快に感じました。家族は、自分たちの世界観に大きな挑戦を受けたのです。私はサンドラの母親から電話をもらい、彼女はこう言っていました。「もしそれが本当で、彼らが私の娘のもとにやってきているのだとしたら、エイリアンたちは私の所にもやってくるのでしょうか？」

こうして、家族のジレンマが始まりました。サンドラの両親は、自分たちの娘に精神障害があると信じるようになりました。コンタクト体験という現実を受け入れるということは、家族にとって非常に困難なことでした。その体験を認めるということは、自分たちの個人的な世界観を根本的に変えることを意味していたからです。それと同時に、自分たちの家が地球外生命体の訪問に無防備であることが分かり、不安を生み出しました。これは当然恐ろしいことで、自分たちの娘に対するものと同じ懸念が自分たちに降りかかってきたわけです。しかし、彼女の家族は少しずつサンドラの体験を尊重する心の準備を始めました。たとえ、それが自分たち自身の信念を劇的に変えることを意味していたとしても、彼らは彼女を助けるためなら自分たちができることはすべて行いました。これがサンドラにとって大きな助けとなり、彼女は自分が獲得した新たな意識と洞察をもって前進することができたのです。

サンドラは今……

サンドラが辿ったプロセスは、不安と恐怖と混乱から受容に至り、自分の体験を統合するコンタクト体験を十分に例証しています。コンタクト体験を最終的に受容することによって、彼女は前進することができました。コンタクト体験を認めることによって個人として成長したことが分かります。彼女の態度は変化し、自分自身を犠牲者として見なすことから、自分で選択を下し自身の人生をコントロールできる人間になりました。サンドラにとって課題の一つは、日々の恐怖を克服し、再び社会と一体化することでした。他人からの批判や判断に対する恐れが、彼女を家に引きこもらせていました。今、彼女は自分自身を受け入れることを学び、自分が試みなくてはならないものを理解しています。彼女は今、必要とされる変革を起こそうと願っています。自分の人生の方向を変えるだけではなく、物心両面でもっと健康になりバランスをとるためです。サンドラが自分自身と自分の世界を理解しようとする決意とコミットメントは本当に並はずれたものでした。彼女は多くの哲学的、精神的な作品を驚くほど大量に読み、それを吸収しました。そして、それが彼女の変容のプロセスを常に助けてくれました。彼女はまた、瞑想と自己の直感を信じることを学びました。サンドラは、驚異的な洞察と理解を獲得しました。それは彼女のコンタクト体験についてだけではなく、彼女の家族が抱える普通の人生の諸問題にも及びます。もはや犠牲者という感覚はなく、彼女はもっとポジティブで異なった視点で自分の人生の体験を見ています。彼女自身の成長と精神的な探求を通じて、彼女は自分の体験を重要な学習曲線として見ることを選択しました。そして、自分や他人にもっとオープンとなり寛大になったのです。彼女は今、自分には未来があり、夢を追うことができると信じています。彼女は自分の健康状態とライフスタイルを改善する段階に入っており、独立し自活することを楽しみにしています。

興味深いことに、何年か後になってサンドラは自分の物語を読んでこう言いました。「私は自分の秘密の人生を書くことができませんでした。それを人々に説明することができなかったのです。でも、それが私にとって、人生そのものだったのです。しかし、自分の物語を読んでみて、ビックリしています。私の人生には、相応の価値があります。私はそう思いますし、たぶん私の物語が誰かの役に立つかもしれません」

自己評価　これは妄想？　それともコンタクト体験？

感情や精神的な分野に携わっている専門家にとって、クライアントのメンタル・ヘルスを明確に把握することは大切です。クライアントが精神疾患として扱われてきたと自覚しているときは特にそうです。サンドラのケースは典型的なコンタクト体験のパターンを示していますが、彼女が拠り所とした本の情報を使って自分の体験を無意識に統合していたと言えるかもしれません。これは勿論、可能性があります。そしてそれが、研究者がコンタクト体験者に自分の体験を調査するまで何かを読ませたくない理由なのです。しかしサンドラのケースでは、読書自体が体験であり、彼女は読まざるを得ませんでした。そしてETやUFOに対する理不尽な恐怖（彼女はわずか6歳でした）が、それらに対する理解を得ようと、そういった現象の本を読ませた最初の原動力だったように思われます。しかしながら、コンタクト体験者の多くは、ユーフォロジーに対する特別な興味を以前から持っているわけではありません。彼らは、その体験が妄想であると考える公算が高いのです。サンドラは自分に下された精神病の診断に耐えることができず、自分の体験について独学したのです。

サンドラの物語には、私に妥当性を確信させる多くの要素があります。精神疾患の可能性を探る専門家は、クライアントの発言以外から査定を行います。例えば、私たちはクライアントの身なりから日常のささいな問題をどのように処理しているかに至るまで、クライアントが私たちに見せる素顔を観察しています。私たちは、クライアントの行動的な反応が適切であるかを見極めます。例えば、彼らの推論のレベルやボディ・ランゲージなどがその対象です。サンドラの反応は正常で知的で明晰でした。実際に彼女の推論力と情報の粗探しをすることはできませんでした。彼女はうつ状態にあり、不安と恐怖にあったものの、精神病の可能性を探る準備ができていました。彼女の状況を考えると、それは当たり前のことです――誰がそうならないと言えるでしょうか？

サンドラのライフスタイルは多くの点で普通ではなかったものの、彼女は環境に賢明に対処していたと私は感じました。彼女のうつは、自分の体験を理解することから生じているのでなく、何年も続けられた投薬によるものだと信じていたとサンドラは言っていました。投薬治療は彼女が自分の人生をコントロールするのに必要なエネルギーや、やる気を奪ってしまっていたのです。納得のいく論理的なコメントではないでしょうか！

内側と外側の現実を十分に認識した状態で、彼女は絶えず周囲から質問を受けました。そして、彼女の体験が他人にとってどれほど異質に思えることをよく理解していました。彼女は自分の体験がコンタクト体験のパターンと大きな類似性があることを何度も確認しようとしました。そして彼女には感情的なトラウマを伴う身体の上の模様という物理的な証拠を持っていました。私にとって、これはコンタクト体験の典型的な形式です。

結論として、彼女は独自の方法でそれに対処したことは確かですが、サンドラのケースはまったく珍しいものではないと私は思います。私の研究によれば、サンドラのような多くの人が誤診されていることを示唆しています。そしてこの事態は悲しいことに、社会、特にメンタル・ヘルスの分野の専門家たちが十分認知するまでは収まらないでしょう。幸いなことに、偏見を持たない大勢の博識な心理学者や精神科医がその体験をした人々を援助するために働いています（残念ながら、多くの専門家はそうではないのですが）。しかし、意識を高める助けをしている人々は、その過程で自身の専門家としての職歴に大きなリスクを抱えています。そういった専門家の中には自分自身がコンタクト体験者であるため、別の現実を体験しながら学んでいくことが可能であることを知っています。「裸の王様」の物語が脳裏をよぎります。王様が何も着てないことを教える勇気が誰にもないのです。私たちは自分の現実を自由に感じる必要があります。そして、その結果が他人と異なってしまうことを恐れてはならないのです。

第5章 最大の脅威となる感情——〝恐怖〟への反応をいかにしてパワーに変えるか

ジュリア

ETたちは、私たちを目覚めさせるため恐怖を利用しているのだと思います。恐怖が一番やっかいだ。それは内側で叫んでいるようなものなのだが、声を出すことができない！　そして、そこには混乱がある。「これは何なのか？」と。

マーク

これまであなたが恐怖を乗り越えたことがあるのかは分かりません。私がそれを経験したとき、まるで別の方向から叩かれたように感じました。あなたはそれが何なのか知っていて、何度もそれを経験しています。それに立ち向かうための停滞期を経験したことがあり、それがまた再びあなたに忍び寄ってきます。それは突然やってきて、あなたを超警戒状態にし続け、そうしてずっとあなたは戦い続けるのです。

それによって物理的なレベルで疲労します。睡眠不足で絶えず不安となり、どんな本を読んでも心が休まることはなく、自分などいないほうがいいと思うようになります！　そして、もう一度考えさせられるのです。私たちは自分の身体と心をケアする何らかの方法を知る必要があると。たぶん、オーラを強化するための何か、あるいは心を強化するための脳の訓練などです。

ジュリア

恐怖、それは私たちの個人的なアルマゲドン！

恐怖：危険、または不安や痛みによって励起された痛みを伴う感情。

チェンバーズ社の英英辞典

この章では、恐怖について述べたいと思います。恐怖が私たちの生活を支配するやり方や、究極的に何を体験しているのか見ていきます。恐怖に挑むことで、恐れている物事に対する態度を変化させます。自己認識と理解のための手段として恐怖を用いるわけです。恐怖を探求し、恐怖を扱い理解する助けとなるテクニックや対策を記載しています。恐怖で身動きできないままでいることもできますし、恐怖に挑み、それを理解するため別の方法を見つけることもできます。それには幾つか対策があります。伝統的なセラピーから、コンタクト体験者によって効果が確認されたもっと独創的で珍しいものもあります。恐怖に反応する方法を変えると、体験も一緒に変えることができることを多くの人々が発見しています。その内容がどんなものであっても、信じることがすべての中で最も強力な対策になることがあるのだと私は気づきました。恐怖とは、私たち個人にとって最大の脅威です。それをブロックの状態のままにして、前進する妨げとすることもできますし、それと対峙することによって自分の強みとして利用し、前に進むこともできます。それは力の獲得であり解放です。それは、私たちの現実と自分たちが何者であるかについて大きな理解すら与えてくれます。

『エイリアンの究極の計画（The Ultimate Alien Agenda）』の著者であるジェームズ・ウォールデンは私への手紙の中でこのように言っています。

「最近、私は自己分析のプロセスを開始しました。最初のアブダクションの記憶から6年を経て、自分がどんなふうに変化したのか見極めることにしたのです。即座に、二つのことが浮かんできました。第一に、私は以前と比較すると恐怖を感じなくなりました。今や、私を恐れさせる物理的な人間世界の現実は多くはなく、恐怖を解放したとき、もはや心身に苦痛を感じる必要はなくなりました。精神的、感情的、身体的な健康に素晴らしい改善があったことに私は気づきました。常に平和と安全を見出す場所があります。それは、あなたの精神的な自己《セルフ》の光と愛です。感情的な痛みは私を混乱させ、自分が感情的なエネルギーであり物理的なエネルギーでもあるのと同時に、自分がスピリットであることをしばらく忘れさせます。私は自分を癒すために、白い光の中へと入ることを学びました」

恐怖に圧倒されたとき、あなたはどんなふうに感じますか？

- 無気力になりますか？
- 孤独に感じますか？
- 未知を恐れますか？
- 超自然的なもの、超常的なものが怖いですか？
- 痛みを恐れていますか？
- 自己が消滅することを恐れていますか？

どのようにして恐怖を理解し、それを扱うか？

ステップ1　あなたが恐れているものが何なのかを知る。自分の内面を知る
ステップ2　選択肢を探る。あなたを助けてくれる人物を探し出す
ステップ3　質問をする。あなたが支援を求める人は、あなたの体験を理解していることが必要です
ステップ4　リソースの収集と確保。情報を探し求め、感情的なサポートを行う

恐怖の克服。あなたの選択肢を確認する

あなたは自分なりに恐怖に対処する方法を選ぶことができます。第４章のサンドラの物語はその好例です。私はサンドラに恐怖に関する質問をしました。物事がいつ変化したのか訊ねたところ、彼女はこう言いました。「恐怖を支配しているのは自分なのだという気づきがきっかけでした。それで十分で、私の心はスッキリしました。ずっと集中できるようになり、恐怖に挑んだほうがマシだと考えるようになったのです。私には一つの選択肢がありました――自分自身を信じ、恐怖が自分の一部であると気づくことです。それを望まない限り、私はそうする必要がないのです。それは自分自身の恐怖なのです。これ以上、恐怖が自分を支配するのを私はやめさせたのです」

自分を助けるために

それでは、あなたを麻痺させる代わりに、どのようにすれば恐怖はどんなふうに良い作用をもたらすのでしょうか？

以下がそのプロセスです。

〈フォーカスする〉

起こっていることにフォーカス（集中）してください。現実を否定するのをやめるのです！　あなたは別の何かを行うと決めるだけの力を十分に持っています。

〈取るべき選択肢を検討する〉

恐怖に対して、何を行うか選んでください。恐怖を対処する様々な方法から、一つのやり方を選択します。

〈態度を改める〉

例えば、サンドラは恐怖と自分の体験に対する態度を変えるというやり方を選択しました。この自分に対する新たなコミットメントによって、彼女は事態を好転させることができ、最終的に彼女はそれによって自分を変容させました。

〈自分自身の「実現力」を信じる〉

自分自身を信じることによって、あなたは物事を変えるパワーを持っていることを確信します。

どのような対策がベストなのか？

あなたが試すことができる対策が幾つかあります。ある人に効果がある方法が、別の人にも効果があるとは限りません。どのやり方が自分にとって一番効果的なのか見極める必要があります。ある対策がうまくいかなかったとしても、それが失敗ではないということを覚えていてください！　あなたは何かを得たはずです。創造的になって、思い浮かぶものはどんなものでもトライすることを学んでください。普段とは違ったやり方であればどんな些細なことであっても、何か異なったやり方を行うということは、それは自分の体験を変えることであり、体験をコントロールすることなのです。

これらの対策は私のコンタクト体験を止めることができるだろうか？

これらの対策によって、あなたのコンタクト体験を止める保証はできません。しかし、その対策の幾つかは、あなたの反応を変えることによって、あなたの体験を変えるでしょう。極論を言えば、これらのテクニックは、あなたを支援するための選択肢を提供するのです。これらのテクニックは、恐怖に対処するための、ある程度のコントロールをあなたが手にすることを支援する目的があります。

- 体験を別のやり方で扱うことによって、その体験を変えることを選びます
- あなたは体験に対して、どういった態度をとるべきか選ぶことができます。つまり、その体験をどのように感じるのか変えることができるのです

恐怖を扱う対策～リラクゼーションと瞑想のテクニックについて～

治療の分野では、リラクゼーションと瞑想のテクニックを含んだ有用なテクニックが幾つかあって、恐怖、ストレス、不安、パニックを和らげることができます。人によっては、リラクゼーションと瞑想の有用度を10点満点と評価していますので、やってみる価値があります！

リストに挙げられているすべての対策には、広範囲の人々に訴える力があると私は思う。サポートグループに参加する前に、リストに挙げられているすべての例をやっておきたい。瞑想が恐怖を鎮めるのに助けになることが分かった。

マーク

リラックスした状態に達するのに役立つ多くの方法があり、この主題に対してこれまでとは異なったやり方を試してみるのに活用できる本やテープがたくさんあります。それらの方法には、比較的シンプルなものから、かなり複雑なものまであります。とにかくそれらを試してみて、自分に合うかどうか確かめてください。これから、非常にシンプルなリラクゼーションのテクニックを紹介したいと思います。それは心を集中させるために色を使うものです。

色は、身体、心、スピリットに特別な効果を与えると信じられています。１９７０年代から１９

８０年代に行われた科学的調査によれば、色が付いた光は実際に身体に影響を与えることが分かっています。例えば青色は、最も有益な色の一つであることが実証されていて、それは、血圧、発汗、呼吸、脳波の活動を落ち着かせます。緑色は、鎮静と癒しの効果があり、目に優しく、それが病院で緑色が使われている理由です。

〈カラー・リラクゼーション・テクニック（色を使ってリラックスする方法）〉

初めに……

家の中の静かな場所を見つけてください。そして、電話のフックを外すなどして、集中を乱されないようにする単純な処置を行ってください。可能であれば、このテクニックを行う特定の場所を家の中で決めてください。そして、その場所をあなたのリラクゼーション・スペースにするのです。このエクササイズを繰り返し行う際に、この場所を静寂の場所として身体に覚えさせるのです。内なる自己に、リラックスできて平穏を感じる色を訊ねてください。あなたの心に自動的に一つの色が思い浮かぶでしょう。ヒーリングや、エネルギーを得るためや、恐怖に対処するための色を心に訊ねてみてもいいでしょう。時間に制限があったとしても、このシンプルな色の瞑想は、ほんの数分で行うことができます。勿論、あなたが望むのであれば、30分ぐらいまで行っても構いません。

●静かな場所を見つけてください。集中を乱されない場所が望ましいです
●集中が乱されないように、必要であれば電話のフックを外してください
●快適な椅子に座るか、床に寝てください。一番楽な姿勢をとってください

●衣服を緩め、靴は脱いでください
●リラックスの助けとなるのであれば、音楽をかけましょう
●目を閉じてください
●穏やかに呼吸を始めてください。呼吸をするとき、呼吸を意識し、呼吸に注意を向けてください
●好きな色を心に思い浮かべ、その色を美しい雲か霧のように見立て、それを身体に吸い込んでください
●息を吐くとき、あなたの中にある不安や恐怖が息と共に外に出て行きます
●色を吸い込むとき、色が静寂、平穏、力を運んでくるのを視覚化します
●色が心臓の各心室を満たす様子を想像してください。あなたという存在のすべての細胞と分子に色が浸透していきます。
●息を吐いて、恐怖、不安、痛み、苦痛、悲しみなど、あなたが抱えているネガティブで厄介なフィーリングを外に出してください
●色が肺胞を満たすのを想像してください。そして、それがあなたの肩に上昇していきます……そして、それが両腕に拡散し、肘、手首、指に降りていきます
●今、その色は上方に広がり、首、顎《あご》、頬骨《ほおぼね》、耳、額、頭皮に広がっていきます
●そして、その色の霧がハート・センターから下方へと広がって、肝臓や胃などの臓器に達します
●色が臓器を満たし、肝臓や胃などの臓器の下にある大腸へと降りていきます
●色が身体をさらに降りていき、膝、足首、足、足の指を満たします
●最後に、あなた自身が完全に美しい色の外套《がいとう》に包まれます

●この瞑想を行うことで、あなたの身体が変わっていくのを感じ、その平穏を楽しんでください
●今や、あなたの心は安全でリラックスした空間へと行くことができました。平穏をイメージさせる特別で安全な場所をイメージし、それを想像してもいいでしょう。あなたが好きなだけ、そこにいてください！

視覚化する色は日によって変化するかもしれません。あなたが最も必要とし、その瞬間に最高の働きをするのはどの色なのか、インナーセルフに訊ねれば、その時々の気分に応じた色がどの色であるかに気づき、あなたの身体が一番必要な色を得ることができるでしょう。このリラクゼーション・テクニックは最低5分で、それ以降は好きなだけ行うことができます。

瞑想によって、コンタクト体験の記憶の扉を開いた人の話をお伝えすることは価値があるかもしれません。

瞑想は私にとって非常に恐ろしいもので、自分に起こっているものが何であるのか、それを見極めるきっかけとなったものの一つでした。瞑想とは、眠ることや無意識になること以外に私を身体の外に解き放つ何かでした。

でも、自分が透視能力者であるという自覚がなかったのですが、瞑想を開始すると、私の脳を揺るがすものが浮かんできたのです。どうやったら、こんなものが見えるのでしょうか……

奇妙な細菌や、微生物、機械やコンピュータ、そして宇宙船の内部。そして、とても奇妙な人々の姿を。そのすべてに病院のような冷たさがあったため、私は狼狽しました。地球で経験してきたものではまったくないのです。私はスピリットのガイドや天使のような「力を持った生き物」に会えるのではないかと期待していたんです。私にとって、大きなショックだったのですが、グループでの瞑想のときは問題ありませんでした。

ジュリア

Note：著者は広範囲にわたる瞑想のCDを扱っています。下記のURLを参照してください。
www.newmindrecords.com

念のため言っておきますが、このメソッドがあなたには合わないことがあります。そのときは、別のものを試してください。カラー・リラクゼーション・テクニックを用いることで、次にご紹介する視覚化のエクササイズに応用することが可能です。自分に合わないと感じた場合は、あなたの身体と心が完全にリラックスし安らぐことができる別のリラクゼーション・テクニックを探してみてください。

〈視覚化〉

リラックスし安全な状態の中で、安全、保護、制御の感覚を自分に与えるシンボルを心に思い浮かべます。人によっては、それは尊敬し、信頼する人の写真や動物であるかもしれません。アメリカインディアンの伝統では、それを「パワー・アニマル」と呼んでいます。動物が好きであれば、力と勇気を象徴する動物を思い浮かべてください。

私のクライアントの一人はトラに惹かれ、トラを彼女のパワー・アニマルにして、彼女が恐怖を感じたときに心に思い浮かべるようにしました。トラを思い浮かべることによって、それがあなたを守っている様を想像したり、トラが持っている強さ、大胆さ、パワーと勇気を自分のものとして感じることができます。手始めに、恐怖の度合いが少ない状態のときにこれを訓練しておけば、とても大きな恐怖を感じるときにパワー・アニマルを思い浮かべる準備となるかもしれません。あなたの部屋に自分のパワー・アニマルの写真を飾っておくと、視覚化を助けてくれて便利でしょう。

他の方法としては、恐怖やパニックの状態を変えてくれる場所やシンボルを自分の心に訊ねてみることです。

●前述したカラー・リラクゼーション・テクニックのように、あなたの心身をリラックスさせることができる場所を見つけます
●恐怖の状態を変えるのに助けとなる最良の場所やシンボルを生み出すよう、インナーセルフに訊ねてください
●あなたが幸福だと感じるときのイメージの幾つか、またはその全部を自由に思い浮かべ、次のように行ってください

●あなたが不安や恐れを感じるまで、ちょっとの間「恐怖の場所」を思い起こしてください。次に、幸福のイメージやシンボルを思い浮かべ、「恐怖の場所」と置き換えてください。これを行ったとき、恐怖感に変化はありましたか？　幸福のシンボルやイメージと恐怖を置き換えたとき、あなたの不安や恐れは減少しましたか？

うまくいかない場合は、別のイメージ、シンボル、場所で実験してみてください。このテクニックは、恐怖と否定的な感情と戦うのに非常に効果的ですので、どうか続けてみてください。また、この安全で神聖な場所を、賢くて愛すべき人と会うのに利用してみてください。ただ、あなたのそばに誰かが座っている様子を想像してみるのです。その人に、恐怖との戦いに助けてくれるように頼むこともできます。彼らと対話し、質問をしてみてください！

新しい洞察を得ることができるかもしれません。困難な状況を切り抜けるための別の方法を発見することさえできるかもしれません。心をオープンにし続け、何でも受け入れるように努めてください。自分自身を信頼し、それが正しいと感じたならば、それを実行してみてください。

辛抱強く……「ローマは一日にしてならず」

他のすべてのテクニックと同様に、この本のテクニックも新たな対処法として統合するには時間がかかります。最初のうちは恐怖心をあまり感じないものからやってみてください。いずれ「自動的」に反応できるようになります。

〈アファメーション（宣誓）〉

アファメーションとはあなた自身に対して言う、以下のようなパワフルでポジティブな言葉です。

私は強い
私は守られている
私はこれに対処できる

言葉は非常にパワーを持つことがあります。あなたが何かを言うか、何かを歌うことができて、それを繰り返せば、あなたが感じているパニックをそらすことができます。もっとスピリチュアルなものを好むならば、祈りやマントラの形にすることができます。

それはあなた自身の恐怖です。恐怖が自分の中からやってくることを私は知っています。

サンドラ

〈マントラ（真言）〉

「mantra」という言葉は、サンスクリットに起源があります。その意味は、「man」が「マインド（心）」で、「tra」が「述べる」という意味です。マントラは、振動するパワーが帯電していると言われており、世界中の文化や宗教において、神の中の神の名前が用いられています。単語や語句に集中し、それを繰り返すことは、人間の中で最もインパクトを与えると言われています。

●「主の祈り」などの形式化された祈りはパワフルなマントラです
●ヒンドゥーの最も神聖なマントラは「オム、至高の現実」です
●彼らは、その音によって宇宙が創造されたと信じています。仏教徒は「オム・マニ・ペメ・フム」(Om・Mani・Pedme・Hum)を使っています。意味は、「ああ、蓮の宝石、フム」、「至高の現実」です
●クリシュナの信者にとって、最も神聖なマントラは16の言葉から形成されています、「ハレ　クリシュナ、ハレ　クリシュナ、クリシュナ　クリシュナ、ハレ　ハレ、ハレ　ラマ、ハレ　ラマ、ラマ　ラマ、ハ　レ　ハ　レ」(Hare Krishna, Hare Krishna, Krishna Krishna, Hare Hare, Hare Rama, Hare Rama, Rama Rama, Hare Hare)

マントラは声に出して静かに唱えてもいいですし、心の中で繰り返しても構いません。

マントラですか……100点満点とすると、80点ぐらいの効果がありますね。「コダイシュ、コダイシュ、コダイシュ、アドナイ、ツェバヨス」(Kadoish,Kadoish,Kadoish,Adenoi,Sabaoth聖なる、聖なる、聖なる主たる神よ)というヘブライ語のマントラが私にとって一番簡単でした。このマントラは理解できそうに見えます。

ジュリア

〈神聖な物品〉

家の中や寝室に、象徴的で特別な物を置くと、安心感と守られているという感覚をもたらすことができるかもしれません。

- キリスト教を信仰しているのであれば、聖水、十字架、イエスや聖母マリア、あなたが尊敬している成人の像から、守られていると感じることができるかもしれません
- 仏教徒であれば、仏陀の像がいいかもしれません
- もっと超自然的なものに惹かれている人は、キャンドルを灯したり、お香を焚《た》いたり、あなたが信頼し尊敬する人物の写真を飾るのがいいかもしれません
- パワー・アニマルがあなたを守ってくれると信じてみることもいいでしょう
- 風水が役に立つと感じた場合は、それを用いるのもいいでしょう

あなたが役立つと思うものは何でも使ってみてください。あなたが置かれている環境の中に、安心と守られているという感覚をもたらすことにその意図はあります。

〈想いを書き出してみる〉

ジェニーという名の若い女性は自分の寝室の外にＥＴがいることに気づき、恐怖に対処する方法

として自分の想いを書き出すと決めました。それは彼女にとって有効でした。彼女が恐怖を強烈に感じたものを書くことによって、その言葉が実際に彼女にパワーを与えたからです。

「あなたは背が高く、灰色で、とても痩せている。そして私はあなたに、入ってきたいのですか？」と訊きました。

彼女は散文を書く中で奇妙なことを発見しました。

彼女は言いました。「私は本当に、彼らに入ってきてほしくありませんでした。恐ろしかったのです。なので、どうして私がそれを書いたのか分かりません」

しかし、彼女が恐怖心を覚えていたように見えたことと裏腹に、その生物たちに対して書いてみることによって、彼女が必要としていた勇気を得たのです。

書くことによって、その言葉たちはジェニーに力を与え続けました。彼女は恐怖を感じたときはいつでも、それについて考え、それによって彼女は安らぎを得て、恐怖に立ち向かう助けとなりました。

ジェニーの詩

どうやって、これと向き合えばいいのでしょう？
どうやって、これを受け止めればいいでしょう
私の人生の一部として、
私の一部は、とても怯えています。
私が恐怖の状態にあるとき、
私は失望し、
恐怖が私を支配し、
私は愛と神のことを忘れ
すべての善なるものを忘れます。

恐怖は黒くて醜い蜘蛛《くも》
冷たく凍り、音もなく忍び寄ってくる
深く、暗く、湿った洞窟の中を。
洞窟は真っ暗
空気も真っ黒で、息がつまるようです
私は息をしようともがく
私は動けない
私は凍りついて、足を踏み出すことができない

怖くて筋肉が動かない
そして、自分はここには居られないことを知っている
私は進まなくてはならない
しかし、恐怖が私を消耗させる

真っ暗なため何も見えない
そして恐れているため、
私は見ることができない
私は感覚を失い
信頼は扉から出て行ってしまい
今、私はたった独りきり
私を理解し信頼できるのは誰？

窓から外を見ると
あなたの姿が見える
あなたの目が見える。ギラギラとした目で私をじっと見つめている
あなたは、はっきりと姿を現さない
暗闇に紛れている
しかし、あなたは私に伝えている

自分が私のそばにいることを
あなたは背が高く、灰色で痩《や》せている
そして、私はあなたに訊きたい
あなたは入ってきたいのかと……

どういうわけか、私たちはどこか同じであることを恐れている
そして、私たちは
私たち全員は
ゲームの一部であることを！
生命の後の生命
私たちは役目を演じる
最終的な帰結を知りながら
この宇宙の学校で。
あなたは、私に教えるためにここにやってきた
恐れるなと
そして、これは私が理解するために学ばなくてはならない何かなのだ

ずっと高いところには
洞窟の裂け目がある

太陽の光線が
湿った土を温めている
そして、蜘蛛は私を見上げた
何が起こったのかと

その光は新しく、そして蜘蛛は見た
彼の凍った体が
その寛大な光を浴びるのを
彼の体は動き、そしてヒビが入り
彼は古い体を脱ぎ捨てた
そして、素早く洞窟の壁を這《は》い上がった
光の源へと昇り詰めるために
その美と
自由の感覚に圧倒されながら。
今、彼は再び入ったことに気づいた
懐かしい王国に

ジェニー

あなたの恐怖心や体験したことについて感じたことや想いを書き出すことは大きな癒しとなり、

あなたを力づけてくれます。ジェニーは、その詩を書いたときだけではなく、彼女が恐怖を感じたときはいつでもその詩が彼女の助けとなることを発見しました。

〈役に立つことは何でもやってみる〉

最も面白くて興味深い発見の一つが、子供の頃からコンタクトを体験してきたある女性からもたらされました。彼女によると、ある夜、うっかり電気掃除機のプラグを壁のコンセントに差しっぱなしにしていたところ、その夜は訪問者に邪魔をされませんでした。それが何度か続いたそうです。これは偶然でしょうか？　この効果は、部屋の中に電離化装置《イオナイザー》を設置していた他の人からも報告されています。

ある種の電気の流れに効果があるように思われます。ジョン・マック博士が以下のような示唆をしています。「グレイはビデオカメラを怖がっていて、それは抑止力となります。また、彼らは紫外線を嫌います、電磁場が変化するからです」

〈書籍の活用〉

精神世界の本、形而上学的な本、チャネリングの本、ホリスティックな本などの多くの本の中に、あなたを支援してくれる無数の対処法が書かれています。多くの本が、恐怖の体験をしたときに、白、青、黄金の光が身体を包んでいる様子を視覚化することを勧めています。うまくいくか試してみてください。信仰心がある人ならば、キリストの光を思い浮かべるか、天使たちに一緒にいてもらうよう頼んでみてください。

私はそれをコントロールしてこられたと思います。私の心は澄んで、集中できるようになって、もっとやってみたいと思ったんです。今は、彼らに立ち去るように伝え、白い光を私の身体を包むのに使っています。

サンドラ

〈精神による戦い「意思の力」〉

このテクニックが効果的だと感じる人もいるでしょう。恐怖によって、麻痺を経験したとき、ちょっと身体を動かしてみる努力を意識的に行います。例えば、手や足の指など。身体を動かすことによって、絶望感がなくなり、麻痺の感覚を破ることができます。

〈霊的な人々への懇願〉

守られていると信じることや、特定の宗教の人物のパワーが非常に強力な場合があります。その人物に助けてほしいと守護を祈ることが、恐怖に立ち向かうのに役立つ方法です。

〈腹を立て、憤ることにフォーカスする!〉

恐怖心を感じたきに、怒りのような強い感情にフォーカスすることが、時には起きていることを変えることがあります。コンタクト体験者によると、心の中や声に出して怒りを表現することによって効果を発揮するそうです。あるコンタクト体験者は、その生物に大きな怒りを覚えるようになると、彼らは去って行きました。これは、子供でも大人でも可能な方法です。

〈彼らに話しかけてみる〉

ETにテレパシーで語りかけ、彼らに自分がどうしてほしいのか伝えます。ETが嫌いであり、あなたがETを怖がっていることを伝えるのです。ETとの接触についてどう自分が考えているのか伝えることに意味があります。

今の私には確信があります。彼らに去ってほしいと言うことが正しいのだと知っているのです。彼らは私の願いを尊重したのですが、これは私にとって驚くべきことでした。私が起きているときに、邪魔をしないでとだけ言ったんです。それが彼らとの約束であり、私は彼らにそう伝えただけなのです。

サンドラ

私を連れていきたいのなら、私が眠るまで待って……私はただ知りたくないだけなのよ……

マーガレット

訪問者とのテレパシーとのやりとりについては、最初は効果ゼロだと思っていたんですが、今は、70点ぐらいの効果があると思っています。今は、眠る前にベッドの中でそれをやってから眠るようにしています。もともと、私は彼らのことを考えただけでも、とても怖くなるので、「戦う《ファイト》」か「飛ぶ《フライト》」かのどちらかでした。勿論、大半は「飛ぶ」方で連れていかれるわけですが。この数年間を振り返ると、私はこんなことを言うのに飽き飽きしていました。「あなたがそこにいるのは分かっているわ。でも、私は今日クタクタになるまで働いてきたの。人間の身体には休息が必要なのは分かってるでしょ？　私はグッタリで、安眠が必要。そうするのに簡単な方法があるでしょ。出て行ってちょうだい」

ジュリア

〈自動書記〉

共通の立場で会う方法を見つけなければならないと私は思います。私にとって、自動書記がかなりうまくいくことが分かりました。快適だと感じるものであれば、最初は何でも構いません。私は座って心の中で質問します。それから答えがやってきて、それを書き出すのです。

眠ろうとしているとき以外は、彼らとコミュニケーションを始める何らかの方法を見つけるべきです。私にとって、そうすることで混乱とショックを和らげてくれるように思えます。混乱する代わりに、彼らとコミュニケーションを行うことを選らんだ瞬間、私は彼らの存在に気づき、私に力が戻ってくるのです。何回も自分が見たものについてヒステリックになった瞬間がありました。私は座り、自分の質問を書いてそれについて訊ね、私の手の中のペンが答えを書き出すのを待っていました。

その幾つかの答えが喜ばしいことに私は驚いています。自分が知らないことを得ることもありましたし、たとえ知っていたことでも気分がとても良くなりました。閃《ひらめ》くような答えなのです！　他の回答は不十分なものもあるのですが、それは勿論、私が十分な質問をしていないからのように見えます……

ジュリア

〈クリスタルの活用〉

コンタクト体験によってトラウマを受け、その体験と関わりたくなく、侵略されたと感じたときに、クリスタルを利用することができます。クリスタルは、内的な力を高め、意識と理解力を強化すると言われています。代替医療を行っている人の中に、プログラムされたクリスタルを用いることによって、ETとの接触体験をブロックし、人々を守るのに役立てることができるという人々もいます。あなたがクリスタルのパワーを信じているのならば、試してみてください。

〈自分のハイアーセルフに語りかける〉

どこか静かで邪魔されない場所に座り、必要と思えば、リラックスできる音楽をかけます。ペンと紙を用意し、あなたのハイアーセルフが隣に座っている様子を心の中で想像します。ハイアーセルフはあなたより年配で、物静かで、あなたとは異なる衣服を身に着けているかもしれません。自分の体験についてもっと理解するために知る必要があることをハイアーセルフに訊ねてみてください。あるいは、困難に対処するための他の方法を訊ねてみてください。

〈ヨガ〉

あなたが力を得るのに役立つやってみるべきことはたくさんあります。自分をコントロールでき、もっと強くなれると感じるのに役立つことは何でもいいのです。コンタクト体験者のサポートグループの中に、ヨガが心身に非常に良いと言っている人がいました。

〈内なる音〉

これはヨガの教義の一つです。すべての人には、頭と肩に感じることができる、その人独自の強力な音を持っています。恐怖を感じている最中に、その音にフォーカスすれば、その体験を変え、コントロールさえできるかもしれません。

〈形而上学……愛の実践〉

「すべての存在は一つです！」あなたが霊的なものや形而上学に傾倒しているのであれば、私たち一人ひとりは、ある人たちが「神」と呼んでいる「創造のフォース・意識」の一部であるという哲学に同意するかもしれません。

その哲学を信じるならば、彼らも神の創造の一部、つまり神の一部であることが理解できるでしょう。この哲学に同意するなら、愛のフィーリングを送り、その生物たちを受け入れるよう努力してみてください。

形而上学者のスチュワート・ワイルドは、その著書『第六感 (Sixth Sense)』の中で、グレイとの交流について述べています。「私は瞑想中に彼らに愛を送りました。そして、彼らが私の部屋に現れた場合、私は愛を放射し、心の中で彼らを抱きしめようとしました」彼が言うには、それはうまくいったようで、グレイたちは立ち去りました。

私がそうであるように、彼らも宇宙の一部であることを受け入れるべきなのです。私はただ、彼らを知的生命体だと見ています。ただ、モラルや倫理が私たちとはまったく異なる生物なのだと。

サンドラ

受容する――自分の体験とETに対してもっとポジティブな視点から見るように努める

対処法として、どうして私は受容を挙げたと思いますか？　ここで紹介してきたすべての対処法を試したとしても、どれかがあなたの体験や恐怖を止めることを保証できないからです。テクニックや対処法は、あなたの「内側」を変えるのに確実に役に立つでしょう。そして、その結果として、あなたの体験も変化するかもしれません。その中でもっと自分がコントロールできているという感覚を得るかもしれないのです。受容することに決めて、それをあなたの人生のシナリオの一部にするならば（それはきっと難しいことでしょうが）、それがどんなにあなたにとって困難なことでも、その体験との出会いによって、あなたは新しい理解を得ることができ、あなたは前進し、自分を癒すことができるのです。

知的生命体が断りもなく私の人生に入ってくるなんて私には信じられません。受容はすべてを変えます……それは恐怖を払い除け、私に人生を悟らせます。そして、私は彼らを受け入れます——彼らは本当は怪物ではないのです！　知れば知るほど、彼らが邪悪な存在ではないことに気づきます。いつか、私は彼らを直視しても大丈夫になると思います。

サンドラ

ジェームズ・ウォールデンは私への手紙の中でこう言いました。

「私がそれを発見したとき、恐怖によって理解力が曇りました。そのため私は人間と多次元生物の調和について、ハッキリとした考えを持ってその発見から情報を集めることができませんでした」

前に彼が述べた通り、彼は自己分析することによって、コンタクト体験に対する彼の態度がどのように変化してきたのかを見てきました。彼は恐怖と向き合い、恐怖を直視し、それを乗り越えました。その結果は、見れば歴然です。「心身および霊的な意味で、素晴らしい向上があった」とジェームズは言っています。

自分の恐怖に対峙する、それはあなたのアルマゲドン！

その体験は、あなたの多次元的な現実を受け入れて探求するための機会ではないでしょうか？

それはETによるシャーマニックなイニシエーションでしょうか。コンタクトを体験してきた多くの人々は、自分たちの恐怖をETの訪問による究極の挑戦であると見なし、恐怖と対峙できれば、より壮大な現実をあなたが探求する準備ができたと考えています。古代の文明のシャーマンの霊的な訓練の中に、多くの類似性があります。光の輪で自分が守られていると視覚化した後、イニシエートは自分が最も恐れているすべてのことを思い浮かべ、それに打ち勝つことができれば、シャーマンになる準備ができていると見なされました。シャーマンへの道には、自分が最も恐れているものに対峙するプロセスがあり、それを経ることが、より壮大な現実に入るための準備であると見なされているわけです。それには、スピリットの世界と非物理的な存在を含みます。シャーマニズムは、最古の宗教の一つです。ホイットリー・ストリーバーは、同様の体験をETが彼に強いたと述べています。極論を言うと、自分の恐怖に対峙し、それを乗り越えることが、より壮大な現実に立ち向かうための準備であるのかもしれません。

ジェームズ・ウォールデンはまた、こうも言っています。

「私が記憶している最後のETとの出会いで、一人のグレイが私の心の中に入ってきて、その後に私のオフィスにその生物が現れました。このコンタクト体験に私が気づいた大きな要因は、犬が立ち上がって、その生物に吠えたからでした。犬のフレッドが侵入者に対して恐怖心を感じていたことに私は気づいていましたが、このときがその生物をエイリアンとして恐怖心をもって見なさなかった最初のときでした。その生物はテレパシーで私に語りかけ、重要な情報をシェアしました。もう一つの世界という、より大きな意識を私に受け入れさせようと願っている教師との個人《チュートリアル》セッションに参加しているように感じました。

常に平和と保護を感じることができる場所が存在します……それは霊的な自己の光と愛です。私の感情的な苦痛は、しばらくの間、自分が感情を持った物理的な存在であるのと同様に、スピリットであることを忘れさせました。私は白い光の中に入り、自分を癒し、癒しを他者に与えることを学びました。あなたにも同じことができるのです。事実これが、私の誘拐者《アブダクター》が私に学ぶのを助けようとしていたことだと私は考えています」


ダナ・レッドフィールドも私への手紙の中でこう言っています。

「私の場合は、恐怖に立ち向かう経験と『シールド』の概念を既に持っていました。私はそれを使って訓練し、生まれながらの信仰と信頼をもって祈りと瞑想を実践しました。しかし、人々が報告しているような恐怖を引き起こすような類の体験は経験したことがありません。それとも、私は単にブロックや否定がうまいだけなのでしょうか？　非常に不快になって、何度かひどく怯えたことはあります。金縛りにあったことは一度もないのですが、怖い思いをしたのは私の身体に起こったことばかりでした。試しに抵抗してみましたが、それはうまくいかず、真実に辿り着くために決意が必要でした。それは、ある種の共同作業だったと私は推測しています。物理的な意味での『動物の身体』の反応、未知への恐怖があり、起こっていることに対してコントロールを失っていましたが、私はそれらのことと一緒に進んでいきました」

認識すべき大事なことは、恐怖が自分自身からやってくるということです！　あなたにはそれに対して何を行うのかという選択肢があり、自分に選択肢があると知ったとき、あなたは無力ではありません。恐怖とは、ある種の機会なのです。それを私たちが限界を超えて成長するために利用することができるのです。ある意味において、私たちの恐怖とは個人的なアルマゲドンなのです。あなたは恐怖が自分を支配するままにしておきますか？　それとも、恐怖に挑戦し超越し、最後には自由を勝ち取るためにそれを理解しコントロールする方法を探しますか？

第6章　最優先事項とは？　信頼できる人／サポートをまず見つけ出すこと

感情面をサポートしてくれる信頼できる人をどのようにして見つけ出すのか？

あなたが現在、コンタクト体験のただ中にあるのなら、適切なサポートを受けることは不可欠です。大抵の場合、コンタクト体験者にとって最初の挑戦は、個人的な告白という一歩を踏み出す恐怖であり、それは途方もなく大きな一歩です！　この情報を誰かと共有するリスクは、それ自体が極めて恐ろしいことであるのが普通です。コンタクト体験者は、自分の体験がどのように受け止められるか恐ろしいのです。この恐怖が、多くの人にとって克服するのに大きな障害となっています。大半の人々があるレベルで悩んでいるのは、自分がどう思われているかなのです。私たちが他人をどのように知覚しているかが、多くの人にとって現実の問題として認識されるのです。それはコンタクトを体験しているかどうかは関係ありません。受容力がない人であれば、冷笑されるか精神病であると見なされ、失望する恐れもあります。四方手を尽くして、最もオープンで助けとなる人にアクセスすることがコンタクト体験者にとって重要です。それを最優先にすべきです。

この章では、選択肢を模索し、どんなサポートが利用可能で、あなたが信頼できる人は誰なのかを見ていきたいと思います。独自の手引きが作成されています。この手引を用いて、あなたがオープン・マインドで、感情的なサポートを受け入れることができるかチェックできます。この手引きの中で、研究者とカウンセラーの違いが分かり、彼らが何を提供できるかを見ていき、どのような代替治療の方法論があるのかを強調します。

どうやって人間の恐怖という側面に取り組めばいいのでしょうか？　それはおそらく、意識の拡大の際に表面化し、人がどれだけ危険な存在になるのかを私たちは認識します。危険な人物からあなた自身を守る理由がある限り、それは手に負える範囲内にあります。それは、銃やテロリストの誘拐のような脅威ではなく、冷笑、ペテン、排斥の恐怖です。それは目に見えないもので、たとえ目を背けたとしても有害なものです。それは極度の疎外感であり、それ故に、私たちは誰を信頼して話すべきか知るべきなのです。

ダナ・レッドフィールド

誰が感情面のサポートを請け負えるのか？

- 家族や友人
- 研究者

●プロのセラピストやカウンセラー
●代替医療の分野
●サポートグループ（第7章参照）

家族と友人は、どんなことができるのか？

●日常的な感情面のサポート
●受容

誰が信頼できるのか？

西部オーストラリアに住む、ある若い農民が、宇宙船を見たときに意識的なコンタクトを体験しました。彼はまた、自分の農場で生活しながらETとコミュニケートしていると言っています。彼は必死になってそのことを誰かに伝えようとし、最終的に起こったことを兄弟にすべて話しました。まもなくして、精神医療の救急隊が彼の家にやってきて、最寄りの精神病院に彼を連れていきました。

それによって、彼はコンタクト体験によってトラウマを受けただけではなく、理解が不足した兄弟と、善意ではあるものの、専門家の不注意によって彼の状態は悪化したのです。彼は完全な荒廃を感じ、それを兄弟による「信頼の裏切り行為」だと呼びました。当然のことながら、彼の家族、特には兄弟から深刻な影響を受けたのです。しかし、この体験から彼は誰を信頼すべきか大変な注意を払うことを素早く学んだのです。この逸話は、自分の体験を家族に話したいと思っている――実際、よく家族に話すのですが――多くの人々に困難なことが起こる様子を説明しています。

一般的に言って、家族は愛と配慮を与えてくれますので、最初にサポートや愛や理解を求めて家族と向き合うのは自然なことです。私たちの多くは、この家族に対する生来的な信頼を持っています。しかしながら、最初の内は「チェック」が済むまで慎むべきことなのです。このデリケートな情報を家族と共有する前に、家族がどのくらい心を開いているか確認してください。

家族と友人のチェックリスト

あなたが最初に即座に向き合える相手は、家族か友人でしょう。失望や拒絶を経験したくなければ、情報を共有する前に彼らの個人的な信条を検討するための時間を取ってください。このプロセスの間、彼らがこの現象に対してオープンであるように見える場合は、自分が問題ないと感じる内容を共有することができます。もう一つの最初のステップの選択肢としては、それを友人から聞いた体験として話してみることです。これは便利なチェック項目です、彼らがオープンであるように見えた場合、どのように自分が打ち明けたいか決めることができます。たとえ、あなたが体験したものを実際には理解していないとしても、彼らが協力的だと分かったならば、彼らは孤独感や恐怖、怒り、混乱などのあなたのフィーリングに対して同情するでしょう。

どのようなものが良いサインなのか？
オープンであるかをチェックするための質問をしてみましょう

彼らは……

- ●SFを扱ったテーマの本や映画が好きですか？
- ●他の惑星に生命がいる可能性を信じていますか？
- ●宇宙人が地球を訪問していると信じていますか？
- ●これまでにアブダクション現象を耳にしたことがありますか？

これらの質問の大半に否定的な感覚がある場合、別の人にサポートを求める必要があることを意味しているかもしれません。

他の案としては、この現象に関する本やビデオを紹介し、彼らの反応を見るのもいいでしょう。しかしながら、オープンな態度であなたの体験に耳を傾ける人だと感じるまでは、あなたのコンタクト体験の情報を共有しないことが賢明です。

忍耐が必要……それには時間がかかります！

あなたの家族や友人がこの情報に対してオープンな態度だったとしても、仮説として話すことと、実際にあなたに起こったことを事実として打ち明けることはまったく別なことです。彼らが協力的であったとしても、この話を聞くのは大きなショックであり、彼らが落ち着くまで時間が必要であると認識しておくことは重要です。このテーマを扱ったビデオを彼らに見せるというやり方が役に立つかもしれません。最初は、この現象のすべての局面を扱ったビデオを見せて、コンタクト体験という現象の広範な概略を伝え、可能であれば、もっと具体的なコンタクト体験のビデオを見せます。一緒にビデオを見ることによって彼らと議論するきっかけとなりますし、また自分自身の体験について話す機会を与えてくれます。ビデオ鑑賞は、この現象に関する情報を彼らに与えるだけではなく、彼らの「現実認識のシフト」を助けてくれるでしょう。この現象についてもっと知りたいと彼らが希望した場合は、本やコンタクト体験を説明しているユーフォロジーの雑誌を紹介すればいいでしょう。やがてあなたを助けるにはどのようにしたらいいか完全に理解するでしょう。あなたがすでにプロのサポートを受けている場合は、家族や友人にあなたが診てもらっているカウンセラーやセラピストに連絡を取ってもらうよう提案することもできます。そうすることによって、家族や友人に質問する機会が与えられ、あなたを助けるための最良の方法を理解する上で助けとなります。

プロのサポートに対するチェックリスト

ＭＵＦＯＮ、ＡＣＥＲＮ、ＡＣＣＥＴのような近接遭遇に関するサポートを専門とする組織が利用できる場合は、この現象について熟知したプロのセラピストたちを紹介されるでしょう。

しかし、彼らが推薦するプロのカウンセラーに連絡を取るのが難しい場合は、自分自身で専門家を探さなくてはならないかもしれません。チェックリストを持っていれば、あなたが探し出したセラピストやカウンセラーがこの体験に対してオープンで、あなたを助けてくれるかどうか見極めることができます。

次のチェックリストは、オープンな専門家を探すためのもので、これを使えば安心してあなたが適当だと感じる質問をセラピストに訊ねることができます。彼らが信頼できると感じるまでは、あなたの名前を教える必要がないことを覚えておいてください。彼らの適合性に疑いを感じた場合、例えば、あなたの質問を不快に感じているような場合は、誰か他に推薦できる人がいるかどうか訊いてください。その仕事にもっと適しているセラピストを知っているかもしれません！　この場合では、あなたがクライアントであることを忘れないでください。質問することを恐れないでください！

最初は、彼らが地球外生命やＵＦＯが存在する可能性についてどう考えているか、ざっくばらんに訊いてみるのがいいかもしれません。そのようなことに興味があり、ＵＦＯやＥＴが存在する可能性を受け入れているように見えたならば、徐々にあなた自身の体験を説明することができます。

他にはどんな質問の種類がありますか？

彼らは……

- 別の現実世界の存在を認識していますか？
- 非物理的な世界やサイキック現象を認識していますか？
- 地球外生命が存在する可能性を受け入れていますか？
- ユーフォロジーに興味がありますか？
- 近接遭遇／コンタクト体験について知っていますか？

これらの質問をするのが怖く、訊ねるのが不可能な場合は、彼らに名刺を送ってもらうように頼むこともできます。名刺を見れば、セラピーのタイプを知る上で手がかりになります。例えば、代替療法や補完療法のセラピストであれば、それは別の現実世界にオープンであることを示し、助けになってくれる可能性が大きいです。しかしながら、あなたの状況を助けてくれるかどうかを知る唯一の現実的な方法は、彼らに電話をしてみることです。この場合も、あなたは名前を名乗る必要はなく、電話を通して必要な情報を得ることができます。

忘れてはならないことは、コンタクト体験を受容していると公にしているカウンセラーは非常に少数であることです。彼らにとって、それは職業上困難なことなのですから。そのために、電話で助けてくれるかどうか確認するわけです。電話は実際に会うよりも容易ですし、匿名性を保つために利用することができます。

研究者はあなたに何を提供できるか？

- あなたの経験を調査し、文書化する
- あなたの体験を客観的に判断する

研究者とは、UFO現象の調査に興味を持っている人のことです。MUFUN（Mutual UFO Network）のようなユーフォロジーの研究団体に所属している人もいますが、独立して調査を行っている人もいます。

彼らには何ができるのか？

研究者とは、あなたの体験を文書化することに興味を持った人のことです。彼らは、他の誰かがそれを目撃していないか、コンタクト体験の場所や、日付、時刻のような事実を求めています。可能な限り正確に詳細を記録しようとするでしょう。何故なら彼らにとって、それが重要なデータだからです。要するにコンタクト／アブダクション現象のすべての様相を調査するために彼らはそこにいるのです。

何に彼らは興味があるのか？

研究者は、新たな目撃情報や、地球外生命との交流に興味があります。あなたの体験は、あなた自身の体験と同様に、他の人のケースを裏付ける助けになります。複数の人による目撃は、物的な証拠と同様に特に価値があります。そのすべてが科学会に対してこの現象に対する信用をより高めます。

彼らは何をあなたに申し出るのか？

彼らはあなたの体験の詳細を客観的に記録することができます。あなたの体験のより具体的で物理的な側面をあなたが発見するのを助けることができます。身体に浮き出た模様や傷、インプラントのようなすべての物理的な証拠を調査しようとするでしょう。そして、他の目撃者がいれば、その人にインタビューをしたいと考えるでしょう。あなたがＵＦＯを目撃したことがある場合、彼らはそれを確認する方法を探すでしょう。他の目撃者を探すだけではなく、物理的な証拠も探すでしょう。例えば、宇宙船が着陸したのであれば、地面に跡が残っていないか、土壌に変化が見られないか、植物に損傷がないかなどを調べるでしょう。あなたが情報を持っているはずの宇宙船やその乗務員について記述したいと思うでしょうし、妥当性を確認し比較を行うため、他の目撃者にもインタビューを行いたいと思うでしょう。

研究者たちが他に提供できること

- あなたの体験を正確・客観的に記録すること
- あなたの体験の裏付けとなる、別の目撃情報を彼らは知っているかもしれません
- 他にもその出来事を目撃している人々がいても、その人々が誰であるのか彼らはあなたに明かさないかもしれません。彼らは可能な限り、その出来事をありのままの情報にしたいと願っているのかもしれません
- あなたの感情面を支援するため、カウンセラー、セラピスト、サポートグループのような訓練された人々を見つる手助けをしてくれるかもしれません

多くの研究者たちが、それらのサービスを勧めることによって、あなたをサポートしようと努めるでしょうが、彼らはカウンセラーではなく、感情的なサポートを請け負うだけの訓練を受けておらず、そのスキルを持っていないことに注意してください。

どうして彼らは私がコンタクト体験に関する本を読んだことに興味があるのか?

あなたがMUFONのような組織に自分の体験を調査してほしいと思った場合、あなたのケースに対する適切な調査が終わるまで、あなたにこの現象に関する本を読まないでおくことを研究者た

ちは通常の場合好みます。彼らはまた、あなたがコンタクト体験をする以前に、ＵＦＯやアブダクションについてどんなことを知っていたか知りたがるでしょう。つまり、あなたが本やテレビで見聞きした内容を知りたいのです。純粋な「研究」の見地から、あなたがその現象について事前に情報を持っていなければいないほど、あなたの体験の信用性が高まるからです。それは、あなた自身の体験以外に情報をわずかしか知らないか、まったく知らないことが重要であることを意味しています。通常、このことが正当性を強めます。これまであなたが見聞きしたことと、あなた自身の体験を混同している可能性が低くなるからです。

誰でも研究者になれるのか？

なれます！　誰でも自分を研究者と呼ぶことができます。そして、あなたが相談し自分の体験を共有する前に、その人物の誠実さにあなた自身が納得できるかがここでも重要です。ほとんどの研究者は、その現象に興味を持っているボランティアです。そして、それは多くの場合、必ずしもその分野の専門的な資格を持ち、訓練を受けている必要がないことを意味します。

世の中には、そのことを悪用している研究者がいると感じている人々もいます。研究者が、有名なユーフォロジーの組織に所属しているときは、その研究者の誠実さや資質を確認することができます。高名なユーフォロジー団体には、厳格な科学的資質を持った研究者のみを受け入れているところもあるでしょう。そのような組織に所属している研究者は、組織が定めている指針に自分が従うことを示す必要があります。多くの人は、科学的な背景のもとに選別され、その人々は大学卒であることが大半です。

自分が会う必要があるのは、研究者とカウンセラーのどちらなのか？

コンタクト体験者の多くは、研究者に対して自分の体験や目撃情報を報告したときに、自分の感情的な欲求が満たされないことに失望しています。研究者は協力的である場合もあるかもしれませんが、多くの場合、カウンセラーやセラピストの訓練を受けておらず、あなたの欲求を満たすための適切なスキルを備えていないかもしれないことをここでも忘れないでください。

カウンセラー／セラピストが提供してくれるもの

- 情報提供
- 感情面のサポート
- 治療方針と対処技術

新しいクライアントがカウンセラー／セラピストに訊ねる一般的な質問を見ていきましょう

●カウンセラーとはどんな人ですか？
●あなたは何をするのですか？
●どうやって私を助けてくれるのですか？
●セラピーとはどんなものですか？
●どんな治療技術がありますか？
●私がセラピーを受けることを選択した場合、どのようなセラピーのテクニックが用いられ、それは何を達成するためですか？
●どのようにして私が必要なものを決定するのでしょうか？
●それはどのようにして私を助けてくれますか？
●セラピーの目的は何ですか？
●回帰療法とは何のことですか？

質問に対する手短な答え

カウンセラーとは、感情的なサポートを提供するために訓練された人のことです。カウンセラーは、あなたの体験に関心があるだけではなく、あなたの感情と心理的な幸福にもフォーカスするでしょう。彼らは、あなたがどのようにして自分の体験と折り合いをつけているのか知り、あなたを助ける最善の方法は何かを知りたいと思うでしょう。

カウンセラーは、能動的に聴く訓練をされています。これは、カウンセラーがあなたを理解していることを確かめるため、あなたが言っていることを自分の言葉で言い換えてみせるでしょう。彼らは、あなたを一人の人間として受け入れ理解し、判断せずにあなたの世界観に敬意を払うでしょう。これは、「人間中心のカウンセリング」と呼ばれています。

「人間中心」、「クライアント中心」主義のカウンセラーは、単にあなたの言うことに耳を傾けるだけではありません。あなたの世界に敬意を払い、あなた自身の内的なリソースにつながることを助けるでしょう（あなたがとるべき方向性に関して、アドバイスや暗示を与えるのではなく、あなたが自分自身を導けるよう手助けするという意味です）。

セラピーはどのような助けになるか？

- 孤独を軽減してくれるでしょう
- 自分が受け入れられていると感じることができるでしょう
- サポートを受けていると感じることができるでしょう

●あなたが新しい対処スキルを見つけるのを助けてくれるでしょう
●外部のリソースだけではなく、あなた自身の内的なリソースを利用する手助けをしてくれるでしょう
●セラピーを受ければ、自分の体験について、さらなる情報を得ることができるでしょう
●恐怖、怒り、悲しみ、混乱、無気力といったようなフィーリングを理解するのを助けてくれるでしょう
●隠された記憶を呼び覚ますのを助けてくれるかもしれません
●あなたの体験を統合させ、より大きな認識をあなたに与えるでしょう
●「二重」の人生を受け入れるようにあなたを導くでしょう

セラピーとは、カウンセラーがあなた自身の問題に対処するのを助ける手段を表す用語です

セラピストは、対処法を示唆し、あなたが自分の世界でうまく立ち回れるのを助けるためのスキルを使用するでしょう。様々なセラピーのテクニックを用いて、彼らはあなたが自分の体験をより深く理解するのを助けることができます。そうすることによって、あなたはその理解を吸収し、もっと全体的で健全に機能することができます。

セラピーを受けることを選択した場合、どのようなセラピーのテクニックが用いられ、それは何を達成するためですか？

セラピストが使用するかもしれない対処法やテクニックの種類の簡単な定義を見ていきましょう。あなたはセラピストに、彼らがどんなふうに仕事をし、どのようなやり方であなたを助けることができるのか訊ねてもいいでしょう。疑問があったら、質問してください！　質問することによって、あなたが快適だと感じるセラピーに関して、さらに情報を得た上で選ぶことが可能になります。セラピストは、クライアントであるあなたのためにそこにいるわけであり、あなたが適切な質問をするのに十分な安心感を持っていることが大切です。

セラピーのテクニック

あなたが自分の体験に関してさらなる理解と深い認識を得るのを助けるため、セラピストは以下のようなテクニックを使うかもしれません。

●対処法――これはストレスに対処するためのリラクゼーションのテクニックで、パニックや恐怖に対して用いられます。このテクニックは、あなたが自己管理しているという感覚を助けるためのものです

●アンガー・マネジメント（怒りを他人にぶつけないようにすること）
●体験の再フレーム化。体験を新しい方法で見ることを学び、それを異なった視点から観察します
●回帰療法の作業は、より深い認識のレベルからあなたの体験を検討することに可能にします。セラピストは、あなたをリラックスした状態へと導き、あなたが安心して自分の体験を検討することを支援します（それについては、後でもっと詳しく説明します）
●クリエイティブ・ヴィジュアライゼーション／クリエイティブ・イメージングは、あなたの体験の意味をより深く理解するのを助けます。シンボルや自発的なイメージを通して潜在意識からのメッセージを探求するために、あなたの創造性やイマジネーションを利用することをセラピストは勧めるでしょう。潜在意識は心の一部であり、普通は夢かリラックスした状態のときにだけアクセスできます

誰が決めるのか？

セラピストは、程度の差はあれ、あなたの体験を検討するのを助けてくれますが、それを決めるのはクライアントである、あなたです。

では、どのようにして自分が必要としているものを得ることができるのか？

自分がどれくらい探求を望んでいるかその程度を知るには、どれくらいあなたがそれを望み、自

分の体験について知る準備ができているかによって決まるのが普通です。この時期において、あなたが必要としているすべては、あなたの恐怖や脆弱性のフィーリングをコントロールするために役立つ対処法であるかもしれません。しかし、睡眠障害やパニック、恐怖症のようなものとなってあなたの体験が無意味なものになっている場合は、それに対処するためにその症状を詳しく検討する必要があるかもしれません。あなたは、もっと深いレベル、もっと霊的な視点から、その体験の意味を理解したいという抗しがたい衝動を感じるかもしれません。あなたが、回帰療法やクリエイティブ・イメージングを考慮したいと思うのは、この段階かもしれません。

その瞬間から、あなたは支援とサポートを求めることを決心し、自分自身に活力を見出すのです。そうすることによって、「被害者」の状態から自己をコントロールする力を取り戻し、自分が置かれている状態を変えることができるのだと私は言いたいのです。

●これ以上、独りでいないことを決心することによって、自分の状況を変えることを選ぼうとしています。もはや孤立しないことを選択しようとしています
●どのようにして自分の体験と向き合うべきか選ぼうとしています
●自分がどのような種類のサポートを欲しているのか選ぼうとしています
●の体験について検討する方法を選択しようとしています。自分の助けとなると感じているあらゆる方法から選択しようとしています
●自分の体験について一定のコントロールを持つことを選択しようとしています

「回帰療法」（退行催眠療法）とは何か？

回帰療法とは、セラピストがクライアントをリラックスした状態に導き（これは、テレビを見たり、音楽を聴いているときにリラックスしているのと同様な状態です）、クライアントは、日々の雑音や煩わしさから少しだけ頭を切り替えることができます。それは、人間の自然な状態の一つで、心の雑念をシャットアウトしたとき、意識的な思考を用いずに物事を自動的に行うことができます。この状態のとき、起こっていることに対して完全なコントロールをまだ保持したままにありますが、普段よりもずっとリラックスし平穏さを感じるでしょう。このようなリラックスした状態にあるとき、記憶や夢に容易にアクセスできるようになります。この状態は、無意識ではなく、あなたの周囲で起こっていることや話していることは意識できます。隠された深部の記憶が表面に浮かんでくるのに十分にリラックスしているだけにすぎません。

回帰療法は、セラピストが言葉や音楽、イメージを用いてクライアントをリラックスした状態に導くのを促進するプロセスで、クライアントの潜在意識の深い意識に到達するのを助けてくれます。それらの記憶が表層意識に上ってくるのを妨げているブロックがある場合、それは普通、恐怖のためであり、ある種の恐ろしい情報から顕在意識を守るための防衛機構として、潜在意識がブロックをかけることがよくあります。ブロックは、外部のソースからもかけられることがあると考えられています。そういった考えから、研究者やセラピストの中には、コンタクト体験の最中にブロックがかけられることがあると信じている人もいます。ETとの遭遇という記憶にアクセスするのを防ぎ、目くらましをする意図からであると考えられています。

コンタクト体験者と話すことは別として、私にとって最も役に立ったものは回帰療法でした。あるセッションの後、熟考すべき新たなことが私に与えられ、過去の出来事を考えるのがずっと容易になりました。

マーク

●回帰療法のテクニックは、あなたの体験を深く検討するのを助けてくれます
●回帰療法は、その体験に対する新しい認識と、より深いレベルにおいてあなたにとってその体験についての洞察を与えます
●回帰療法は、コンタクト体験についてもっと理解し、統合したいと願っている人にお勧めです

回帰療法は、理解するのが困難であるかもしれない遭遇体験の厄介な側面を強調するかもしれませんが、セラピストは回帰療法を用いてあなたを助けようとしていることを忘れないでください。しかし、あなたの現実に対する知見や、あなたが現実だと認識しているものと相反するような情報をあなたは見出すかもしれません。このテクニックは時として、答えよりも多くの質問を投げかけることを受け止める準備をしてください。

セラピーの究極の目標は、エンパワーメント（力を得ること）と理解です。それは、あなたが体験と向き合うことを可能とさせるプロセスです。あなたの体験を検討することを通じて、自分の体験と向き合い、統合し、癒すための新しい方法を見つけることができます。そして、その新しい認識を携えて前進できるのです。その新しい認識は、別の世界観を再構築するのですが、その認識をもって日々の生活を生きることになります。

代替療法や補完療法によるヒーリングとセラピーは、どんなものを提供してくれるのか？

身体的、感情的、霊的なヒーリングとサポートを提供してくれます。この体験に関するサポートは、代替療法や補完療法の分野から見つけることができます。多くの場合、補完療法の治療法の訓練を受けた人は、このマルチレベルの体験に対してオープンです。彼らは自分たちの治療を通じて、非物質的な世界を受け入れており、ホリスティックな方法で治療を行います。彼らは、自分では意識していないものの、この体験に晒されている可能性が高いです。

コンタクト体験によって自分のヒーリング能力が開花するきっかけとなる場合が多く見られます。コンタクト体験者が、結果として補完療法のセラピストやヒーラーになるのです。キネシオロジー（運動療法）、ボーエン・セラピー、様々なボディ・ワーク、自然医学、鍼治療のようなあなたを助けてくれる多様なセラピーとヒーリング手法が存在します。レイキ（日本発祥の手かざしによるヒーリング）を含む多くのエネルギー・ワークや霊的なヒーリングがあります。それらの手法は、様々な手段を用いてあなたのエネルギーフィールドのバランスを取り戻し、多くのレベルでのヒーリングを行う上で助けとなります。

セラピストやヒーラーが、コンタクト体験についてオープンであるかを確かめるため、この章で紹介したチェックリストを利用して質問をすることを忘れないでください。あなたの体験に関する情報を打ち明けることを選択する場合は特にそうするべきです。彼らに会う前か、最初のセッションの際に質問によるチェックを行ってください。そうすることによって、あなたは自分の体験を尊重されるだけではなく、個人レベルにおいてもあなたの体験を理解してもらえることが保証されるでしょう。これは、あなたにとって非常に有益なことです。セラピストやヒーラーの理解度が深まれば深まるほど、より良いサポートを受けることできます。あなたの選択肢がどのようなものであっても、それはあなた自身と体験に関する情報を集めるのに役に立つはずです。サポートを受けることによって、孤独感や恐怖感を減らし、ことによってはそれらを完全に取り除くのに役に立つかもしれません。あなたには、もう一つの選択肢があり、私はそれがすべての中で最も価値のある選択肢だと信じています。それは、コンタクト体験者たちによるサポートです。

第7章　2種類の支援活動を知る——重要な役割を担うサポートグループについて

サポートグループが信じられないくらい助けとなった。自分が体験した物事と類似したことを他の人に話したり聴いたりすることは、どちらも不思議なことに驚きであり、安らぎでもある。自分の体験について、くつろいで話せる人々はサポートグループの人たちだけだ。

マーク

これはあなたが利用できる支援と理解を得る手段の中で最も価値があるものです。サポートグループは、拡大された世界と折り合いをつけるために必要な確証を与えるだけでなく、体験をシェアすることによってリアルタイムのサポートをあなたに与えます。サポートグループには2種類あります。一つは、プロフェッショナルによるサポートグループ（ＰＳＧ：Professional Support Group）で、もう一方はコンタクト体験者自身によって運営されるサポートグループ（ＥＳＧ：Experiencer Support Group）です。いずれ理解できると思いますが、二つのグループはタイプが異なり、両方とも価値があります。近所にサポートグループがない場合、助言したいことがあります。

あなたが自分自身でサポートを開始する方法を教えましょう。

コンタクト体験と共に生きている人々と会って自分の体験を統合し理解する上で、サポートグループは助けとなります。サポートグループは、自分は独りではないこと、常に電話できる相手がいること、質問の答えを得ることができると知ることで私は勇気づけられました。回帰療法やヒーリングが得られ、最新情報と買うべき本を知ることができました。そして自分のとんでもなく奇怪な記憶を聴いてくれる人の存在です。たぶん、誰かが誰かと同じものを知っています（私の「炎の中の男」や「自分の目の中のコンピュータ」のように）。毎月サポートグループの人々と会うことによって、私はふさぎ込む代わりに何か建設的なことを行っています。

ジュリア

サポートグループとはどのようなものか？

サポートグループとは、類似した体験を持った多数の個人が、自分が知っていることをシェアし、お互いを支援する目的で定期的に会合を持つことです。

どのような種類のサポートグループがあるのか？

●専門家が運営するサポートグループ（ＰＳＧ）
●コンタクト体験者が支えているグループ（ＥＳＧ）

私のような人が何千人もいると知るだけで救われます。そして実際に彼らと会えるのですから！　大勢の中にいることで安心するのだと思います。数の力がフィクションを事実に変えるのです。あなたが認識しているものよりも、自分がもっとずっと大きな「何か」の一部であることに気づき始めるのです……視界が開けて、大きな安心感を覚えます。そのことをあなたは本を読んで自分自身で知ることはできますが、サポートグループに加われば、「何か」があなたを拡大するのです。グループに参加することによって、多くの異なった存在（ＥＴたち）がいることに私は気づきました。デイビッドの腕に浮き出た模様を私は見ました。彼には私と同じものがあったのです。私は思ったのです、これは現実で、精神的な変化ではなく、現実であるのだと。

ジュリア

専門家によるサポートグループ（ＰＳＧ）

ＰＳＧは専門的な機関によって運営され、グループワークの訓練を受け、体系化され、倫理的な規範に従っています。ＰＳＧは、自分の体験をシェアする目的で誰かに会うための厳格な機密性と安全な治療環境を提供します。

PSGは何を提供できるのか?

熟練した世話役の人が付き、グループ内の各人の継続的な経過観察を行うでしょう。セラピストは、ボディ・ランゲージを観察し、不快感や不安を察知できるよう訓練されています。そして、グループの中の誰かが、いつなんどき、もがき苦しみだしたとしても即座に補助の手を差し伸べるでしょう。彼らはグループ内の誰にでもセラピーのテクニックや対処法を提供し、要求があれば個別のカウンセリングを行うことができます。

どんな人がPSGに参加できるのか?

サポートグループは万人にふさわしいものではないかもしれません。人によっては恐怖心が強かったり、告白するのにトラウマがあったり、その時期に他人と会いたがらなかったりすることがあるからです。仮にそのようなケースの場合は、後日サポートグループの中で、本人が都合の良いときに機会を設けるという提案が出されるかもしれません。サンドラもそういったケースでした(第4章参照)。彼女は初めのうちはグループに出席できませんでしたが、それは確信が育つまでの間だけのことで、彼女はグループに好感と感謝を覚え、グループに参加することでメリットを得ました。

ＰＳＧはどのような組織か

ＰＳＧは通常、以下のような仕組みを持っています。

- 定期的なミーティング
- グループが利用できる議事録や情報の記録
- 「相互協力《バディ》システム」の仕組み（例えば、他のコンタクト体験者に連絡するための電話番号や電子メールアドレス）
- 個々の体験をシェアし、それらを理解する
- 対処方法のシェア
- グループ・セラピー（例えば、統合やエンパワーメントのテクニックなど）
- 読むべき本や情報
- 社会への認知プログラム（例えば、家族やコミュニティとの対話のセッティング）
- 新しいコンタクト体験者にグループを見つけてもらうための宣伝
- 関心を持った専門家に紹介し、情報をシェアするプログラム
- メディアを通じた社会との連携

すべてのコンタクト体験者はトラウマを持つのか？

そういうことはなく、コンタクト体験をすごく特別で美しい体験だと感じている人も大勢います。中には、光栄なことであり、祝福されているとすら感じる人もいるのです。多くの人がその体験をとても愛し、啓発を受けていて、その体験によって自分自身に対するとてつもなく大きな理解を得ています。トラウマを受けている人のパーセンテージを提示するのは難しいです。トラウマをひどく受けている人々が、メディアの注目を浴びることがよくあります。ＰＳＧは、自分と同じような理解と開かれた心を持った人々と自分の体験をシェアすることに慣れている人々を紹介することができます。それによって、コンタクト体験者が感じているであろう深い孤独や孤立感を縮小する助けとなるのです。

どのようにしてＰＳＧを見つけるのか？

ＵＦＯの研究団体が地域にあれば、あなたが住んでいる地域にサポート・ネットワークがあるかどうか知っているかもしれません。また、膨大な情報がインターネットで利用できますし、ユーフォロジーの雑誌や本などを利用することもできます。

サポートグループに参加することによって得られるメリット

●コミュニティに参加しているという感覚が得られ、それによってグループのメンバー全員が最終的に孤独を感じなくなります
●確信が増し、自信と活力を得て、家族や友人以外にも自分の体験を話すことができるようになり、人前で話せるようになります
●対処法をシェアすることができます
●自分の体験を完全に理解し、それを受容し、統合することができます
●コンタクト体験を含む、いかなる体験に対しても、それをどのように対処すべきか決める選択肢が大いに多様化します
●恐怖の対処法。自分たちに起こっていることに対して十分な知識があり、落ち着いた状態に達した人々と「恐怖の場所」にいる人が話すことに価値があります。それによって、コンタクト体験が起こっているときに「存在たち」とコミュニケイトすることができるようになります
その体験を処理した方法を見聞きすることは、恐怖に囚われている人々に大きな力添えとなるのです。そして、最終的に彼らと同じ場所に達するための良い機会です

恐怖によって麻痺し、自分の遭遇体験について必死に話そうと苦しんでいた私の二人のクライアントが、６ヶ月という期間の内にオープンに話すことができるようになり、それまで自分を驚かせ

ていたものの正体を確信しました。ここに、証拠と安心があります。大勢の人が短期間の内に達するのは不可能と思っていることが可能となるのです。あるクライアントは、このように述べていました。

「自分にとって最も苦しかったのは、誰にも話せなかったことです。仕事に出かける際に、恐ろしい顔をしているのは前の晩に連れ去られたからです。どうして、こんな恐ろしい顔をしている理由を話すことができるでしょうか。夜間にエイリアンに誘拐されたのだと！　ひどい風邪で会社に来た人の場合は、それについて話してサポートを受けることができますが、この場合はそれができないのです」

体験者によるサポートグループ（ESG）

このサポートグループは、自分自身がコンタクトを体験した人々によって組織されています。彼らは専門家によるグループが持つ多くの利点を提供することができますが、場所という意味で専門的な同じ保護を持っていないかもしれません。ESGに参加する前に、そのグループで専門的なサポートを利用できるかどうか確認しておくことが賢明です。同様に、そのグループの機密性に関することも確認しておくべきでしょう。忠告の言葉を一つ述べておきます。サポートグループによっては、精神的な健康に深刻なダメージを被ることもあります！

まるで「カルト」のような極端な強迫観念に囚われたＥＳＧに参加していたという多くの人々による告発があるのです。これは危険です。グループから提供された資料に不快感を覚えたり、プレッシャーを感じたり、あなたが共感することができない物事を強要されたときは、いつでもそのグループを去ってください！　別のサポートグループを見つけるか、自分自身でサポートグループを始めてもいいかもしれません。

どのようにしてあなた自身のサポートグループを立ち上げるか

あなたがお住まいの地域にサポートグループがない場合、グループを立ちあげる際の若干のアドバイスがあります。

●あなたがお住まいの地域が、地元のＵＦＯ研究団体やＵＦＯネットワークとコンタクトを持っていて、すでに利用可能なサポートがあるか最初に調べてみてください。彼らがあなたの地域でどんなサポートが受けられるか知っている可能性が極めて高いです。彼らはまた、あなたを助けてくれるセラピストを紹介することができるかもしれません。同様に、地域の雑誌やホリスティックなテーマを扱った機関紙、図書館などもチェックしてみてください。勿論、電話帳も

●あなたの地域の他のコンタクト体験者と連絡を取る必要がある場合は、地方紙やホリスティックなテーマを扱った雑誌に投稿を慎重に試みてください。「コンタクト体験者」という言葉を用い

るのに気が進まない場合は、「超常現象体験者」あるいは「遭遇現象体験者」と言い換えてもいいでしょう。同じように、インターネットに投稿することもできます。無数に存在するユーフォロジーやコンタクト体験者のウェブサイトにあなたのEメールアドレスを書き込むことで、喜んであなたを助けてくれる大勢の人々を見つけることができるでしょう

●自宅の電話番号を使用すると決めた場合、忠告しておきたいことがあります。すべての電話が本物ではないと心に留めておくことです。留守番電話が役に立ちます。留守番電話を使えば、電話の内容をモニターする上で助けになるでしょう。同じ理由から、自宅の住所を知らせることは賢明ではありません。慎重を期したいならば、私書箱を作ってみる価値があります

●開催場所について。グループの会合に自宅を使用したい場合はどうすべきでしょうか。それについては注意深く考えてください。十分な場所があり、家族が賛同するならば、自宅を使用してはいけない理由はありません。しかし、それは煩わしいことであることが分かっていて、高価でなければ公共施設を利用するのも手です。しかしながら、グループには活動を維持するために参加費を低くするべきです

●誰がサポートグループに参加するのにふさわしいか見極めてください。例えば、電話すれば誰でも参加できるようにすべきでしょうか？　あなたの定義を定めてください。例えば、完全に匿名のコンタクト体験者も含めたいのか、特定の限られた方法で連絡を取ってきた人だけにするのか

グループに取り入れるべき基本的なガイドライン

●機密性を尊重する
●既存のメンバーが、新しいメンバーを紹介したい場合、グループでそれに同意すべきです
●グループの目的や指針を議論する。例えば、定期的な会合を持つ場合、各人がそこから何を望んでいるかなど（このことを定義する上で役立つことが後でもっと記載されています）
●「別の意見」や各メンバーによる個人的な理解に基づく発言を受け入れる。この現象を取り巻く情報と解釈の幅は広大です。通常の場合、各メンバーは、それぞれの個人的な視点を持つ資格があることを認めることが大切です。そして、他者が表現した視点を批判することを避けるよう全員が努めることが重要です
●グループのために、専門的なセラピストとの連絡を試みる
●他のグループや、あなたの地域以外の組織に関する情報を入手できるか試みる。メンバーがグループを移動することはよくあることです。また、あなたのグループに参加できない距離にいる人々が、あなたのグループに助けを求めていることが分かるかもしれません
●財政的なコストも当然、考慮すべきです。携帯電話の通信費、コピー費、書籍代などのリソースに適切な費用がいくらなのか決めてください。この問題については、グループ内で議論すべきです。そうすれば、グループ全体に同じ責任が発生します。グループが発足した時点から実用性が重要なのです。さもなければ、いずれ混乱や確執が生まれるでしょう

●サポートグループが開設された経緯に関する情報を得るため、図書館を訪れてみることもいいでしょう

どのようなスタイルのサポートグループであったとしても、グループの目的やテーマを発足の時点から定めておくべきです。例えば、以下のような事項です。

●どのようなテーマについてディスカッションを行うのか？
●グループはどのような希望を持っているのか？
●誰が出席するのか？
●開催場所、宣伝、財政的な問題、一般的なルールを組織する際、誰が責任を負うのか？
●連絡係は誰にするのか、など

サポートグループがどのようなものであれ、その主な目的は、参加者が抱えている人生の諸問題について話す機会を提供することです。グループ内の人々は他の参加者の話を聴く準備をし、互いにサポートを申し出ます。グループのメンバーの全員が、何らかの同じ物事を経験しているため、検証と共感の両方を提供することができるのです。グループの他のメンバーによる批判を受けることなく、話を聴いてもらえ、理解され、受け入れてもらえる機会なのです。

一回目の会合では……

どのようなグループにとっても、最初の会合は難しいものです。人と会いに行くのには大きな勇気が必要です（これまで誰にも会ったことがないのならば、とりわけそうです）。事実、自分自身の人生の極めてプライベートな物事を実際にシェアすること、それ自体の経験が恐ろしいものなのです！　このことは自分にも当てはまることですから、ナーバスな感覚を覚えたとしても、それは大抵の人々が感じることで普通のことであることを覚えておいてください。皆があなたと同じように感じているのは確かなのですから。

これは面白いことなのですが、サポートグループに参加したことがある人の中には、グループに参加しているメンバーの中の誰かと前に会ったことがあると感じることがあるかもしれません。これは、かなりよく見られることなのですが、多くの人が、宇宙船の中でコンタクトを体験している最中に、誰かと会ったことがあると信じているのです。ある人にとって、グループに参加することに対する恐怖は、ＥＴから何らかの報復があるのではないかという恐れからくることもあるでしょう。そういった人々は、自分たちの行動をＥＴたちが把握していて、自分たちの行動を阻止するか、あるいは何らかの罰を与えるのではないかと感じています。

そういった感情を尊重することは非常に大切なことです。そして、そのような「報復」が起きた前例がまったくないと知ることも役立ちます。当初、こういった恐怖心を持っていたコンタクト体験者が、後になってETによる報復は事実無根で、何の被害も被ったことがないと私に教えてくれました。

あなたのサポートグループが進展するにしたがって、やがて誰もがどんどん情報をシェアするようになり、お互いにもっと快適さを感じるところまで達するでしょう。会合を最大限に活用したいと思うならば、計画を立ててほしいのですが、それはフレキシブルにするべきです。会合自体が、もっと幅広い計画を示すでしょうから。なりゆきに任せるのがベストで、情報が共有されることによって、自然に進展が起こるでしょう。

個人の物語が十分に検討されたとき、グループはコンタクト体験者をリアルタイムで見るようになるでしょう。例えば、彼らの人生で何が起こっているのか、彼らが遭遇した困難をどのように対処したのかなどです。どのようなサポートグループにとっても、将来にわたって定期的に会合を持つことは大切なことです。継続中のコンタクト体験のドラマは困難な場合があるからです。コンタクト体験の多くの多次元的な側面によってさらなる質問が励起され、それが絶えず人々に挑戦し続け、彼らに新しい認識をもたらします。サポートグループに参加するというプロセスが、新たな認識へのトリガーとして大いに機能するはずです。最終的に、パラダイム・シフトが起こって、それを受け入れた後でも、質問は続いていくでしょう。そして、個人的な開花が始まり、コンタクト体験というその現実が、もはや疑う余地がないところに達します。しかし、それがさらなる挑戦を生み、もっと深い質問への扉が開かれます。例えば、「これはいったい、何を意味するのか？」といった質問です。ゆっくりと、彼らは個人的な旅の中にいることを悟ります。自分が何者であるのか、それを理解するための旅の中にいることを。

新しい知覚と、変容した世界に対する検証と比較を提供する意味において、サポートグループと会合は計り知れない価値があります。コンタクト体験に対して同じような考えを持った人々のサポートが、自分自身の日々の生活の中に変容した世界を統合する上で助けになるでしょう。体験をシェアすることによって、自分は独りではなく、自分の体験を本当に理解してくれる他の人々がいることを知る助けとなるでしょう。

第8章
ETとのコラボ芸術！トレイシー・テイラーが描く異次元アートの超宇宙

ETコンタクトによる芸術表現、ヴィジュアル・ブループリント！

トレイシーの異次元アート

この章は、人生を通じて地球外生命体と意識的にコンタクトを行っている若い女性の物語を含んでいます。彼女は自分自身の体験について書いているのですが、これを読めば、彼女が描く幾何学表現や、複雑なアートワークを表現する上で地球外生命体の存在が手助けしていることが分かるでしょう。そのアートワークは、彼女が信じるところでは、人間の意識を目覚めさせるための触媒、あるいはトリガーとして作用します。それは私たちの起源や過去のみならず、私たちが何者であるか目覚めさせるためのトリガーです（巻末参照）。

私がトレイシーに会ったとき、彼女は20代前半でした。そのとき、彼女はコンタクト体験を心底理解しようとしていました。彼女は、はきはきとした明晰な若い女性で、自分の体験について質問を持ち、絶えずそれに対する何らかの答えを探していました。彼女は自分が精神病ではないかと恐れていたのですが、恐れや否定を伴わない誰かと話す機会を得たことにホッとしていました。何故なら、トレイシーが以前に自分の体験をシェアしたとき、歓迎されない反応を受けたからです。彼女は、ある有名な作家でありユーフォロジーの研究者である人物から接触を受け、その人物に自分の絵を見せました。彼は、その絵を見て「邪悪」であると言い、トレイシーに絵を描くのをやめるべきだと伝えました。このリアクションが、トレイシーを怯えさせ、さらに混乱させ、途方に暮れさせたことは理解できます。コンタクト体験者によって書かれたある本を読んだことがきっかけで、最終的にトレイシーはACERNと私に連絡を取ることができました。

彼女が言うには、トレイシーの最大のチャレンジは、自分の周囲の人間から自分の現実に対する拒否反応と付き合っていくことでした。困惑した彼女は、精神鑑定を受けようとしました。自分が病気ではないという証拠と、自分の拡大した世界を理解する術が必要だったのです。そして、彼女の精神は健全であることが証明されました。何人かの精神科を個別に訪れた際の診断だけではなく、8人の医師団による診断でも同じ結果でした。トレイシーは医師たちにオープンに語り、彼らに「その生物」の絵や幾何学的なアートワークを見せて、自分のヒーリング能力を開発してきた過程を説明しました。彼女は自分のコンタクト体験をワークやシンボリズムを通してだけではなく、異様な言語も用いて医師たちに説明しました。その異様な言語は彼女が感じとったもので、彼女がコンタクトを行っているETたちが自然に用いている言語表現です。医師たちは、彼女の体験を説明することはできませんでしたが、トレイシーが精神病ではないとする診断書にサインする準備を整えていました。トレイシーはこの診断を受けることによって、自分の体験に対する認識を高めるのに役立ったと感じています。

トレイシーは、自分の子供時代から大人になるまでに経験した物事の詳細について書いており、それが『ETコンタクトの芸術的表現：ヴィジュアル・ブループリント（Expressions of ET Contact, A Visual Blueprint?）』というDVDの中で紹介されています。彼女は驚くべき幾何学的な絵を描いていて、異様な言語の文字を書くだけではなく、幾つかの奇妙な言語を話すことができることが分かります。その言語の幾つかが同じビデオの中で紹介されていて、その文章やシンボルは目下、イギリスのゲーリー・アンソニーによって自主的に調査されています。ゲーリーは数名の研究者と共同で研究を行っています。彼のチームには言語学のエキスパートが二人、暗号解読のエキスパートが二人、霊的な言語に関するエキスパート、音声学のエキスパート、シンボルのエキスパートがそれぞれ一人いて、トレイシーの言語についてゲーリーと共に研究を行っています。

トレイシーは、自分が描いた幾つかの絵の意味を知っていると確信しています。自分のコンタクト体験から大きな影響を受け、異様なアートワークを生み出すための霊感を得てきた大勢の人々に私はこれまでに出会ってきました。それらのアートワークは、彼らが見た生物の姿だけではなく、奇妙な言語も含まれているのですが、その言語については、書いた本人もその意味について紙の上にその意味を書き出したり、声に出して正確に発音することができません。

その驚くべきアートワークを生み出したいという衝動はさておき、トレイシーが自分の人生の中で最も難しいと感じていることは人間として生きていくことです。そう感じる理由と、何故この惑星で起こっていることが彼女にとってとてつもなく異質であるのか、その理由を私たちに教えてくれました。そのようなフィーリングは、多くの現代の子供たちにとって共通に見られることで、「スターキッズ」と呼ばれています。トレイシーは、自分の体験を尊重するだけではなく、その体験を知性を用いて積極的に理解しようとする莫大な勇気を示しました。彼女は脳スキャンを含む伝統的・心理学的な方法を検討する準備ができていました。彼女は答えを探しましたが、伝統的な心理学が自分を助けることはできないと知りました。最終的に、彼女の答えの多くは「外側」からではなく、彼女自身の中から見つかりました。

トレイシーの物語には、簡単には説明できない、ある一つの明らかな謎があります。トレイシーは歯医者に検診に行き、歯を調べてもらったのですが、歯医者は彼女の歯はまったく完璧な状態であると言い、彼女は困惑しました。彼女は4ヶ所アマルガム修復をしていることを知っていたのですが、歯医者はそれを見つけることができなかったことに驚いたのです。トレイシーは、歯の金属の詰め物に何が起こったのか知りませんが、彼女の歯がコンタクト体験を通じて自分が知らないうちに変化したのではないかと考えています。これに似たような話を私は幾つも聞いたことがあります。それによって、身体的な病気や汚染が除去されたのです。これはまったく不思議なことです！

トレイシーの物語

幼い頃から、私の人生には不思議な出来事が、ほとんど日常的に起こっていました。宇宙船に連れていかれて、そこで奇妙なことがたくさん起こっている悪夢を見た後、疲れ切って放心していたものです。その夢がクレイジーな想像の産物以上のものであることを私は受け入れることができませんでした。それらの夢は、私の想像力豊かな心が生んだものなのだと、私の身近にいる人々は言っていました。小学生の頃、私には目に見えない巨人の友達がいて会話を交わしていたものです。今でも、その温かく大きな手が私を広場に導き、私に冗談を言っていたことを鮮やかに覚えています。

夜になると、別の訪問者がやってくることもありました。私はその訪問者を「サンタのおじさん」と呼んでいたのですが、彼が部屋に入ってきたとき不安と恐怖を感じました。そして、怖くて息もできずにブランケットの下に隠れていると、静けさと安心感が突然私を包み込んだのです。すると、自分が夜空に浮かんでいることに気がつき、私の周囲には何百万もの星が輝いているのが見えました。とはいえ、その生き物たちが私を連れ去りに来たとき、常に不安と恐怖を感じていました。それは、私の人間の部分からくる普通の反応で、何が起こっているのか、まったく分からないことからくるものでした。私の人間の部分が、その生き物たちを「サンタのおじさん」と呼ばせていたのです。私の恐怖は、「地上の世界」にある私の人間の側面からくる普通の反応だったのです。ですから、その生き物たちが私の寝室に入ってきたとき、最初は不安を感じていました。しかし、少し後になって、静けさの感覚が私を洗い流し、認識の拡大がやってきて、非常に複雑なコンセプトを自分が理解できたことに気づいたのです。

長身で灰色の生き物は、背の低い「ゼータ・グレイ」のような手術を行ったことは一度もありません。その灰色の生物たちは、とても特別な存在で、私は彼らを家族のように感じ、彼らと一緒にいるときは、まるで家にいるかのようでした。背の低いゼータ・グレイがやってくることを私はすごく恐れていました。何故なら、彼らが私に苦痛を与える何らかのことを行うことを知っていたからです。まず初めに、彼らに最初に会ったとき、身体的・精神的・感情的に、あらゆる意味で麻痺させられました。私は彼らとコミュニケイトするのが怖くてできなかったのですが、彼らと会う毎に彼らとのコミュニケーションは増えていきました。私が思うに、恐怖心がなくなって、受け入れやすくなっていったからだと思います。「祈るようなしぐさのカマキリのような生き物」（それはよくゼータと一緒にいたのですが）とゼータたちのことを理解し始めると、恐怖心はなく

ゼータ・グレイ

なっていきました。すると、私は彼らと自由にコミュニケイトできることに気づき、彼らが私を助けるためにベストを尽くしていること、何故彼らが人々をさらって手術をしているのかが分かったのです。

その瞬間から、私は鉛筆を握るようになり絵を描き始めました。それは私の情熱からの行為であり、自分の才能でした。静物画や風景画から描くことをスタートし、人々をじっと見ることによって、オーラを見る能力が発達していきました。しかし、数年後にこのテーマに関する本を読むまで、自分の目がおかしくなってしまったのだと信じていたのです。

15歳のとき、急激なサイキック能力と直感力の目覚めを経験し、自分の両手を使って人々を癒したいという強烈な感情を持ちました。しかし、私はそのようなことを一度も耳にしたことがなく、周囲の人々は私が過度に想像力が豊かになっただけだと思いました。長年の間、その能力を抑圧するのは自分にとって深い悲しみでした。周囲の人々が、私のことを常軌を逸した想像力の持ち主に過ぎないと信じ、私の主張に反対していたからです。

自分を自由に表現したり、他人ときちんと意思疎通することができなくなって、私は疑いと混乱というクレバスの中に落ちていきました。公立学校に通っていたとき、私は非常にシャイだったのですが周囲と打ち解けようと頑張りました。でも、私が自分の「普通ではない、ものの見方」を表現しようとすると、他の生徒たちから冷笑されました。あまつさえ、何人かの教師たちからすらも。

私が宿題で異様な短編小説や詩を書いたため、英語の先生は私がドラッグを使用していると勘違いしていました。教師たちはクラス全員の目の前で、そのようなクレイジーな話を思いつくのには、「何かしでかしている」に違いないとよく言っていたものです。これは私にはまったく我慢ならないことで、私は〝A〟の生徒から、矯正される必要がある反抗的な〝D〟の生徒に評価を変えられました。

私は自分の「内なる真実」を否定しました。他人に受け入れてもらうためと、学校生活のほとんどを耐えしのいできた残酷なイジメを我慢しなくてもいいように。

1996年に私はコンテストに勝ち、モデルとしてファッションの世界に放り出されました。内側の自分に対する無視とあざけりを経験した後に、私は自分の外観を受け入れられたのです！　私は自分の外観によって、受け入れられ、愛されることを感じました。しかし、内側では、秘密が構築され、不安は成長していきました。私はウソを生きていました。そうせざるを得ないように思えました。プロのモデルという職業は、感情的にも身体的にも絶えず葛藤を生むものであることが分かりました。自分が住んでいた家の中で、「スピリット」や人間の顔をしていない奇妙な生き物が私に見え始めました。見た夢は強烈で、時には不安と何が起こるか気がかりで眠れないほどでした。眠りに落ちてしまえば、身体検査を受けているか、あるいは奇妙な教室にいるといったような奇怪な夢が待っていました。

「灰色の生き物」は、大きな黒い目をしているのですが、彼らは時々テレパシーを使って、ホログラムの形式で絵やシンボルの描き方を教えてくれました。それらの絵やシンボルは、電気的なブルーの光のような、しっかりとした形で私の両手から幾たびも照射されました。そのような夜の後、私はエネルギーが欠乏し、時にはあまりにも疲弊しすぎて、朝ベッドから起き上がれないこともあったくらいです。私が絶えず病欠の電話を入れるため、モデルの代理店は懐疑的になっていきました。彼らに何と言ってよいのか、私には分かりませんでした。夜な夜な小さな灰色の男たちが私を誘拐し、私に手術を行っているなんて、とても私には言えませんでした！　ボーイフレンドにも打ち明けられないのに、ましてや雇い主は言うまでもありません。徐々に人間関係が困難となり、打ちのめされ、自分に起こっていることに罪悪感を覚えるようになりました。正直に言って、狂ってしまったと思っていたのです。

医者の所へ行き、私が被ってきた恐ろしい夢の影響について説明しました。カウンセリングを受け、それはせいぜい5分にも満たないものだったのですが、医者は単なるうつ病だとし、抗うつ剤と睡眠薬の処方箋を出しました。薬を飲むことに納得したわけではなかったものの、圧倒されるような体験をせずに睡眠をまともにとれるようになることに私は安堵《あんど》しました。

1996年のクリスマス、家族に会いに家に向かいました。ある夜、パースで祖母と一緒に滞在していたとき、眠る前に何かを書くべきだという強烈なフィーリングを持ちました。私にとって、それは異常な感覚でしたが、私はその衝動に従って情報を書きだしました。そのプロセスの中で私は起こっていることに対するコントロール力を失い、筆記が流れでるように見えました。次の朝、自分が書いたものの内容が理解できませんでした。私の意識的な理解力を超えた何かを自分が書いていたからです。文字通り、理解不能です。驚いたことに、その情報は私が人間の進化について教わってきたことすべてに反していました。その情報によると、人類種は、宇宙人によって創造されたというのです！　筆記にはまた、他の種族を生み出すために使われる人間とETの遺伝子操作に関する情報を含んでいました。

私はショックを受け、混乱しました。これまでにそのようなことを一度も見聞きしたことがなく、ETが人間のDNAを使って実験しているなんて知りませんでした。自分が信じていたあらゆることに完全に反することを何故、自分が書けるのか私には理解できませんでした。チャネリングについて聞いたことがありましたが、それに関する私の知識は限られたものでした。この自動書記の出来事は、「一回きり」のものであると思ったのにもかかわらず、もっともっと筆記をしたいという衝動を持ち始めした。後に続いた情報は、信じられないものでした。エイリアンと人間の交流、インプラント、多次元、スピリチュアリティ、人類種の創造、意識の上昇などです。そして時には、私は思いがけず、自分が「奇妙な言語」を話していることに気がついたのです。

1997年に、私は日本でモデルをやっていたのですが、夢はさらに鮮明になり、以前よりも恐ろしいものになっていました。独り暮らしをしていたため、自分の体験についてもっと深く調査する決心を固め、なぜ自分にこんなことが起こっているのか、その生物たちに訊ねる勇気を持ちました。驚いたことに、夢の形態や、筆記、自分の心の中の声として私は答えを受け取ったのです。最終的に地球上に住むことになる、もっと精神的に優れた新たな種族を生み出す進化のサイクルの一部になることを私が自ら選択したのだと教えられました。私はまた、人間の意識についてや、地球上で現在起こっている次元的なシフトに関する情報も受け取りました。それらの変化が私たちを支援しており、私たちの精神的な理解が高まるほど、もっと自由に「他の世界」にアクセスさせることを可能としています。その当時は、「他の世界へのアクセス」という情報が最も奇怪なもので、それまでに一度も耳にしたことがなく、それが自分にとって何が重要なのか分かりませんでした。

自分の体験に関する日記をつけていたのですが、ある朝、突然夢の中で見た、あるシンボルを描きたいという衝動に襲われました。そのとき、夜空にはたくさんの宇宙船が動き回っていました。そして、星が動いて、一羽の鳥の形になったのです。そのシンボルを描いているとき、私の手はまたもや何かに乗り移られたかのように見え、そして幾何学的なシンボルが描き出されました。それから2年にわたって、他の似たような絵やシンボルを私は描き終え、それには私の顕在意識からのインプットはほとんどありませんでした。実際、それを描く際に、意識の集中力が落ちるほど、情報の受信は容易となり、流れるように絵が描けました。それはまったく奇妙なことで、どうして自分にそれができたのか分かりません。日本から帰国後、私は家に帰り、結局モデルの仕事は自分には向いていないと感じました。それはあまりにも表層的だと感じたのです。現在、私は以前感じていた恐怖の多くを克服できたと感じていて、既知の現実を超えて、より深く自分自身を見つめるようになりました。日本で過ごした月日が、私に現実に対する新しい理解を与え、もはや自分の体験を否定しなくなりました。私は新しい意識を得て、それに加え、その現実に関する物理的な証拠を持っています。私の身体の上に現れる模様などがそうです（そこにどうしてそのようなものが出たのか私には分かりません）。調子が悪い腕時計が、私が身につけている間だけ正常に動作するなど多くの物事が起こり、それを理解するのがものすごく難しかったです。その上、私とエイリアンたちとの交流は継続していて、それに対する自分の恐怖を克服しなくてはならず、それに加え、他の人が自分のことをどのように思っているのか心配していました。

最終的に、何年にもわたって自分に起きてきたことをボーイフレンドと家族に話す決心をしました。私の正直な告白は、疑念をもって裏切られました。注目を浴びたい人間だと見なされ、現実逃避が目的であると思われたのです。私の解釈は、ますます希望を失い、再び自分の体験に対する自問自答と精神的な健康に疑念を持ち始めました。孤独と羞恥心による責めは耐えがたく、ときどき自分の人生を終わらせることを考えました。誰も私が自分に起こっていることを理解しているようには見えず、私も自分が狂ってしまったのだと本心から思いました。それから私は自分を完璧に正気だと言ってくれた精神科医に会いに行きました。その医師が言うには、私はただ、想像力が過度に正常なだけだということでした。私はうつになり、混乱し、自分自身に対する疑いで心が一杯でした。

ある日のこと、私は本屋でコンタクト体験に関する本に手を伸ばしました。それはある女性のソーシャルワーカーの手による本で、彼女のコンタクト体験に関係しているETについての本でした。

お金に余裕がなかったのにもかかわらず、その本を買いたいという強い欲求を感じました。その後の数日間、私はその本に釘付けとなり、その本の中の体験の多くと自分自身の体験が共鳴している様に驚きました。私の中で希望が閃き、これが「自分は、もう独りではない！」と気づいた瞬間でした。

驚くような偶然があり、その書店でその本の著者と会うことができ、彼女がメアリー・ロッドウェルと連絡を取ってくれました。その後の一度のミーティングが私の人生を変えたのです！　メアリーとの出会いの中で、自分は独りではないと気づくのと同時に、自分の体験にオープンになって、それを受け入れる術を私は学びました。私はメアリーが運営するサポートグループに参加したのですが、参加者の全員が、いたって「普通」の人々であることを目の当たりにできたことが私にとって驚きでした。

サポートグループとのミーティングの後、私は、ある夢を見ました。その夢の中で、透明な材料(アセテート)の上に描くことができる幾何学的なシンボルを幾つも複写するように言われました。それらのシンボルは、様々な配列によってすべてが一つに合体するようにできていました。驚いたことに、本当にすべてのシンボルが合体しました。私はそれらのシンボルをサポートグループに持っていき、多くの人々がそのシンボルに引きつけられるのを感じました。そして、グループのメンバーたちは、どうやってそのシンボルを組み合わせたらよいのか私に示し、各々別々のやり方でシンボルを合体させてみせました。

そのグループの中の私の友人たちは、それらのシンボルを以前にコンタクト体験の中で見たことがあると言っていました。別の若い男性が、彼独自のシンボルを幾つか描いてみせました。その幾つかは、私のものと非常に類似していました。古代のシンボルや神聖幾何学を研究している別の女性がそのシンボルを見たのですが、彼女はそのシンボルの幾つかを認識でき、私たちのために解釈してくれました。彼女が言うには、そのシンボルの幾つかが世界中の古代の寺院やピラミッドに存在していて、その多くはシリウスのような星系に関連を持っているそうで、私はそれらのシンボルが古代文明と地球外生命体との関連性を図で示していることを思い出しました。

シンボルの一つは、数年前に現れたクロップサークルに似ていました。フランスのある研究者が、シンボルの幾つかがアステカのピラミッドの中で見つかったデザインに似ていると言っていました。これらのすべての情報は、私にとって画期的なニュースでした。以前は、自分が描いたものが何なのか確認する方法がなく、それはすべて私の想像力によって生まれたものであると信じ込むよう生きてこなくてはならなかったからです。加えて、私には一度も聖なる遺跡を訪れたことがなかったため、これらの情報は私にとって大きな証拠だったのです。

それから、私のような別の女性と会ったのですが、彼女が私のとは異なった「奇妙な言語」を流暢に話すことができることを知りました。その上、彼女は私が書いたものと非常に類似した異様な文章も書いていたのです。

私が22歳のとき、エイリアンの宇宙船に乗って外宇宙を訪問したり、エイリアンたちが私に外科的な手術を行うのを見るといったような出来事に出くわすのに我慢していました。そのときは、コンタクト体験と自分との関連性に気づいていませんでした。そして、従来的な考え方を超えて、私は探求すべきであることに気づきました。私は人生を通じて、ずっと人間ではない生物との交流を持っていたのです。その気づきが、私を永遠に変えることになる、壮大な旅へと私を駆り立てました。

私が覚えている限りにおいて、それらのETたちとのコンタクト体験はずっと続いています。大半の人々が「奇妙」であると考える経験は、私にとっては日常茶飯事以外の何ものでもありません。子供の頃、背が高いグレイとの夜の交流の後に疲れ切って朝目覚めることがよくありました。彼らは知的な存在で、彼らに一種独特の家族のような親近感を覚えていました。あるとき、彼らの宇宙船に搭乗したことがあるのですが、完璧な快適さを感じました。それは地球上のどんな環境よりもずっと快適だったのです。その体験の結果、多くの幾何学模様を描きたいという衝動に駆られました。その幾何学模様は、多くの点で文字通り互いに結合しました。

それらの絵と絵の組み合わせは、人類とETとの間の重要な関係性を表現していて、それと同時にET起源の数々のテクノロジーの仕組みを例証しています。絵の中には、様々な古代文明のテキストに関連している文章を意味しているものもあります。これらのものは、現在、人類がもっと壮大な世界と自分たちの真の起源に気づこうとする段階に来ていることを示しているのです。また、これらのものは、議論の余地があるものの、星間旅行や星間通信といったような高度なテクノロジーに関する抗しがたい魅力を持った情報を示しています。それらのものはまた、エジプトのピラミッドに関する真実や、数多くの隠されたテクノロジーに関わる知識が含まれています。それらのテクノロジーは一般には知られていない地下政府組織によって大衆から隠されていると私は信じています。

アートワークは、コンタクト体験の間や、紙の上にペンを走らせたいという圧倒的な衝動となってやってきます。それが起こるときは常に、私の手は強力なフォースに支配され、顕在意識からのインプットは絶対に伴いません。完全に自分の身体が乗っ取られたことは一度もなく、トランス状態になるわけでもありません。ただ、自分から中断する必要があるだけです。何度か、自分が描いているものに作為を加えようと試みたことがあったのですが、そのときは私の手はストップし、自分の意識によるインプットとコントロールを放棄するまで絵を描き終えることはできないことが分かっただけでした。シンボルを描き終えた後、私は通常、象形文字のようなタイプのパラグラフを受け取るのですが、その文字がヒエログリフに似ていると言う人もいます。その文章は、絵の解釈や意味を表していて、理解しやすくなるように英語に翻訳したり、後で参照するためのものです。

情報や絵は、私が信じるところでは、様々な地球外の存在からやってきたものです。通常は、「幾何学的な存在」あるいは「クリスタルの存在」と私が呼んでいる者たちからやってきます。彼らの見た目がそのようなので、そう呼んでいます。

彼らは、クリスタルのような半透明の驚くべき性質を持っていて、絶えず動いて変化する「顔の中の顔」を見せることがたまにあります。多くのコンタクト体験者によって目撃される一般的な生物とは異なり、彼らは明らかな携帯物を持っていませんが、その代わりに、強烈な光を発散し、無限の叡智《えいち》という強力な存在感を持っています。彼らの一人ひとりには、結合されたエネルギーの身体が存在し互いにつながっていて、その統合された形態は太陽系や銀河系といった広範囲にわたっています。私は彼らを「祖父のような存在」と呼んでいます。彼らは、一つのエネルギーの身体の中に入って評議会の中で活動していて、その評議会には進化し高度に発達した様々な種族が含まれています。そのエネルギーの身体は、意識という統合された領域を支配する上で安定した統治力を持っていて、その意識の領域は、特定のフォーカスを持っている、つまりこの宇宙のあるエリアに関係しています。それは高い周波数で共鳴していて、すべての存在と結合したとき、「ユニバーサル・マインド」と呼ばれるものを形成します。その「マインド」は、すべての生命の中の、あらゆるところに存在していて、無限の情報と知識を含んでいます。この宇宙のすべてのものは、同じ物質が異なったハーモニクスで共鳴していて、ETたちは私たちすべてを介在して、素粒子レベルの直接思考によってコミュニケートすることが可能です。

それを行うことにより、「幾何学的でクリスタルのような形態」の中にいる生物は、人類と理解可能なレベルでコミュニケートができるのですが、潜在意識と直接交流することによってもコミュニケートすることが可能です。そして、そのコミュニケートは簡素化されたコミュニケートの形態として顕在意識によって解釈されるのです。私が示してきた幾何学的な絵の中にある象徴表現がその一例です。それらの絵は、人類の意識を反映したもので、彼らは宇宙の家族と人類との間の絆を私たちが理解する助けとなるよう意図されています。それらの絵に注意を向けると、クリスタルのような幾何学的な特徴の詳しいイメージと、その中にある幾つもの顔が示されていることが分かるでしょう。

大宇宙の本質とコミュニケートすることを意図したメッセージが絵の中にあります。私たちは、自分たちがすでに知っていることを思い出そうとしています。その目的は、非線形のスペクトルの中の新しい方法で、生命や宇宙を見るためです。それにより、私たちは自らの内的な叡智と気づきにつながることができるようになります。直線的な時空を迂回することによって、私たちは自らを経験することが許されるのです。すべての生命と深くつながっている自分を。

私はこれまでに、何種類かの「ゼータ・タイプ」を含む、実に多様なタイプの生物たちを見て、一緒に働いてきました。それらの小さな仲間（よく、グレイと呼ばれています）は、人間から多くの敵意とネガティブなイメージを受けています。大勢の人々が、ゼータたちは人類に危害を加え、混乱させようとしていると確信していて、私もかつてはそのように感じていました。しかし現在は、それは私の制限された知覚と恐れからきたものであることに気づいています。恐れによって、もっと大きな真実を理解する妨げになっていたのです。ゼータ・タイプの多くの種族が存在しているのですが、私たちにとって有害で残酷だと認識するようなことを行う者たちは、ごくわずかしか私たちのコンタクト体験を通じて知覚されていません。グレイ・タイプの種族のすべてが、そのような残酷な振る舞いを行うわけではないのです。ゼータたちが今、地球を見渡したならば、彼らは戦争や大勢の人々が引き起こした恐ろしい破壊、自然環境の荒廃などを目の当たりにするでしょう。私たちは、皆、同罪であると容易に想像することができます（例えば、破壊や暴力など）。私が思うに、ゼータたちは、ただ私たちと同じように生き延びようとしているだけで、彼らは私の意思に反する何ものもしていません。それは常に私の選択の結果であり、そして私の理解では、その選択は他の存在からも尊重されています。

ゼータという存在は、人類の進化の中で大きな役割を演じています。私たちの存在の「より濃密なレベル」の中で、私たち自身について教えているのです。彼らは鏡を抱えていて、私たちの多くは恐怖心から自分たちが見ているものを調べることを拒絶しているのです。彼らのエネルギーとその存在は、私の絵を通じてやってきていて、過去の地球に対する影響や、彼らの進化が私たち自身と直接的につながっていることを示しています。人類が、もっと高次の振動レベルに移行すれば、ゼータたちは仲間に見えてきて、恐怖の対象とはならないでしょう。また、私たちはもっと精妙なレベルでETたちを知覚し始めていて、それは私たちが彼らの存在の領域に移行しているからなのです。それが起こると、ゼータたちは別段めずらしい存在ではなくなります。

私が赤ん坊の頃から9歳の頃まで会っていた背の高い灰色の生物には、常に家族のような親近感を持っていました。彼らは私を宇宙船に搭乗させ、私はその中で気の向くままに歩きまわり、自由に彼らとコミュニケートすることができました。彼らに独特の親しみを感じ、身体的な違いを簡単に忘れることができました。障害がなく、私たちはまったく対等だったのです。彼らは信じられないくらい温和な生物たちで、テレパシーでコミュニケートを行い、高度なヒーリング能力を実際にやってみせてくれました。彼らが星間旅行を行うためのテクノロジーを持っていたことも覚えています。彼らは私を他の星系へと連れていき、私はそこで精神性が高度に発達した様子や様々な惑星の生物の習慣を見せられました。

宇宙船に搭乗しながら、私は大切な役割を持っていることを思い出しました。私は複雑な宇宙地図を用いて旅行者を助けていました。その地図は、私の思考を通じてホログラフの形態へと投影されているように見えました。自分が頻繁に複雑な思考プロセスを使っていたことに気づいたのですが、それは地球上のどのような表現をもってしても説明できないもので、私たちは直線的な空間と時間の法則を無視する概念についていてテレパシーでコミュニケートすることに従事していたのです。光の壁を超える星間旅行を体験していて、そこでは宇宙船は非線形の周波数で作動し、ものの数時間で数千光年の距離を移動することができました。

宇宙船に搭乗していたときに、私がその情報を知る方法に非常に驚きました。努力することなしに、その知識が流れてくるのです。あたかもそれが第二の自分であるかのようでした。それ以来、自分がとても幼い頃からその情報にアクセスしてきたことを理解しました。宇宙船に乗っているとき、私は意識をシフトさせて、思考の量子フィールドから情報にアクセスしていたのです。その変容した状態にある間は、地球上にいるときに通常潜在意識や無意識の中に隠されていた自分のマインドの領域とやりとりをすることができました。宇宙船を去って、地球に戻ることにとても困難を感じました。いつも、不慣れで制限された世界に戻るのだと感じていて、あたかも、その「別の環境」の方が遥かに快適だったかのようでした。

「お祈りするカマキリ」と呼ばれている存在に強く親近感を覚えていました。彼らは大抵の場合、とてつもなく長身で、2メートルから5メールもありました。彼らには頭の両脇から突き出した巨大な昆虫の眼がありました。彼らの奇妙な外観を受け入れることに私は努め、その偉大な存在たちから人類に関する多くのことを教わりました。彼らはとんでもなく古代から存在していて、信じられないような叡智を持っています。ゼータ・グレイとのコンタクト体験の最中に彼らはよく目撃されますが、その訳は私たちがゼータたちを理解することを助け、もっと私たちと親密に働くことを可能にするためです。

このカマキリのような生物は、驚異的なヒーラーで、介入が必要とされるときに多様な方法で地球を支援していると言われています。彼らの叡智と理解は、頻繁に私のアートワークから流れ出てきます。私が感じるところでは、それは私たち人類の進化に重要な関連があります。彼らは進化した存在で、前に言及した評議会の中でクリスタルのような存在のそばで働いています。これまでに、カマキリのような生物の若者や新生児と自分が一緒に働いていることが分かっています。彼らは私とまったく同様に好奇心に富んでいて、私たちはお互いに学んでいるようでした。彼らは生まれながらにして先代の知識を持っていて、その知識は遺伝的に受け継がれます。しかし、彼らが先代から与えられた知識を理解するための叡智は、人間と交流することによってのみ獲得することが可能なのです。

何千年もの昔、ピラミッドの設計者たちがオリオン星系と呼ばれている宇宙領域からやってきました。その生き物たちは、「ライオン型生物」の大元《オリジナル》となる存在で、シリウスからやってきた「猫のような生物」の先祖です。その「猫のような生物たち」はオリオンの「ライオンのような生物たち」と同じタイムフレームで生きてコミュニケーションを取っていて、「ライオンのような生物たち」は、宇宙の叡智の戦士として私の絵を通じてよくやってきます。彼らはライオンに似た特徴的な顔をしているという明白な理由で「ライオン型生物」と呼ばれています。彼らは美しく穏やかな顔だちをしていて、猫のような瞳と、金色やオレンジ色の鬣《たてがみ》を生やしています。彼らは私たちの祖先につながるカギを持っていて、思考を通じて容易にコンタクトすることができます。彼らは、もともと創造を観察する目的で古代よりオリオン星系から私たちの地球にやってきています。彼らはエジプトや地球上のあらゆる所に存在している

ライオン人間

ピラミッドを活性化する目的を持っています。そして、シリウスからやってきた「猫のような生物たち」は、ピラミッドの卓越した建設者でした。「猫のような生物」は、オリオンのライオン人間たちの子孫なのですが存在の異なった領域で活動しています。シリウスの「猫のような生物たち」は、複雑で物理的な構造物を建築することができる物理的な存在です。オリオンの生物たちは、時空を超越した非物理的なスペクトルの中に存在していて、ピラミッドのような壮大なモニュメントのデザイナーです。

ピラミッド建設に関しては多次元的な側面があります。例えば、シリウスの「猫のような生物たち」は人類と交流したのですが、彼らは「ライオンのような生物たち」を称えています。大勢の人たちが「猫のような生物たち」を知っていて、彼らのことを物理的な現実の中で卓越した存在であると見なしています。ピラミッドの建造には、他にも多くの生物が携わったのですが、最も顕著な関わりを持っていたのは「猫のような生物たち」でした。彼らはピラミッドの非物理的な設計図を持っていたオリオンにいる自分たちの先祖と直接的なつながりがあったからです。地球が比較的、手つかずであった期間、「ライオンのような生き物たち」は、地球のエネルギーに集中することができました。その結果、この肥沃な惑星は何千光年も離れた他の惑星に住む多くの種族のニーズに適応するよう、その強力なエネルギーをシェアすることができました。その生き物たちは今、宇宙の至る所で類似したエネルギーの活性化を支援するため、他の惑星系に拡散しています。人類の起源と強い結び付きがあるが故に、彼らはメッセージを伝えるために度々ここにやってきており、そのメッセージが私の絵の中に描かれています。

私はまた、ある古代の存在についても教えられていて、その存在は古代エジプトの神ホルスとして以前は知られていました。ホルスは私たちの過去に関する重要なもう一つのカギです。私はいつも、その存在に対して重要な関係性を感じていて、17歳の頃に初めて彼に会いました。その経験の中で、彼が私の前に現れたとき、私は地下の洞窟か通路にいて、彼はテレパシーで自己紹介をしてくれました。彼は、自分はこの惑星では一般的にホルスとして知られ、時には「翼を持つヘビ」、ケツアルコアトルとも呼ばれていると言っていました（これは、アステカの人々が彼に名づけた名前です）。彼は私の隣側に立っていて、その顔の左半分側だけが見えました。それは古代エジプトの絵にソックリでした。その大きくてパワフルな眼を私はハッキリと覚えています。そして、それが私のすべてのレベルを貫くのを感じました。彼は空中に浮かんでいて、地下の回廊を壁に沿って移動しました。彼の視線の先の壁は、様々な種類のヒエログリフで覆われていました。ヒエログリフの中に語られているメッセージは、私の生涯を通じて解き明かされると伝えられました。私たちは移動するのをやめ、そして彼の開いたクチバシから、ヘビのような舌が垂れてきました。彼は舌を使って岩の上にシンボルを描きました。シンボルを描き終えると、彼は私をそのシンボルの所に引き寄せました。すると、そのシンボルが非常に大きくなったのです。自分が地面の上にいて、二つの同心円の中にある三角形を見ていることに私は気づきました。遠くには平原が見え、ロッキー山脈の背後から太陽が昇っていました。3本のチューブ状の金属の棒が空から1本ずつ降りてきて、金属がぶつかる大きな音を立てながら内側の円に合体しました。同じようにして、別の3本の棒が降りてきて、外側の円に合体しました。強烈なエネルギーの波が私を包み込み、ベッドの上で私は揺り動かされ目が覚めました。この体験がもとになり、幾何学的なシンボルやメッセージを通じて、チャネリングする私の能力が開発されたのです。

この地球外の存在は、私たち人類の歴史を通じて、文化面において地球に強力な影響を与えてきました。彼はメッセンジャーのように見えました。進化の一環として、この地球の私たちの意識の内部に「種《たね》」を播くためにやってきたメッセンジャーです。彼は何度も私たちが潜在的に持っている高度な能力を見せてくれました。そのような理由から、私は彼を「意識の設計者」と呼んでいます。宇宙における彼の役割として、私は自分が描いた着色されたシンボルの一つに「意識の設計者」という名前を付けました。

一般的に「ヒューマノイド」と呼ばれている、見た目が非常に人間に似た地球外生命体も存在しています。何度も言いますが、精神面と技術面で異なったレベルにある多くの多様な種族が存在しています。ヒューマノイド種族の多くは、技術面で人類より優れています。地球上で、人類に紛れて活動しているヒューマノイド型のETが何種類か存在していますが、彼らは事実上、人類に気づかれていません。彼らもまた、私たちに興味を持っています。私が交流しているヒューマノイド種族たちは、テクノロジーの抑圧と、惑星上の種の大量絶滅について懸念しています。仮に抑圧されているそれらのテクノロジーやエネルギー・システムが解放されれば、私たちは貧困をなくし、生態系を保護することができると私は教わりました。そのようなテクノロジーの幾つかが、私の絵の中で描かれており、汚染をまったく発生させることがない「ゼロ・ポイント・エネルギー」に関するつながりを理解できる選ばれた人々によって解釈することが可能です。そのような無公害のエネルギーは、地球の生態系を脅かすことのない、様々なリソースから得ることができます。

私が定期的に交流を持っている、アルクトゥールス人や、プレアデス人のようなETたちが何種類か他にもいて、彼らはアンドロメダから来ています。その信じられないようなライト・ボディから、彼らはよく天使と間違われます。彼らはまた、人類種のある種の未来のヴァージョンで、私と交流しているとき、彼らの身体からは光がにじみ出ています。彼らは常にメッセージを吹き込んできて、それは私のアートワークや幾何学的シンボルを通じてもたらされます。彼らは人類が選択する道に関心を持っていて、慈悲の心をもって私たちを辛抱づよく観察しています。そして私たちが自滅する前に目覚めることを望んでいます。それでも彼ら全員が人類に干渉しないと、ハッキリ宣言しています。世界的な平和と平穏を選択する責任は、私たち自身にあるのです。

４年の歳月をかけて６枚のカラーの絵と、11枚のモノクロの絵を私は完成させました。７枚のモノクロの絵を描きあげた後、ＥＴたちと強烈な遭遇をしました。彼らは、ホログラフィック・イメージに類似した、一連の視覚的なヴィジュアル・イメージを用いてコミュニケートしてきました。自分が描いた絵に大きな意義があったことは私にとって明白でした。透明な素材を使って絵のコピーを作り、それらの絵をすべて互いにつなぎ合わせると、ある重要な宇宙的な事柄を示しているのだと教えられたのは、そのときでした。前に述べたように、透明な板に絵のコピーを作り、様々な組み合わせ方で実際に絵が組み合わせることができることを発見しました。例えば、別々の三角形が完全に同じ角度で互いに組み合わさるのですが、その角度がビックリするほど正確に一致するのです。絵はフリーハンドで描いたもので、別々の期間に制作したのにもかかわらずにです。

このことが起こった後に、メアリー・ロッドウェルに会ったことが、私にとって大きなターニングポイントでした。メアリーの助けによって、私は自分の体験を認識し受け入れることができました。そして自分はこの体験の中で独りぼっちではまったくないということを彼女は教えてくれました。サポートグループに参加しているとき、複数の絵とシンボルを組み合わせるのを他のメンバーに助けてもらっているあたりで、私は「評議会のメンバー」と遭遇し、その存在は絵を3Dフォーマットに変換する必要があると伝えました。もし可能であれば、コンピュータを利用して、絵の中に含まれている情報にアクセスするためにそれが必要だとその存在は伝えました。

それらのシンボルが引き金となって、地球外起源であると私が信じている複数の言語を話せるようになっていることに気づきました。私は目下のところ、それらの言語について学んでいるプロセスにあるのですが、その言語を英語に変換する必要があるとの情報を得ています。私は文章を書き終え、その言語を使って無意識に日用品に名前を付けていることに気づき、ハッとしました。意識的にその言語を学習することなしに、話すことができる能力は、私が思うに、そういった存在たちと交流している人々によく見られる特徴です。それは、一般的に、星の言語、「スターランゲージ」と呼ばれています。

私が信じるところでは、それらのシンボルの多くが世界中の古代文明で使用されていて、色々な星系と関連付けられています。世界中で見られる謎めいたクロップサークルのデザインと強い結び付きがあるのですが、クロップサークルとは地球外生命体が私たちとコミュニケーションをするための方法の一つなのかもしれません。また、私の絵の中には電気的なシンボルがあるのですが、それはエネルギーや代替エネルギーに関係があります。あるものは、地球上の重要なエリアに関係する座標や、複雑な数学的方程式が含まれています。カラーの絵の周囲にあるキーワードは、その意味の一部を説明するために書かれています。

絵は壮大な宇宙的結合を描いていて、それはすべての知的生命体によって認識可能な「ユニバーサル・ランゲージ」という形態をとっています。幾何学やシンボリズムは、先祖の記憶を呼び覚ます強力なトリガーとして作用し、その記憶はDNAの内部や私たちのマインドの様々なレベルに存在しています。「宇宙のコミュニティ」に私たちが公式に加わる前に、思い出すべきことがたくさんあります。人類は第一に、不必要な恐れと敵意を捨ててETたちとコンタクトし、交流を始めることを可能とさせる大いなる目覚めに達する必要があります。大勢の人々が宇宙と私たち自身の真の性質であると理解している時間と空間は幻なのです。

今、私はエネルギーとさらに意識的につながっていて、それによってシンボルとメッセージを完成させることができます。個人的な成長を加速させるトリガーとして作用すると思われるイメージや幾何学的シンボルの創造のための準備を行っています。それには幾何学的なコード化が含まれていて、それは個人の遺伝的遺産と相関性を持っています。個別化された存在として、私たちは無限にコード化された幾何学的情報と調和振動数から構成されていています。これは普遍的に存在するもので、究極的にはすべての生命の意識と互いに結び付いています。私たちは皆、それに異なった反応をし、自分自身のペースで成長していて、私たちの種族の進化と歩調を合わせていきます。簡単に言うと、私は今、個人が利用するための特別な絵を描くことができます。私はその絵を「パーソナル・ブループリント」と呼んでいます。その絵は、地球外に存在している自分たちの起源へと個人をつなげることが可能で、内的な能力と理解を呼び起こし、深遠で新たなリアリティを開くトリガーとなります。

多様性と学びを提供してくれるものの、地球という惑星は私にとって常になじみがたい印象を私に与え続けています。折に触れて、人生は私にとって極度の困難を伴いました。とりわけ、周囲の人々が私の体験と私の物の考え方を受け入れてくれないと悟ったときがそうでした。それが自分の正気と自分が体験した世界へと疑問を呈することを私に強い、時には自殺が脳裏をよぎりました。何年間にもわたって、精神科医や心理学者のもとを訪れました。数えきれない精神的・身体的な検査に加えて、CATスキャン、EEGスキャンを受けてきました。いかなる脳の異常も、精神上の問題も、いっさい見つかりませんでした。そして、私に起こったようなコンタクト体験が、何故こんなにも大勢の人々に起こるのかという質問に対して、いかなる従来的な説明もつきませんでした。そのため、私は答えを「内側」に求める必要があったのです。このプロセスは、私の現実の一部として、子供の頃からずっと続いてきたETたちとの関係を私に認識させました。

今、私はアートワークの作成を進めていて、その意義を深く理解しています。私は真の目的意識を感じています。何故なら、それらの絵が私たちの惑星の大いなる秘密に、待ち望まれてきた光を投げかけるかもしれないからです。私の絵を見た何人かの人々の内部に起きた変容を私は目撃したのですが、それらは信じられないくらい感動的なものです。私が感じるところでは、今日の社会にとって、地球外生命体の存在と、人間とETとの間の交流を認識する必要性が本当にあります。今、それが起こる必要があり、名乗り出て、耳を傾けてくれる人々を教育してくれる人を私は応援しています。

＊　＊　＊　＊　＊

トレイシーは、「スター・チャイルド現象」についても言及しています。

それについては、次の章で綿密に紹介しましょう。差し当たって、彼女の理解は以下の通りです。

多くの物理的な変化が、宇宙的に目覚めている子供たちの中で起こっています。そういった子供たちの身体は、人間の子供といった観点から見て強さを持っています。彼らは、宇宙人のＤＮＡのパーセンテージが高い子供たちなのです。彼らのＤＮＡの分子構造は、一般的な人々のＤＮＡとは異なった配列をしていて、細胞など、あらゆる組織が通常よりも速い振動率に身体が適合するようになっています。すべてが加速され、それには免疫システムの反応も含まれています。ＤＮＡは、すべてのタイプの「外部の有機体」を識別できるようにコード化されているからです。

身体の免疫反応は、すべての細胞内に連鎖的な反応を自動的に生み出し、そうすることによって攻撃的な有機体を統合します。これが普通の人間にとっては通常、病気の原因なのでしょう。しかし、その反応において外部の有機体であると身体が認識することによって、病気は完全に克服されます。それを外部のものとして身体が自然に形質変化を起こすことで適合するからです。スターチャイルド、スター・チルドレンたちは、光の身体を持っていると言われています。それは通常は光のようには見えないのですが、光の身体が彼らの身体の一部となって、そのシステムと統合されたとき、それは光になるのだそうです。

スター・チルドレンたちのＤＮＡは、通常の人間の身体と比較した場合、10倍の情報量を持っています。テレパシー、時空の操作、非言語的なコミュニケーションなどは、そういった子供たちによく見られる能力で、彼らにとっては、自然に備わっているかのようです。彼らの物理的な構造に関するすべてのものが通常より高速です。より速く振動し、より効率的です。脳の回路を流れる情報の速度が速くなるため、彼らの学習スキルや能力は極めて高度なものとなります。それにより、彼らはフォトグラフィック・メモリー（完全記憶）を持ち、運動神経が異様に良いと言われています。

人間が理解している直線的な時間のフォーマットは、彼らにとっては無関係で、その能力によって彼らスター・チルドレンは、記憶へのアクセスが強化されるのです。時間的な期間という意味では、記憶は強化されませんが、経験という意味での記憶は、人生を通じて継続します。彼らは、より高度な認識へと直接的につながっていて、それが強化された身体（DNA構造）として現れ、機能しているのです。

彼らの身体は幼少の時期において、まったく食物を摂らなくてもよいため、栄養に関係なく、純粋に味だけで選んで何でも食べることができます。彼らの身体は、外的な有機体やエネルギーを栄養に変換する能力を持っていて、その栄養が彼らの身体機能を高め、卓越した成長を可能とします。彼らは、食べるとすれば、大半はベジタリアンです。

スター・チルドレンは、すべての物事に関して極度に感受性が高いです。感情が直接的な思考や意図を持ってこの世界へともたらされたとき、彼らの感情体はバランスします（感情は、彼らにとって異なった役割を持っています。彼らの多くがどこからやってきたのか、私たちとは異なっているのと同じです）。彼らが生まれたとき、母親の意識に強くつながろうとする傾向があります。それによって、彼らの「地球」と適切な安定性を得る上で助けとなります。そういった子供たちの感受性は、どんなふうに母親が感じているかを正確に把握していることを意味しています。すべての人間が、感情のエネルギーを安定させ、抑制できるわけではないため、子供は感情の反応パターンを学びます。人生の早い段階で、それに対処できなければ、後に問題を引き起こしかねません。

スター・チルドレンにとって、自分自身を信頼することと、自分が知っていることを学ぶことは重要です。それは他人の意見に依存しなくなるためであり、他人の意見とは通常、感情に基づいています。同様に、自分自身の思考と他の人々の思考の区別をすることも彼らにとっては重要です。自分が何者であるのか自信を持ったとき、それは自然に訪れます。他人の感情が、感受性豊かなスターチャイルドの人生に大混乱を引き起こすことがあるため、彼らが自分自身を表現し、自分が何者であるかに気づき、どうあるべきか選択することがとても大切なのです。他人の不安的な感情エネルギーから切り離すことは、非常に重要です。

また、スター・チルドレンは、優れた精神能力と分析能力を持っています。霊的な理解とバランスした、自身と宇宙との精神的な理解が、人類を大きな進化に導くのかもしれません。この惑星のために。通常の人間が経験するような意識的なマインドを用いた精神能力以外に、スター・チルドレンたちは、マインドの質が悪く、根拠のない騒音を迂回し、優れた明晰な意識をもってダイレクトに潜在意識につながることができます。それによって、「ハイアーセルフ」や「超意識」と呼ばれるものに接続するのです。スター・チルドレンの精神能力には、加速された論理的な理解が含まれていて、それが霊性と調和したとき、霊的な法則を利用して時空を操作することすら可能になるかもしれません。スター・チルドレンが、偉大な宇宙的叡智と意識を持って生まれてくるのは極めて自然なことです。彼らは、たとえそれが粗野でどこか間違っているように見えたとしても、すべてのものの中に宇宙的な叡智を観る力を持っているのです。彼らは光と慈悲を発する力を持っているのですが、それは超然とした態度をとっているように勘違いされることもあります。スター・チルドレンは、言葉にするもの以上のものを見ているのですが、それは言語を通じて十分に表現できないからです。それがスター・チルドレンがしばしば創造性を持っている所以《ゆえん》です。なぜなら、それが彼らにとって他の方法では示すことができないものを表現する手段だからです。スター・チルドレンは、「創造的なセンス」という意味合いで自身を表現する必要はありません。なぜなら、それは生来的な才能であって、すべての生命と彼ら自身への敬意をもって伴っているものです。

彼らは、宇宙と「つながっている」という大いなるフィーリングを持っていて、それは彼らの理解を通じてもたらされるものであり、その理解とは、自然へのつながりや、彼らのリアリティの中に存在しているすべての生命とつながっているという理解です。スター・チルドレンは、お互いに深く触れ合うことができます。彼らはお互いを認識し、絆を築きます。彼らは他の人の「内なる光」を認識することによって、それを行うのですが、すべての存在はその「内なる光」からできているのです。彼らには、すべてのエネルギーの形態を認識し、共鳴を深める必要があります。その努力が、彼らの内なる叡智に対する信頼を高めさせ、自分たちが光の存在であることを理解するのを助け、ここに私たちに新たな道を示します。彼らは、すべてのものと直接つながっていて、すべてが彼らとつながっているのです。彼らは、そのことを意識的に知っています。

＊　＊　＊　＊　＊

トレイシーは、彼女の物語をこう締めくくりました。

「私自身が体験した限りですが、私は非常にゆっくりとETたちに愛情を感じるようになっていきました。彼らと交流する上で、人間が学び、得るものが大いにあります。自分だけがこのような体験をしていると考えていたときは、とても怖く感じました。何が起こっていて、どうしてそれが起こっているのか分からなかったのです。しかし、私とゼータとの間には常に対等な交流がありました。私は彼らの遺伝学的な目的を達成するのを助け、私はその代わりにヒーリングやサイキック能力を得て、それに加え地球上の生命に関する理解が高まりました。私が頼んだときは、彼らは私を守ってくれました。私が質問に対する答えが必要な場合は、彼らはテレパシーで教えてくれました。基本的に、当初私はグレイを誤解していました。自分の中にあるETの部分は、初めから彼らを支援しようと決めていました。しかし、そういった理解が恐怖によって曇っていました。それは人間の限られた知覚からくるもので、この種の体験に対する典型的でワンパターンな反応です」

トレイシーが恐怖と混乱から、自信と自尊心に満ちた人間へ成長する過程を見る幸運に私は恵まれました。自分が体験しているものを理解する上で必要となるサポートがあれば、多次元的なリアリティの健全な統合を達成することができるのだという生き証人が彼女です。この種のサポートは、恐怖を乗り越える助けとなり、その結果、コンタクト体験を存分に探究することができるようになります。

トレイシーが新たに得た自信を試すため、2001年オーストラリアのメルボルンで、彼女は精神科医たちに静かに向き合い、自分の体験についてオープンに語りました。彼女は、何も隠し立てしませんでした。彼女の体験が、いかなる精神疾患の形態をもってしても説明することはできないと、８人の医師が認めました。医師たちは彼女に興味を持ち、トレイシーの幸福を願いすらしました。

トレイシーは、医師たちとの共同作業に同意し、その作業の中に身を置きました。医師たちとの交流は、彼女はどのように道を歩み、その体験がどんなに興味深いものであるのかを示し、彼女はその過程の中で勇気を得ました。彼女が医師たちと交流した理由はシンプルでした。彼女はそれが自分にとって現実であることを実証するべきであり、それはポジティブなものであると感じていたからです。それに加えて、この現象に対する社会的な認知を確立させることが実際には重要なのだと彼女は感じていました。私にとっては、彼女は間違いなく並はずれて勇敢なスターチャイルドです！

次章で、私たちはスター・チャイルド現象の証拠を検証していきます。この現象について私たちは実際に起きた話を検証していくわけですが、読者の皆さんは、自分自身に問いかけるかもしれません。「私の子供はスターチャイルドだろうか？　自分はどうだろうか？」と。

その驚異的な子供たちは、知性の発達が早いだけではなく、これまでは不可能だと考えられていたような年齢で高い意識性を持っていることを示しています。『エイリアンとメス（The Aliens and the Scalpel)』の著者ロジャー・リアー博士は、最新の研究でその証拠をすでに示しています。

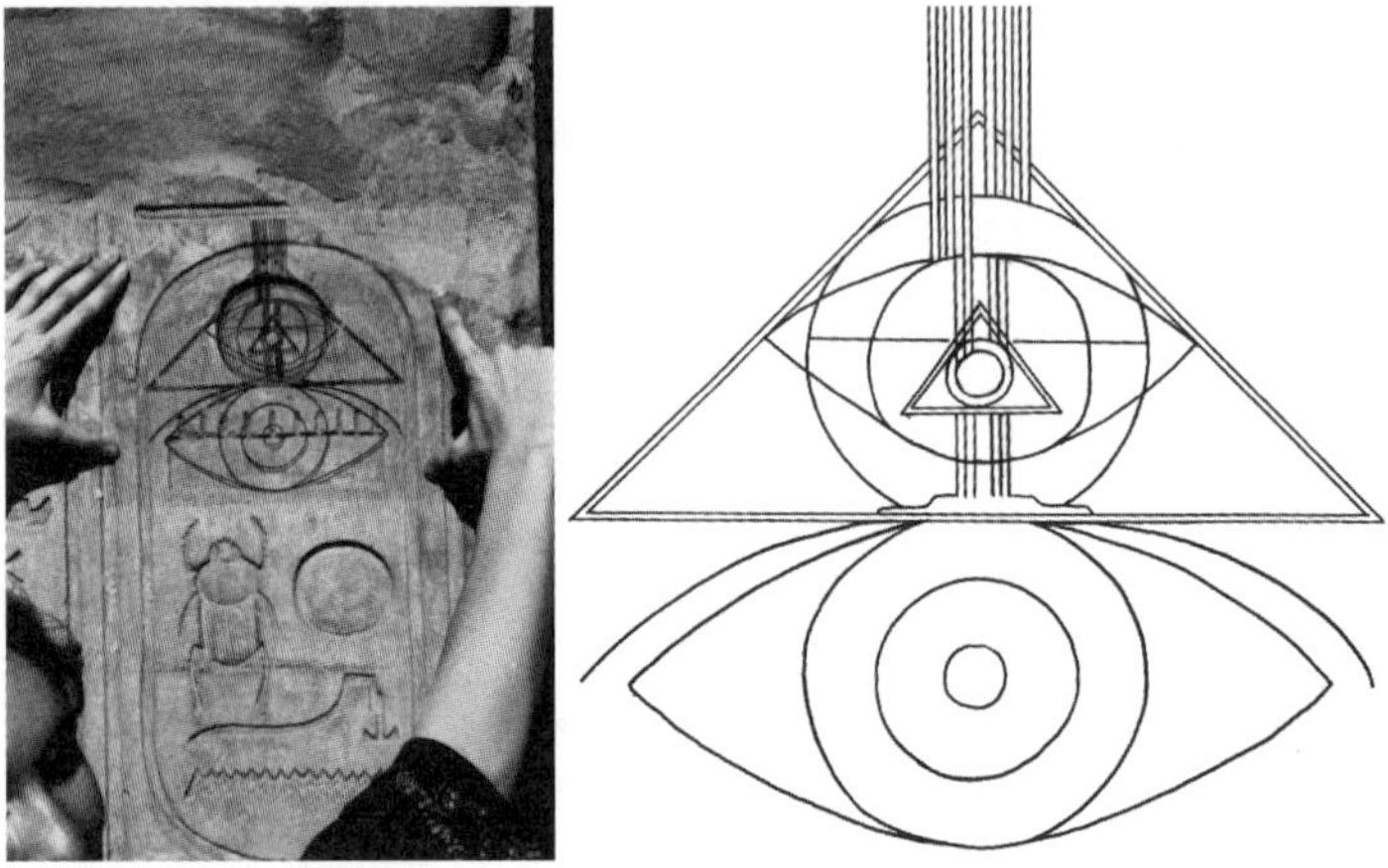

エジプト・ホルス神から与えられた絵

続々と信頼のおける研究者たちが、私たちの子供たちの中で起こっているそのような変化に気づいており、トレイシーはスター・チャイドの「新たな子供たちの氷山の一角」の一人であると私は確信しています。それ故に、この現象に対する彼女の個人的な理解は、私たちに多くを与えてくれるものと私は考えます。

上の図は、トレイシーが描いたモノクロの絵の一枚です。この絵は、トレイシーの話によると、1999年に見た夢の中でエジプトの神であるホルスから与えられたものです。2002年に、トレイシーはこの絵を持ってエジプトに行きました。ルクソールのカルナック神殿にあるヒエログリフの一つと、絵のイメージが完璧にマッチしました。「遠く離れていても、ぴったり合うことを知っていたわ」と彼女は言いました。

第9章 新しい人類の誕生！ スター・チルドレン「ホモ・ノエティカス」の全貌

パパ、僕もうベッドに行きたい。おうちに帰りたいから。　2歳児

ママ、昨日の夜ね、ヘンな光が私のお部屋に入ってきて、ママと私と赤ちゃんを連れていったの。それからね、後から光が私たちを戻してくれたんだ。　3歳児

ママ、昨日の夜なんだけど、6人の黒いエイリアンが僕に会いにやってきたんだよ。エイリアンたちは、とっても親切で僕と遊んでくれたんだ。でも、触られるのがイヤだった。だって、イルカみたいな感じなんだもん。　4歳児

20年前に生まれた子供たちと最近生まれた子供たちを比較してみた場合、とてつもない差が

あると母親が証言することを私は確信しています。「新しい人類」の違いを見て、新たな妊婦健診の必要性を説く人もいます。私の意見では、その推測はナンセンスで、私の最新の研究とアブダクション現象と照らし合わせると、急速な人類種の進化は、我々の身体とマインドに対するエイリアンの介入によるものであるという結論に達しました。

ロジャー・リアー博士『エイリアンとメス（The Aliens and the Scalpel)』より抜粋

アンドリヤ・プハリッチが亡くなる直前、彼に関する記事を書くように依頼され、アメリカの自宅に電話しました。彼が何について調査しているのかと訊ねたとき、超常的な子供たちについて調べていると言っていました。そういった子供たちがたくさんいるなんて皆さんは信じられないでしょう。彼らは天才レベルに見えます。私はそういった子供たちを数十人知っていますし、おそらく何千人もいるのでしょう。

コリン・ウィルソン『エイリアンの夜明け（Alien Dawn)』より抜粋

初めは、これは私がかつて考えもしなかった領域だったと思います……でも、経験と知識を照らし合わせ、それは今、ここで始まったと私は言えるでしょう。両親たちは自分たちの子供が自分が知っていることを話していて、作り話をしているのではないということを理解する必要があります。私の場合は、常に両親にすべて話していたのですが、両親はいつも私の過剰な想像力の産物であると言っていたものです。「麻痺」したまま夜を過ごすことは、極めて普通のことで、大勢の人がそれを理解していて、両親自身もよくそれを経験しているのだと言っていました（たぶん、私を安心させ、心配させないように両親はそう言ったのだと思います）。今や両親は共に82歳で、私は両親から言われた通りにすべてをやり過ごしてきたのですが、両親たちも今となっては「私たちもたぶん、それを経験してきたのかもしれない！」と言ってもいい頃なのかもしれません。

では、その体験をどう説明すればいいのでしょうか？　どうやって、子供たちの精神的能力に敬意を払い、何を子供たちに語り、どのようにそれに対処すべきでしょうか？　そして、子供たちに奇妙な物事を話すように促すべきなのでしょうか？　一人の子供として、自分が見て感じたことを私は知っていますが、私の両親は、私が見たものは現実ではないと言うでしょう。あなたが大人として、自分の人生に影響を及ぼすのは、そういった類の反応なのです。例えば、こんな感じのものです。「私はそれを見ましたが、それを信じてはいません！」外側からその体験を見ると、あなたは判断を誤ることになります。

ジュリア

この章は、新しい子供たちの集団に関するものです！　その新しい子供たちは様々な名前で呼ばれていますが、最も一般的な名前は「スター・チルドレン」でしょう。私たちには見るべき証拠があり、それは「新しい」種類の人間の可能性を裏付けるものです。その証拠は、個人的な証言という形式をとっていて、自分の子供が異なっていると信じている両親からのもので、スターチャイルドに関連する多くの性質を示しています。私たちは他の方法も見ていきますが、その方法は読者自身の子供をサポートできるもので、もしかしたら、自分の子供がスター・チルドレンの一人かもしれないと思うかもしれません！　さて、親としてどのようにこの情報を扱えばいいのでしょうか？　つまり、スター・チルドレンとはどんなもので、彼らはなぜ生まれ、スター・チャイルド現象は本当の話なのか？ということです。

「スター・チルドレン」という言葉は、その新しい子供たちにとって曖昧な用語であり、私は個人的に彼らのことを「新しい子供たちの集団」と呼んでいます。彼らに関する他の多くの名称がありますます。インディゴ・チルドレン、ブルーレイ・チルドレン、スマート・キッズ、ライト・チルドレン、ミレニアム・チルドレン、ゴールデン・チルドレンなどです。それらがすべて同じか、もしくは別の種類のスター・チルドレンなのかは現時点では分かりませんが、それらの名称が、多様で独特な性質を表しているのは確かです。この章では、新しい人類、「ホモ・ノエティカス」の証拠を見ていきます。「ホモ・ノエティカス」とは、有名な作家であるジョン・ホワイトによる造語で、彼は超心理学や認知論《ノエティクス》や意識などの研究者です。

全世界の大勢の高名で尊敬すべき研究者たちが、何か驚くべきことが起きていることを認識しています。それは主として、最近生まれた子供たちの中に、半世紀前に生まれた子供たちと大きく異なっている子供がいることです。一部の研究者は、教育や栄養の改善、定期的な健康診断に加えて、この現象には多くの理由があることを示唆しています。その相違は明らかに非常に深遠で、根本的なものです。

ロジャー・リアー博士は、この現象、つまり「新しい人類」あるいは多くの人が「スター・チャイルド現象」と呼んでいるものについて調査している大勢の研究者の中の一人です。リアー博士は、そういった子供たちに関するデータや証拠を収集していて、博士はその新しい子供たちが持つ多くの相違について会議で発表しています。それらの相違には、身体的な発達スピードの増加、知性の高さ、進化したサイキック能力が含まれています。その研究については、私たちはすでに見てきています。

● 赤ちゃんが文字を読むことができる能力
● 話すにはまだ幼い、よちよち歩きの子供が手話を用いてコミュニケーションを行う能力
● はいはいを始める時期や、会話を始める時期が早い

リアー博士は、こういった現象に対する答えはエイリアンによる人間の遺伝子操作が含まれていると思っていると言っています。博士はそれを強く確信していて、その仮説を検証すべく現在、世界規模の調査を行っています。心理学者であり臨床催眠療法士である、リチャード・ボイラン（ACCET：Academy of Clinical Close Encounter Therapists　精神医療専門職団体）は、ホモ・ノエティカスの証拠を知っているだけではなく、大勢そのような人々が存在していて、彼らとその両親を相手にワークショップを運営することが可能だと信じています。リチャード・ボイランは、そういった子供たちの相違を押し広げ、彼らがやってきた星の遺産に触れたその特別な子供たちは、子供の身体の中に小さな大人がいるように見えることが多いだろうと言っています。彼らは年齢不

相応の落ち着いた眼と分別を持っていて、彼らの知識はテレパシーによってダウンロードされると考えられていて、それは大抵夜間に行われます。それは夢のように見えるもので、自分たちの活動を通じて、その範囲や視点が増えていきます。ボイランは、彼らを「人間と地球外の両方の起源」を持つ存在として定義していて、その子供の性質はETによる遺伝子工学、あるいはバイオ・テクノロジーによるもので、テレパシックな意識と関連があります。あるいは、彼らはETが人間の身体に直接「転生」したものなのかもしれません。

そういった子供は、両親自身がコンタクト体験者から生まれた可能性があり、その場合は、遺伝子的な物性が部分的に地球外起源になります。あるいは、平均的な能力を超えたものを引き出す目的で、彼らの遺伝子がETのバイオ・テクノロジーによって変化されたものなのでしょうか? 理論や考え方がどのようなものであれ、そのような子供たちは疑いなく、人間の同級生よりも、ずっと聡明であったり、宇宙的な意識を持っていたり、サイキック的なのです（その三つ、すべてが当てはまる場合もあります）。

最近、コンタクト体験のこの興味深い側面に対する自分自身の研究を行っています。私のクライアントから幾つか類似した報告を受けたのです。クライアントによれば、自分たちの子供が8ヶ月で歩き出す、2歳で本を読むなど、異様に早い発達をしているだけでなく、高度なサイキック能力を発揮していることを発見したのです。その報告の大半は、私がスター・チルドレンの記事を書いた後にやってきましたが、それはオーストラリア国内からだけではなく、海外からもやってきており、フランスやイギリス、アメリカなどの遠方からも来ています。

アメリカのロリー・コディニーは、手紙の中でこう言っていました。「私が子供の頃、空を見上げて、星々がなぜ間違った位置にあるんだろうと思っていたことを覚えています。私の家族はあちら側にいて、私はここに独りぼっちで、すごく寂しく感じました」

ロリーが20代の頃、「自分の子供は、特別かもしれないと直感している」と言っていました。彼女は娘のジャスミンについて話しているのですが、ジャスミンは1歳を迎える前のわずか4ヶ月で本を読みだし、2歳になる頃には、大人顔まけの会話をしたそうです。ロリーは続けます。「ジャスミンは、宇宙的な概念に関する意識を持っていて、地球の仲間を超えた銀河系の住民であると思っています」ジャスミンは、他の子供たちの愚鈍さを理解できず、学校で苦労しているようでした。ジャスミンは、それ故に学校に溶け込めず、深い孤独を感じていました。ロリーの手紙には、自分の娘とテレパシーによってコミュニケーションを取ったことがあると付け加えられていましたが、それは限定的なもので、それほど頻繁なものではなかったそうです。

ボイランは、そういった子供たちは地球人の本来の姿を体現しているとよく混同されていると思っています。地球人の肉体は、元来そのような高度なものであるというわけです。しかし、そのような子供たちは、自分たちがどこからやってきたのか、自分たちのETの両親について議論を行い、親たちを本当に狼狽させるのです。私も同じような報告を受けたことがあります。ある母親が私にこう言いました。自分の5歳になる子供が彼女にこう言ったそうです。

「お母さんとお父さんは、わたしの本当の両親じゃないのよ。本当の両親は妖精の国にいるの。ただわたしの面倒をみるだけのためにここにいるんだよ」

彼女の母親は、娘に自分がどのように見えると思うか訊ねたところ、こう答えたそうです。「教えられない。だって、こわがられるもん」

『アブダクション体験（Abducted）』の著者アン・アンドリューズは、スターチャイルドと思われる10代の息子のジェイソンのサポートに奮闘する様子を書いています。彼女はこう言っています。「息子の成熟度、知恵と能力には困惑させられます。息子が私に言ったことについて理解しようと深く考え込むことがよくあるのです。ジェイソンは、定期的に体外離脱（ＯＢＥ）を行っていて、ヒーリングするためにアストラル・トラベルをしているのだと言っています」ジェイソンのこの発言は事実として確認されています。何故なら、世界中からジェイソンの訪問を受けたという人々からの連絡を受け取ったからです。アンの次の言葉が、スター・チルドレンという主題を拡大してくれます。「ＥＴたちは子供ではなく、両親を選びます。子供たちは、生まれる前に遺伝子的に操作されるのです。子供たちはＥＴのＤＮＡを与えられるのです」

「スターチャイルド」という表現が、ジェイソンに本当にピッタリだとアンは思っています。ジェイソンは、機能強化された自分の身体が、どれほどの制限がかけられているか不満をよく口にしていたからです。「ジェイソンは、私の理解を超えたことを話し、私が理解できないと怒るんです。息子は、自分の体験について口を固く閉ざすことがよくあります。その理由は本人に言わせればこうです。『誰を信頼したらいいのか見極めるのは難しいんだ。誰のためにやっているか分からないから』ジェイソンの次の言葉が事態の理解をやや広げるかもしれないと私は思います。

息子は、私に真剣な顔をしてこう言いました。『これは何百年間もの長い時間を経た、ゆっくりとしたプロセスの結果なのだから、不思議に思うことはないよ。僕たちは突然、最後の50年間で飛躍し、境界に達したんだ』息子の話によれば、彼らETたち——それはジェイソン自身も含まれているのですが、私たちに知識を与えたのだそうです。ETたちは、私たちと最終的には対等に会えるように、核燃料を無害に分裂させる方法を示しました。しかし息子が怒って言うには、私たちはその知識を他の恵まれない人々を支配するために行使したのだそうです。例えば原爆を使って」アンが言うには、私たちが知らなすぎることにジェイソンは憤慨しているのだそうです。ジェイソンの話を例証できることを挙げれば、アンが「レイキ」と呼ばれる霊的なヒーリング・テクニックを学んでいたとき、それは原始的で、もっといい方法を教えることができると彼が言ったそうです！

エネルギーとヒーリングに関するスター・チルドレンへの理解は、あるコンタクト体験者とその11歳の息子の物語によってさらなる例証がなされています。彼女の話によると、息子が数日間病気だったのですが、彼はベッドに寝ると、天井をじっと見つめていました。彼女が息子に、何を見ているのか訊ねると、彼はこう答えました。

「自分の青い身体を見ているんだよ。どこにブロックがあるか分かるんだ。何が自分を病気にしているのか。でも、心配しないでね。何日かしたら、よくなると思うから」

これら異様な子供たちは、すべてコンタクト体験者です。では、どのようにすればあなたの子供たちがその「新しい子供たちの集団」の一人であることが分かるでしょうか？　私が受け取った様々な報告から、小さな赤ちゃんの頃にはすでにその兆候が表れていると私は考えます。両親は普通、異様な出来事や子供の異常性に気づくものです。例えば、アン・アンドリューズが言うには、ジェイソンが生後わずか数ヶ月だったとき、ベッドに寝かせた後、ベッドの下で寝ていたり、ベッドの隅にいたりしたことがあったそうです。ジェイソンが自分でそうするには幼すぎるのもかかわらずにです。しかし、アンはずっと後になってからコンタクト体験に関する理解を深めるまでは、そういった奇妙な出来事をコンタクト体験と決して結び付けませんでした。

ある女性から私が受け取ったもう一つの報告では、彼女の18ヶ月の娘が本棚の前に行き、ずらっと並んだ本に臆することもなく、意図的にホイットリー・ストリーバーの『コミュニオン(Communion)』を抜き出しました。彼女の娘は、本のカバーに描かれている灰色の生物を指差して、「ママ、この人がやってきて私を連れていくの」と言ったそうです。

こういった変異性に関する「兆候」は通常の場合、子供の成長に伴って続きます。私はルイーズという名の女性から手紙を受け取りました。彼女は依然として自分自身のコンタクト体験と格闘していたのですが、彼女の息子も同様の体験をしていることに気づき、非常に心配になりました。それがかなり異様だったため、彼女は息子の体験と息子の夢を数ヶ月にわたって記録しました。私が思うに、それに続いて起こったことは実に興味深いものです。コンタクト体験が与える子供たちへの影響を知る上で、彼女の手紙は良い例となっています。それに加えて、それに気がついた母親が、その状況に対処した方法には興味深いものがあります。

メアリーへ

手紙を書いた主な心配事は自分のことではなく、息子のエイデンについてです。このことを聴いて理解してくれる人を私は探しているのですが、超能力者《サイキック》たちの中でしか見つけることができず、彼らは何らかの方法で助けようとはしてくれるものの、現実的なサポートはしれくれません。そして、息子が見ているものを彼らがどのように考えているかというと、私が狂っているか、バカだと思っているようですが、私は狂ってなどいません。私が息子の頭を洗脳しているのではなく、息子が言っていることを私が伝えているのだということを信じてください。息子が言っていることや、見ていることが発端となり、私は自分自身で答えを見つけようとこの現象に関する本を買い求めました。あまり詳しくは述べるつもりはありませんが、私の幼い息子は4歳半で、豊かな想像力を持っています。しかし、息子はどこかで聞きかじったものではない物事を私に確かに話すのです。息子は私が考えていることが分かっていて、私が喋っている文章の結びを言ってのけ、私が痛みを感じているとき、息子も痛みを感じます。最近、息子は自分のことを連れ去る「赤ん坊たち」について話しています。息子は私のことをひどく心配しています。私はこの出来事を解明しようとし、同時に息子を支えたいと思っていますが、息子は自分が話していることは真実だと主張します。私は息子のことを信じています。あなたにお訊ねし、知りたいことが山ほどあります。私に起きていることは、本当のことなのでしょうか？

息子のことだけに、本当かどうかが重要なのです。息子は実に落ち着いていて、いつか彼らに私を紹介するとすら言っているのです。時には、息子には何も起きていないように振る舞うことがあり、息子がすべてでっち上げているのではないかと思うこともあります。前にお話ししたように、私は息子に情報を与えていませんし、息子と口論になることもありません。息子の幼少期を異常なものとしたくはなく、不安にもさせたくないので、私はこの問題について、もっと掘り下げたいのです（くどいようですが、私と息子では、息子の方がずっと正気なのですが！）。

エイデンの夢に関する私の意見と、息子の発言を幾つか書き留めた同封のメモを見てください。これらのことはエイデンにとっては、至極「当たり前のこと」ですが、息子の友達にはあなたが見ているものは見えていないと伝える必要がありました。息子にとって、それは異様なことなのですが、本能的に自分の体験を話したがる傾向があるようです。私は少し孤独を感じていて、これらの物事について確信がありません。また、誰かに話すべきか、それとも何も起こらないか、あるいは何かが起こるのか、なりゆきに任せるべきなのか分かりません。同様のことを体験している大勢の人々の中の一人なのだと認識していますが、息子のために無知であるよりも知識を得たいのです。そうしないと、私はたぶん、恐怖でこれらのことを無視してしまうだけでしょう。

以下に、ルイーズが書いてくれた実例を幾つか紹介します。

98／8／27
今朝、エイデンが私の寝室にやってきて、自分の寝室で二人の背の低い幽霊を見たと言った。その幽霊は、金髪で瞳が青くて、耳が小さく、口は普通で、私に似た形の良い鼻をしていたという。その当時の私にはETのことなど、まったく想定しておらず、ETがそのようなものだったなんて私には思いもしなかったし、今もまったく信じていない！

98／11／16
本を読んでいるとき、エイデンが私の隣に座って、「シッ、静かにして」と言った。沈黙の後、出し抜けに息子がこう言った。

「昨日の夜、幽霊が出てくる夢を見たんだ」

私は「どんな夢だったの？」と、顔を上げずに、できるだけ平静を装って訊ねた。

「ただの幽霊の夢だよ」と息子は答えた。

「髪は何色だったの？」私は何気なく訊いた。

「赤だった」と息子は答えた。幽霊はニッコリ笑っていたが、瞳の色や形については、ハッキリ覚えておらず、息子はそれがラッキーだったと言った。

「幽霊は、男の子だったの？　それとも女の子？」息子は明らかに話したそうだったため、私は息子に向き直って訊いた。そして、もしそれが息子の想像の産物だったとしたら、その内容に関してオープンで正直な方法で、それについてあえて語ろうとしないことを私は知っていた。

「両方だね」息子は答えた。

「本当？」

「そうだよ」息子はきっぱりとそう言った。

「男の子と女の子の両方」それが息子の「コソコソ・ナイショ」の一つではないことが私には分かった（「コソコソ・ナイショ」とは、息子の造語で、「ナイショ」と「コソコソ話」をくっつけたもの）。息子のこの描写は、私が瞑想している際に現れる、両性具有《アンドロギュノス》に見える人たちに類似している。

　その人たちは、赤毛で深い緑色の瞳をしていて白人ではなかった。

98／11／24
今日、エイデンはＤＴＰ（ジフテリア、破傷風、百日咳混合ワクチン）の最後の注射だった。息子は注射後の副作用がひどく、まるで酔っているかのようにフラフラしていた。それに加え、局所的に腫れて少し痛むようだった。息子はまったく突然に、こう言いだした。
「幽霊たちのことを知っている？　見たことはある？　ぜんぶの幽霊は見えなくて、たぶん一人しか見えないけど、幽霊たちを感じているみたい。ほら……今、幽霊がここにやってきたよ」

息子はいつも幽霊たちを見ているという寝室の中を見渡した。

「明かりを持ってきて……見えないけど、幽霊たちのことを感じるんだ。幽霊たちは、顔を照らさないで、お尻を照らしてと言っているよ。顔を照らされるのがイヤなんだって」

私にとって大きなサインだったので、この点については笑ってしまった。約1ヶ月前のある夜、私がその存在たちの一人を見たとき（私が眠っているときに、その存在が身体の外へと私を引っ張り出した）その手を振り払ったら、その存在の頭を手がすり抜けた。私はこのエピソードをただの夢だと軽視していた。私に用があるなら、私のお尻を蹴ってと「スピリット」に伝えたことがあった。

テレタビーズ

それからエイデンはこう言った。「ママ、幽霊たちはすごいんだよ。ホントにすごい。ママも幽霊たちに会ったほうがいいよ。たぶんいつか、幽霊の一人をママに見せてあげるよ！」

彼らがどんな姿をしているか息子に訊ねてみた。私が手を振り払った存在は、「テレタビーズ」のようだったので、息子にテレタビーズのように見えるかどうか訊いてみた。息子はこう答えました。「うーん、そうだね。テレタビーズみたいなのもいるね。今朝、幽霊たちを見たよ。でも、今は隠れていると思う。みんな隠れているんだよ」（テレビのテレタビーズのよう

に）

（訳者注：『テレタビーズ』は、イギリスのBBCで1997年3月31日から放送され、120ヶ国以上の国で視聴されている幼児向けテレビ番組である。番組名の由来は、キャラクターの特徴の一つとなっているお腹のテレビと、ずんぐりした体型の合成語である）

エイデンに私が見た夢のことは言っていない。息子の説明は私が持っていた知識と完全に独立したものだ。前にスピリットたちを見たことがあったが、それは夫と会ったときだけで、誰にも言ったことはない。それに加えて、エイデンが病気になったときは、その話を今回のように詳しく話さないし、息子のことはよく分かっているので、仮にそれが息子が見た単なる夢だったならば、私にとってそれほど大きな意味はない。息子の態度は、間違いないものだった。息子の意識は朦朧《もうろう》としてはいたが、自分が話していることを分かっていた。

息子が起きているとき、幽霊たちに私を紹介したいとよく言っている。彼らは私に危害を加えるつもりはないのだと。このようなことを4歳足らずの子供が発言するなんて奇妙なことだ。「光」が息子の方に向かってきたことに関連付けることができて、彼らを「感じる」ことができるとは、息子の年齢を考えると私には驚きだ。私の夢の内容と一致したのには何か意味がある。息子には何の知識もなかったことなのだから、とても重要なことだ。

99／2／9
エイデンは、何とかして「赤ん坊たち」を見ないようにできないかと私に助けを求めてきた。背の高い二人の幽霊がいると息子は言い、二人とも赤い目をしていて、息子に対して怒っている様子だと言う。しかし、背が低い幽霊もいて、それは息子の部屋の本棚の後ろからやってきて親切だと息子は言っている。息子が言うには、幽霊にはもっとたくさんの種類があって、小さな幽霊が黒い幽霊を追い払ってくれたそうだ。

99／2／12
エイデンは、目が覚めると悪い夢を見たと言った。「エイリアン」の夢を見たのだという。その夢の中で、エイリアンたちは息子を大きくし、その夢の中に夫と私がいたそうだ。私と夫はエイリアンの行為を止めなかったそうで、息子はその理由を知りたがっている。その夢の中に私がにいたので、息子は私が夢の中の出来事をすべてを見聞きして知っていると信じている。息子が言うには、自分は背が伸びたのではなく、身体全体が大きくなったと言い、壁をすり抜けるのが好きだったと言っている。息子が言うには、「気味の悪い」音楽が流れていて、その歌に怯えたそうだ。息子は、背が高く、黒いエイリアンが自分をつかんで危害を加えてきたと言った。彼らは息子の肩をつかんでそこを傷つけ、それから息子のおなかに何かをした。それから指を息子の耳の中に入れたそうだ。彼の「サード・アイ」の領域が傷んだ（サード・アイとは、額の中央の両目の間の部分で、私たちはそこで透視をする）。

99／4／21

エイデンはテレタビーズの一人が赤ちゃんたちから守ってくれる良い人だと言っている。息子は、彼らの様子をたくさん見ていて、彼らは息子と遊び、物事を教えているそうだ。二人だけ、目が赤くて背の高い黒いのがいて、それが息子が言っている赤ちゃんたちだと私は思っている。大勢の天使を見たと息子は言っていて、その中で一番小さいのが、ティンカー・ベルに似ているそうだ。天使たちは息子を守るためにやってきて、呼ぶだけで来てくれるそうだ。天使たちは外でも息子の目には見えて、家の中のどの部屋にもいるそうだ。今や、天使たちは私と夫の両方の祖父母の家でさえ息子には見えていて、最近は学校にすらも息子についてくるそうだ。天使たちはどうやら学校の建物の外にいて、窓ガラス越しに見ているようだ。息子が言うには、天使たちは暗くなるまで隠れて待っていてくれて、息子が眠るまでそばにいてくれるようだ。息子の話では、天使たちは私のそばにもいるのだそうだ！

息子は正直で誠実に見える。どうすれば、このような詳細にわたって息子がやったような方法でこれらすべてのことを私に正確に話すことができるのか私には分からない。息子の話には知恵があって、想像の産物ではない。息子の話には信頼性があるように見える。まるで、私が十分に理解できるように重要な情報を伝えているかのようだ。母親というものは、どこを見れば子供を信用できるか知っているもので、息子の顔は正直に見える。息子は、そのすべてに大きな自信を持って、その場で雄弁に語る。仮に作り話だとしたら、こんなにも素早く作り出すことはできないと私は確信している。作り話だとしたら、もっと内容が反復的で、間が必要で、会話の間に考える時間が必要なはずだからだ。それに加え、私が以前に見たものについて私自身がもっと多くを知っているという事実がある。息子は私が知らない部分を埋めているだけのように見え、お互いに完全に一致している。まるで検証しているかのように。私は前にテレビターズを見たことがあり、そのときの私は独身で、エイデンを妊娠していなかったはずだ。私は自分が見たものを描いて息子に見せ、息子がどんな反応を示すか確かめてみた。そして、息子はこう言った。「うん、僕が見ている中に、これがいるよ、ママ。幽霊たちは、ママをよく知っているよ……すごく面白いね」

99／5／12

5：45　起床。エイデンがまた起きた。驚いたことに、彼らがいたのだという考えが私の脳裏に突然よぎった。体が冷えないように、手をレギンスの中に伸ばしたところ、ちょうどヘソの上のおなかの中央にかさぶたがあるのに気づいた。それは、ギザギザしていないきれいな丸い形のかさぶたで、ホクロくらいの大きさがある。ちょうどそのかさぶたを見つけた後、エイデンは良い夢を見たと言った。息子と私が小さな灰色のお城の外を飛んでいる夢だったそうだ。どうやって私たちが飛んでいたか息子には分からず、私は黒い服を着ていたそうだ。私がちょっと前に見た夢のように思えた。それは城に関する夢で、頭上には「母船」が見えた。その夢が、彼らの存在を私が初めて感じたときだった。それ以来、私は2回、城の夢を見た。

99／7／4

エイデンは、インフルエンザと扁桃腺炎《へんとうせんえん》に罹《かか》った。息子は、朦朧としながら「宇宙船に行きたくない」と私に言った。いつ宇宙船に行ったのかと息子に訊ねると「昨日の夜だよ。ママと一緒に行ったんだ。僕、行きたくないよ」という答えが返ってきた。どんな「幽霊」に連れていかれたのか訊くと、小さな幽霊だと答えた。息子の「サード・アイ・チャクラ」が傷ついていた（額にあるエネルギー・センターのこと）。たぶん、インフルエンザのせいだろうが、よく分からない。

99／8／28
今日はエイデンが病気のため家で休養させた。息子は寝室で幽霊についておしゃべりしている。内容はテレタビーズのような幽霊についてだ。息子が言うには彼らは宙に浮いていて、歩くことはなく、いつも息子に語りかけているそうだ。エイデンは私が質問する前に、私の問いに答えてしまう才覚がある。今朝、息子は昼食に食べたいものを言ったのだが、それはまさに私が準備しているものだった。それが当たり前になるほど、このようなことが何度も起きていることに私は気がついた。息子は他人のフィーリングについて非常に共感的だ。息子には物事に対する繊細な理解があるように思え、それは5歳児にしては驚異的なものだ。エイリアンに関する詳しい情報を淡々とした方法で息子が私に伝えることによって、それに関する概念を受け入れていくのが本当に容易になっているという事実がある。

彼らの意図は依然として疑問があるが、息子にとって無害であるなら、今のところは何とか日常の一部として受け入れることができているように思える。息子はトラウマを受けていないようで、仮に怖いエイリアンについて話すときがあっても、それほど心配していないように見える。彼らの姿が怖く見えるだけで、必ずしも悪ではないことを息子は理解している。息子の話では、周りにいて悪いエイリアンから守ってくれるエイリアンもいるそうだ。彼らは壁をすり抜けてやってきて、必要な場合は目に見えなくなるそうだ。

彼らが息子の所にやってくると、息子は学校よりも多くのことを彼らから教わる。息子に誘導尋問したことがあるのだが、息子が話す情報もそれを説明する方法も、ただの想像とは思えない。何故なら、息子の情報の幾つかが、私が夢で見た内容や、本で読んだものとすらも一致した類似性があるからだ。

例えば、ドロレス・キャノンの『守護者《カストディアン》（The Custodians）』を私は読んでいるのだが、この本が私が見た存在に光を投げかけてくれることを期待している。エイデンは明らかに同じときに、私と同じものを見ている。息子は類似した特徴を私に説明するのだが、それはこの本を大人が読んで理解しなければ分からないものだ。本当にシンクロ性があるように思える。彼らは夜にだけやってきて、壁をすり抜け、宙に浮き歩くことはなく、姿を消すことができるのだが、それでもまだ私たちの周りにいるのだ――これらすべてのことを子供が言っているのだという事実が私を驚かせる。私は大人として、ただ本を読んでＥＴたちの特徴を知っているのに、エイデンは直接的な知識を持っているように見える。

99／8／29

耳障りなハエの羽音で目が覚めると、エイデンが起きているのが分かった。その顔を見ると、何かを体験したばかりの様子だ。息子の表情は茫然として、何かリアルな悪い夢を見たかのようだ。あまりに茫然としすぎて私を起こすことはおろか、そこから動けない様子だった。普通の悪夢を見た場合、息子は私を起こすのだが、今回はただその場に凍りついたように横たわっていて、あかたも自分に起きたことを理解しようとしているかのようだった。私がそのように考えていると、息子は悪い夢を見たと言った。夢に、その中に刑務所がある悪い宇宙船が出てきたが、良い宇宙船もあったそうだ。そこには息子と同じ年の子供たちがいた。他にもだいたい2年生（7歳）くらいの子供たちもいた。息子はこう言った。「何百万ものテレタビーズがいて、大きいのも小さいのもいた。僕たちは、もう飛ぶ方法を勉強したんだけど、縁《へり》の向こう側に行かない練習をしたんだ」

息子は正しく飛ぶ方法を学んだのだと言った。縁の向こう側に行かないスキルをテストしたのだそうだ。「僕たちは背中にロケットを付けていたんだけど」と息子は言った。「動かないロケットもあって。僕のは動かなかったんだ。大きな子たちはホントにうまくて、席から飛んでいったよ」息子が言っているのは、その子たちは教室の自分たちの席から飛び立ったということなのだと私は思う。

「その子たちは、自分たちの家から宇宙船に乗って地球にやってくるんだ。僕たちは、その子たちから他のエイリアンをレーザーガンで撃つのを教わった。その光はエイリアンのおなかや顔を通り抜けた」息子は額を示して言った。「僕たちに姿が似たエイリアンもいたよ。前に僕が心の目で見た青いエイリアンもいた。発進のとき、目が焼かれないように顔を下げなくちゃならなかったよ。メガネをかけてた」

飛ぶのに、ロケットが役に立つのか息子に訊いてみた。息子は憤慨した調子で答えた「違うよ。僕はもう飛び方を知っているもん！」

この話は、息子にとって複雑なエピソードで、そこで息子と一緒にいた女性についても言及した。その女性はブロンドの髪と青い瞳をしていた。瞳については息子ははっきりとは見ていなかったようだが。息子によると、その女性は彼の学校の友人の一人の母親だということが後で分かった。その友人もそこにいたらしい。

このエピソード全体が、スラスラと語られた。エイデンは、関連することを途切れなく詳細にわたって私に話した。息子が心の目で直接見たものを表現したのだ。

99／9／12

エイデンは、怖い夢を見て目が覚めて悲しくなった。息子は飼っている犬の夢を見たのだと言った。犬があまりにも急に傍に寄ってきたため、エイデンは誤って犬の顔を踏んでしまった。顔を踏んづけてしまった後、犬は後ろに飛びあがって、顔の上から半分がピエロの顔に変わったしまった。半分が犬で半分がピエロの顔になったのだ。長く赤い髪が額に垂れ下がっていた。息子は動揺し、それは夢の中で夢を見ているような感じだった。息子は、犬の顔が変わってしまった理由を知りたいと何度も言い続けた。訳が分からなかったからだ。息子の顔は、幸せそうな表情だったが、明らかに夢の中で起こったことにビクビクしているようだった。

数年前、ピエロに関する意味深い夢を見たことがあったので、私はこの話を書きとめている。ピエロの恐怖に私が耐えていたとき（ピエロが私を怖がらせるので）、ピエロは普通の大人ぐらいに背が高くなり、頭には毛がなかった。金色の光の暖かいボールの前に彼は座っていて、私を手招きしていた。彼の頭上を飛び回った後、私は彼の伸ばした左腕の下に着地し、自分がかつて感じたことのないような無条件の愛を感じた。彼らは時々自分自身の姿をフクロウやピエロに見せることがあると本で読んだことがある。犬の場合もあるのだろうか？　そんなことがあったため、エイデンがこの話をしたとき私には真実味があり、無意識ながら再確認した形となった。息子が体験したものは、私が過去に体験し、忘れてしまったものに類似している。私の夢と記憶（それはすべて夢のようなもので、実体験ではない）は、エイデンのものと大きな類似性があるが、息子の体験は私のものとは独立している。関連することを息子に一度も話したことがないのだから。

99／9／20

エイデンは、まだ病気中（今回は、扁桃腺炎）。息子が睡眠中にテレタビーズについて何かをつぶやいている。エイデンが今朝は早く起きたので、そのつぶやきについて私はそれ以上考えていなかった。息子は、自分が見た気になる夢のことを言っていた。夢の中で、息子は自分が飼っている犬を食器棚の中に閉じ込めようとしたが、犬は息子が扉を閉める前にそこから飛び出した。

その夢の怖い部分は、犬の顔が下半分が犬で、上半分が赤い髪の男のピエロの顔だったことだ。明らかに犬は自分の顔に驚いているふうだった。それからピエロの顔が再び犬の顔に変化していったため、エイデンは恐ろしかった。どうしてそうなったが分からないが、ただ顔が変わったのだと息子は言っている。エイデンはその赤い髪に触り、犬も怖がっていたが、その髪の毛は布のような感触だった。手触りが良かったと息子は言っている。

＊　＊　＊　＊　＊

私はルイーズの大量の報告に目を通しました。すべては日記のような形で記録されていました。これらの記録は、幼い子供のコンタクト体験の様子を描写し、その対処を説明した好例だと私は考えています。同様に、聡明で直感的な子供のエイデンが、自分の体験を極めて明確に説明しているという点も興味深いです。そしてその体験について自分の母親よりも無理なく快適に接していることも面白いです。こういったケースはよくあることで、エイデンの場合は母親が直感的で理解力があったことが幸運でした。その結果、エイデンはうまくバランスがとれてコンタクト体験にきちんと対処することができました。

エイデンの体験は病気中に起こったこともあるため、自分が考えたことが見たものに影響を与える状況下にあったと論じることもできるでしょう。この問いに対しルイーズの回答は、エイデンはたとえ病気のときであってもとてもおとなしく明晰で、受け答えはハッキリしていたと言っています。「息子は、体調がすぐれないときは、あまり話したがらないのです」とルイーズは言います。「それに加えて、息子が想像したものと体験したものの違いを知っています」

エイデンが自分の体験を調査して、その詳細を語ったことが妥当性を増しています。そして私が述べなくてはならないと感じているのは、エイデンの体験のほんのわずかな部分だけを紹介したに過ぎず、もっと多くの報告があるということです。ですので、4つか5つの子供という背景を考慮した上で、こういった遭遇体験を位置づけるよう理解していただきたいのです。エイデンの説明には、詳しさがあり具体性が大いにあります。

エルもまた、彼女のわずか8歳の娘のイエナと向き合ってきた様子を述べています。そのとき、エルとイエナは共に忙しい日々を過ごしていました。ある夜、エルはイエナの宿題を手伝っていました。そのときに、コンタクト体験に思えるものに遭遇したのです。エルは、そのときのことを以下のように書いています。

突然、部屋の中に堂々とした非常に大きなエネルギーを感じました。眩暈《めまい》を感じて、私はイエナを見ました。イエナは、頭を下げて、私が最後まで書くように指示した単語を書くのに忙しく手を動かしていました。それから、イエナは書くのを止めて顔を上げ、頭を動かすことなく、何かを見つめているのに私は気づきました。そして、イエナは「ママ、エイリアンがそこにいると思うの」と言いました。イエナもそのエネルギーの存在に気づいたのだと私は思いました。

穏やかに私は訊ねました。「なぜ、それが分かるの？」イエナは答えました。「分かるとしか言えないわ」娘が私のフィーリングを確かめたということを直感レベルで私には分かりました。私が感じた存在は、ＥＴだというフィーリングがあり、それに疑いはありませんでした。私はそれを誤魔化すことはできず、娘の意見に賛同するほかありませんでした。その現実を否定できなかったのです。

「そうね、私も何かを感じるわ」とまったく何気ない声で私は言いました。私は微笑《ほほえ》み、私たちの前方の空間に向かって、大きな声で言いました。「オーケー、私たちはあなたがここにいるのが分かるし、怖くないわよ。あなたのエネルギーは私たちには、とても強いわ。もう少し後ろに下がって、間を置いてくれると助かるのだけど」

私はイエナの方をチラッと見て、娘が安心するように再び笑顔を見せて、まったく問題ないと娘に言いました。イエナは宿題をするため、頭を下げて見直し作業を続けました。私は平静さを保ち、娘のフィーリングを肯定してきたことで、娘にとってこの体験が日常的なものにすることができたと思っています。

このような対処をした後で、イエナはその夜はまったく平常で、恐れや不安を抱えることなくベッドに入ったとエルは言っています。

高次知覚能力（HSA）との付き合い方

こういった種類の体験をしている子供たちは、しばしば非常に直感的でサイキック的であると研究者やセラピストによって認識されています。その能力はETコンタクトに直接的に起因するものなのか、あるいはコンタクト体験によってサイキック能力が何らかの形で助長されたのかについては、議論の余地があります。確かに、多くの人々がコンタクト体験によって自分のサイキック能力が高められたと感じていると言っていますし、そのような体験をした子供たちは非物理的な世界を認識しやすいように思えます。彼らは非物理的な存在（あるいはスピリット）を頻繁に知覚し、そこにいる存在に大きな安らぎを覚え、その存在とコミュニケートすることができます。

子供たちはその存在たちを愛すべき者と見なして保護し、自分たちの守護天使とか「スピリットのガイド」と解釈することがよくあります。コンタクト体験を経験した大人も子供も、自分はETを見ることができ、ETのエネルギーを感じるとしばしば言っています。彼らはそのエネルギーをスピリットのエネルギーとは異なるものと見なしています。仮にあなた個人がその非物理的な世界を知覚できないとしても、それを知覚できる人々にとってそれが現実であることを留意することが大切です。人間のエネルギー・フィールドやスピリットの存在を視ることができる人々は、透視能力者、あるいは透聴能力者と言われます。

ティーンエイジャーのコンタクト体験

私が主催している瞑想のクラスでクロエに会いました。クロエは自分の直感的な側面への気づきが進むつれ、自分がコンタクト体験を経験していることが徐々に明白になっていきました。しかし、クロエを最も心配させたのは、自分の娘のミランダも同様の体験をしていると感じたことでした。そのとき、ミランダはわずか13歳で、クロエは当然のことながら大変混乱し、娘を心配しました。娘がクロエに透視的に「見える」ことを告白したことがきっかけで、クロエ自身もスピリットのような存在を認識し、情報を受け取っていることが完全に明白になったと言っています。その告白の以前は、クロエは娘に対して何の異常性も疑ったことはありませんでした。クロエ自身も対処するのが難しいと分かった奇妙なことを体験していました。それからミランダも奇妙な人間ではない生物を見ていると知り、クロエは怖くなったのです。彼女には自身のコンタクト体験を受け入れる時間がありませんでした。驚いたことに、ミランダはまったく恐れておらず大きな好奇心を持っていました。ミランダは自分の意識的な経験をイラストで描いて示したのです。ミランダは常に日記を書くのを楽しんでいて、コンタクト体験が起こった直後にそれについて書き残しています。そのとき、わずか13歳でした。彼女はこのように書いています。

ベッドで横になっていたとき（さっき、スピリットについてママと口げんかしたばかり）、目の前に人間のスピリットが飛び出してきたと私は思いました。そのエネルギーがとても高レベルだったので、私は足でそれを感じることができるか決めたの。ママがヘンな顔をして私を見ているので、そこにスピリットがいると私はママに教えました。あれは何？　あのエイリアンたちが何なのか私は知りたかった。目を閉じるとすぐに本当にヘンな形が見えました。私はちょっと間それをじっと見ました。それから突然、私の頭の中にこれはエイリアンだと浮かびました（私は彼らをETと呼ぶのが好きです）。一瞬、私は凍りつきました。でも震えてはいませんでした。その代わり、私の胃の中に面白いフィーリングを感じました。私は怯える以上に唖然《あぜん》としました（ママにはまだ教えていない）。私はママにそれは人間の形をしていないと言い、自分が見たものの輪郭を描きました。

そして、ママはそれが何なのか知っていました。私が目を閉じると、それはママとのつながりの方が強いと言っていましたが、後になって私たち両方に関係があったことが分かりました。それから私は、その存在に本当はどんな姿をしているのか見せてほしいと頼みました（私は疑っていたのです）。円形の部屋の中にある丸い演壇の上のテーブルが見えました。部屋は真っ白で、ドアのようなものが付いていました。それから、テーブルの上半分と誰なのか分からない人間の姿がクローズアップされて見えました。それはまるで、生きている人間の「インナーセルフ」（エネルギー・ボディ）がそこに横たわっているかのようでした。そこがどこなのか分かりませんでしたが、そこがETの宇宙船の中であることを私は知っていました。ETの姿はどこにも見えませんでした。そのイメージは消えていき、大きなドアのようなものを私は見ていました（それは金属かスチールか何か）。それはどこかヘンに見えました。ママがこう訊ねました。「あなたは誰？　何を望んでいるの？」

私はすぐに答えを受け取りました。ETがテレパシーで私と交信してきたのです。「私たちはあなたの友人です」とETはママを指して言いました。私はすでに彼らは友人だと知っていたので、ママを指して言ったのだと分かりました。

「私たちは愛と希望を求めてここに来ました」

ママは「フォーエバー・ライフ」を呼ぶように私に頼みました。私にはスピリット・ガイドがいて、それを「フォーエバー・ライフ」と呼んでいました。それは私を導き、守ってくれる存在です。彼は、その存在とコンタクトしても問題ないと言っていましたが、距離を置いて黙って見ていました。私が自分自身で対処し、体験しなければならないからです（勿論、ママの助けを借りて）。そのETは、自分はシリウスからやってきたと言いました。ETは私が目を開けると去ってしまいました。ああ、それから！　そのETはこうも言っていました。ただ自分に気づいてほしい。自分はここにいて、現実の存在なんだと。ETが去った後、私が彼らとのコンタクト体験下にあり、私が必要なときはいつでもテレパシーで彼らとコミュニケートできると教えられました。ETとのやりとりが終わった後、私はとても泣きたくなり、顔が真っ赤になりました。すごい衝撃を受けたのです。

これは奇妙なことに思えるのでしょうが、ミランダはスピリットの世界の生物を知覚し、コミュニケートしていたのです。彼女はこの体験にトラウマを受けず、純粋な好奇心しか感じませんでした。彼女にはエネルギーを感じることができて、彼女にとってはスピリットを見ることは異様なことではなかったのです。彼女は、この体験が他人とは異質なものであることを知っていましたが、脅威を感じてはいませんでした。その存在は、意思の疎通が可能で、彼女に興味深い情報を与え、それが彼女にとって本当に好奇心の対象だったのです。ミランダは、彼女のスピリットのガイドの「フォーエバー・ライフ」が護ってくれる力を信じていたので完全に安心していました。ミランダはその若さにもかかわらず非常に大人びた女性で、非物理的な世界を対処する際の自信は驚異的です。自分の体験を受け入れ、敬意を払ってくれる開かれた心を持った母親に恵まれたことがミランダにとって幸運でした。

この幸運によって、ミランダは喜んで自分のコンタクト体験を語り、もっと異様な体験について時折日記を書くのを楽しむことができたのです。賢明にも、ミランダは自分の体験を友人たちに話さないと決めていました。友人たちがどのような反応をするか分からず、不快感を与えたくなかったからです。ミランダは、バランスがとれ大人びた若い女性であるばかりではなく、それと同時に友人たちから孤立することを望まなかった普通のティーンエイジャーだったのです。彼女は音楽やダンスを楽しみ、コンサートに参加し、実際に自分と同世代の若い人々の多くが楽しんだすべてのことを行ったのです。唯一の違いは（そしてそれが大きな違いなのですが）、彼女が非物理的な世界を認識し、直感的に人々から情報を得ることができ、スピリットと対話することができたことです。これを過度な想像力の産物であるというレッテルを貼ることは簡単かもしれません。しかしながら、体験の極めて異常な面はさておき、空想によって深遠な感情や物理的な影響を彼女に与えることができたでしょうか。例えば、彼女がこう書き記したような。
「私はとても泣きたくなり、顔が真っ赤になりました」

スター・チルドレンの特徴とは？

統計を見ると、あなたがコンタクト体験者であれば、あなたの子供の一人以上がコンタクト体験をしている可能性が非常に高いです。コンタクト体験は世代を超えて起こります。それがどういう意味かと言うと、コンタクト体験は遺伝子の系統内と家族内で起こり、それは人種や年齢に関係はありません。

特徴を幾つか以下に述べます。

●子供時代に記憶の欠落部分がある子供。これはコンタクト体験のトラウマの結果である可能性があります。コンタクト体験は、体験者がそれに対処する準備ができるまで（準備ができると仮定した場合）、子供の記憶からブロックされることがよくあります。しかし、記憶の欠落は他の体験の結果としても発生することがあります

●子供時代のコンタクト体験のパターンは、大人のものと類似したもので（第2章参照）、夜間の訪問者や日中の連れ去りなどです。コンタクト体験をした子供は、「失われた時間」のエピソードや、記憶の喪失を経験しているかもしれません。あるいは、単に起こったことを完全に忘れているのかもしれません。子供たちは、何か変わったこと、または異様なことが起こったという漠然とした記憶があるかもしれません。彼らはその体験をしっかりと受け止めていることが多いのですが、それは彼らの判断に影響を与えている社会から「プログラム」された条件付けが弱いからです。子供にとって問題が発生するのは、自分の体験を話そうとするときです。家族によってその話が否定されるからです

●あなたの子供から異様な話を聞かされるかもしれません。子供自身が理解力を持っていて、彼らは独自の方法でその体験を解釈していると認識することが重要です。子供の想像力や空想は、テレビや漫画、映画、児童文学などを通じてもたらされた宇宙船やETに関するメディアからの一般的なプログラミングされたイメージを反映しているものです。そして、子供はもっと大きくなるまでテレビのトークショーを見ないのが一般的です。よって、もしあなたの子供が自分の体験と類似していると判明し、それが子供がメディアを通して見た、いかなるものとも似ていない場合、それはコンタクト体験の印になります

●『招かざる者（The Uninvited）』の著者のニック・ポープは、コンタクト体験の研究家であり、

イギリスの国防総省に勤めてた経歴を持つ人なのですが、彼は本の中でこう言っています。

「子供によっては、コンタクト体験をイエスのような宗教的な人物と結び付けて解釈することがあるかもしれません。場合によっては、サンタクロースのようなケースもあるでしょう。こういった行為は、子供が自分がこれまで見聞きしてきた実体験だけが解釈する際の唯一のフレームであることに起因するのかもしれません」

また子供は、ＥＴをピエロや猫、フクロウ、馬、オオカミ、犬、クモのような昆虫と見なす可能性もあります。子供たちは、大きな目を見た恐怖感をよく口にします。私のクライアントの娘さんは、ＥＴのことを「小さな灰色のネズミ」と呼んでいます

●子供がスラスラと一貫性を持って自分の体験について話すでしょう。子供相応に困惑し、珍しい体験が引き起こす好奇心を示すものの、大人とは異なり、子供は何を言ってよいか、ダメなのかという判断によって妨げられません。彼らは自分たちにとって何が現実なのか話すことができます。子供たちのこの性質によって、コンタクト体験にいっそうの信憑性と信頼性を与えるのです。子供の遭遇体験のレポートは、それに関連した語彙《ごい》の範囲が限られているのにもかかわらず、その体験に忠実であることが多いのです

エルは、娘のイエナとの別の意識体験について私に話してくれました。イエナはその当時、７歳でした。

イエナは私にこう言いました。「ママ、後ろにエイリアンがいる」

「本当？」私は陽気な口調で訊きました。

「ふざけてる場合じゃないよ」

「エイリアンがいるかママには分からないわ」私はもっと真剣に言いました。「どんなエイリアンがそこにいると感じるの？」

イエナは口を閉ざして、自分の前方を見つめた後に言いました。「ドラゴンのようなエイリアンたちよ」

「どうして、ドラゴンのエイリアンたちがそこにいると思うの？」

「エイリアンたちは、私の話を聞いてくれないの。一度、エイリアンたちの宇宙船に乗せられて、エイリアンの星に連れていかれたことがあって。エイリアンたちは自分が行きたい所ならどこへでも行けるのよ。エイリアンは、ただ行きたいと思うだけで、そこに姿を見せることができるの」

後日、イエナはエイリアンが彼女にしたことを説明してくれました。

「エイリアンたちは、私をフライパンだと思っていたわ」イエナは言いました。「エイリアンたちは、私をナイフとフォークで突っついたの」

エルはこの話を聞いたとき即座に、子供の視点から見た外科的施術のことであると感じました。

●あなたの子供が、体験について年齢にそぐわない奇妙なコメントをしたとしても、それはコンタクト体験においては正常なことであると知る必要があります。例えば、エルは娘がエイリアンの病院の夢を見たという出来事について述べています。極めて聡明で、年若い彼女の娘はこう言いました。

「エイリアンの病院の夢を見たの……とってもヘンなの。どこにもトイレがないのよ！」

興味深いことなのですが、私のサポートグループに参加している母親の別の7歳の子供が同じ内容のことを述べています

あなたの子供が「新しい子供たちの集団」の一人であり、何からのコンタクト体験をしていると考えられる場合、下記の簡単なガイダンスと指示を利用してください。

子供たちのフィーリング

●非常に霊的で、宇宙的な霊性に惹かれる傾向がある
●両親や兄弟に違和感を持っていると訴える
●自分と同じであると感じる人が誰もいない
●使命や目的の感覚がある
●自分の肉体があまりにも重く、がさつで濃密度に感じる
●あらゆる生命に対して強いつながりを感じる

●惑星の環境に対して情熱を持っていて、それがたとえハエやアリであっても殺生に強烈な反応を示す
●異様な絵やシンボル、文字を描きたいという強い衝動を感じる
●自分が感じたり、見たりしたものを描きたいという衝動を感じる
●一定のレベルで自分が強い親近感を持っている奇妙な言語を話したいという衝動を感じる
●絶えず見られたり、観察されているような感覚がある
●人間ではない存在だと言うことができる何者かによって、休んでいるときや眠っているときに触られているとう感覚がある
●経験や意識を他人とシェアしているという感覚がある
●他の惑星、他の世界、他の存在、他の現実世界に行ったという感覚がある
●マインドや思考の中で、テレパシー的に情報を与えられているという感覚がある
●自分の身体の内部にインプラントされた物体があるように感じる
●他人の思考が聴こえると感じる
●離れた場所に行きたいという欲求がある
●何らかの方法で、自分の肉体やマインドが変容していると感じる

肉体的な側面

●肉体に原因不明の模様や、説明がつかないひっかき傷がある

●鼻血が出る（インプラントの典型的な場所。第11章を参照してください）
●奇妙な瘤《こぶ》が、耳の裏、足、手首、首の裏側にある
●目の痛み（ある種のインプラントが、目に刺激を与えることがあります）
●身体の色々な部分に、あざ、湿疹、発疹、痛みがある
●汚染物質に非常に敏感で、アレルギーに苦しむ
●極めて若年齢で、肉製品を拒み、菜食主義に惹かれる
●おねしょが大きくなっても続くのは普通です。コンタクト体験者である子供は、高い確率で夜尿症（おねしょ）に苦しんでいます。そして、それは7歳から9歳まで続くことがあります。この状態が、コンタクト体験に起因するものか、他の要因があるのか決定するのは難しいです
●朝目覚めると、気だるさと無気力感がある
●人ごみを嫌う
●睡眠のパターンが不規則
●「失われた時間」、あるいは「余分な時間」を経験する
●聴覚が優れ、場合によっては聴覚過敏

意識とPSI能力

●自分の手の中や周囲の人々のエネルギーを知覚する
●人々の周囲にある色を見て、認識する（オーラ）

●異様な学校に通っていた夢を見る
●体外離脱体験、「浮遊」している夢を覚えている
●固体の物質の中をすり抜ける夢を見たと話す
●地球人や宇宙人としての過去生の記憶がある
●「二重」の世界の認識、二重の意識がある
●意識的に学んだことのない普通ではない情報や、霊的、科学的な知識がある
●実際に起こる前の出来事に関する情報を持っている
●思考によって電気を点けたり消したりできるなど、電子機器に自分が影響を与えることができることを知っている。多くのコンタクト体験者は、例えば街灯でこれを行うことができることを知っています

特異な現象

●異様なシンボル、奇妙な風景や人々の絵を描く
●自分に情報を与える、もう一つの「目」、特別な目に関する話をする
●自分の体の中のエネルギーの高まりについて話す
●彼らの周囲に奇妙な光が見えたり、超常的な現象が起きたりするなどの普通ではないサイキック的な現象が起こる
●しばらくの間、行方不明になるが、自分がどこにいたが思い出せない

（学校の校庭からいなくなった子供がいて、そのために叱られるが、自分がどこに行っていたのかまったく思い出せません。ある子供は、夜間に家の外で発見されたのですが、家中の鍵はすべてかかっていました）

●衣服がなくなる、または衣服が別の場所に移動している。しかし、子供にはそれを動かした記憶がない

●人々の周りに色が見える、あるいは感じると子供が話す

●親が考えていることを感じたり、知っていたりすることがしばしばある

●架空の友人が訪ねてくると言う。特に夜間の訪問が多い

●異様に直感が鋭く、サイキック的で、歩行や会話などの分野での発達が早く、読書能力の習得が平均よりも早いかもしれません

●非常に知性が高い

●非常に繊細

●極めて創造的

●年齢や教育水準から見て、異常に情報を持っているように見える

●学校生活に溶け込むのが難しい

●腕時計を身に着けることができない（なぜなら、その時計が壊れて止まったり、遅れたりして、彼らを困らせるから）

●彼らの周囲の電子機器が頻繁に壊れる

●あなたの子供が、ＡＤＤ（注意欠陥障害）またはＡＤＨＤ（注意欠陥多動性障害）と診断される

可能性があります

●「影のような存在」として、彼らの周りにオーブなどの存在が見える

一定の割合のコンタクト体験者には、ＡＤＤやＡＤＨＤと診断された子供がいます。これは、スター・チルドレンがいかに異質なものであるかを物語るものです。

ある若い女性は、自分の子供時代に困難に感じたのは現実に対する知覚であったと私に説明してくれました。彼女は生まれたとき、「固体」が何であるかを理解せず、初めは物をただのエネルギーとして知覚していたと言っていました。彼女は、物体とは固体であると教えられたとき、それを理解するのに苦労し、固体が意味するものを学ばなくてはなりませんでした。また、彼女は時間が直線的であるという人間の概念を理解できませんでした。彼女は、時間を形而上学的な見地から、あらゆるすべてのものが「今」の中にあることを理解していたのです。彼女はこう言っていました。「運動の速度が遅い物体がここにあって、それが進むのにどれくらい時間がかかるか、私に教えるのに皆はイライラしていたわ」

彼女の意識では、創造とはもっと瞬間的なもので、彼女が言うには、ただそれを知っているのだそうです。彼女にとっては、情報がただそこにあるのです。そして、それは彼女が意識的に学んだのではなく、すべてそこにあったのです。そのため、彼女にとって人間の学習のゆっくりとした複雑なプロセスと付き合っていくのがとても困難でした。

仮に、これらの異なった知覚がスター・チルドレンに適用されれば、そのような子供たちは人間

の世界と彼ら自身の世界との間の不一致を確実に経験していることになります。そしてこれが、多くのコンタクト体験者の家族にはＡＤＤやＡＤＨＤと診断された子供たちがいることの説明になるかもしれません。こういった事象に対して私の研究を開始した際、私はリチャード・ボイランに、類似したつながりを彼が発見しているかどうか訊ねました。彼は、こう答えています。

「スター・チルドレンの中にＡＤＤやＡＤＨＤと診断された子供たちがいると考えているように思われる人もいます。このケースで私が思うのは、スター・チルドレンは普通の学校や他の『凡庸』な情報の説明に、ものすごく退屈し、混乱しているようだということです。彼らの散漫な注意力は、退屈の結果生じたものなのです」

こういった子供たちは異常なまでに知的であるということに私自身も同意したい気持ちに傾いています。普通の教育では彼らを刺激しないことが分かったと大勢の人々がコメントしています。そして、ＡＤＨＤの子供たちの中には私たちが理解し、定量化するには至っていない完全に異なる方法で世界を確かに認識しているようなのです。

スター・チルドレンの心配点

●暗闇を怖がる。これは大人になってからも続くことがよくあります
●窓の付近で眠ることに不快感や恐怖を覚える。ＥＴが窓を通ってやってくるのを見たと彼らはよ

く言います

●ピエロ、フクロウ、クモを恐れる。ETは、その人にとって認識しやすい、普通の何かの姿となって現れようとします。これは、「投影された記憶《スクリーン・メモリー》」と呼ばれています

●不安を感じて、親の後をどこへでもついてくるかもしれません。それは、彼らが常に観察されていると感じているからです

●悪夢を見て、奇妙な存在について語る

●夜間に金縛りにあう

●家の中に「怪物」がいないか探したがる。彼らは、クローゼットの中に怪物がいると思っているかもしれません

●引きこもりがちで感受性が繊細

●不眠症、もしくは不規則な睡眠のパターン

どうやって、スター・チルドレンを助ければよいのか?

彼らの話に耳を傾けてください！　あなたがすべき最も大切なことの一つは、彼らの体験に敬意を払い、話を聴くことです。それによって、あなたの子を助けることができます。どんな方法であれ、彼らに自分の体験を探求させることが有益で建設的です。彼らの体験を否定しようとしたときのみ、子供は自分自身と自分の知覚を疑うでしょう。

子供の頃、自分が何を見て、何を感じているか知っていました。でも、私の両親は、私が見

たものは現実のものではないと言ったものです……それは私が大人になったとき、悪い影響を与えると。そうなのだろうと私も分かっていましたが、私は信じませんでした。自分の判断が損なわれますから。

ジュリア

親たちは絶えずスター・チルドレンの最も助けになる方法は何かと私に訊ねました。自分の子供がコンタクト体験をしているという事実に気づき、それを受け入れることが、親にとって最も対処するのが難しいことの一つです。親として、私たち人間の必要性の一つは、認識されたあらゆる脅威や害から我が子を守りたいということです。この問題は、親たちに怒りの感情をもたらすだけではなく、無力感を与えるかもしれません。親たちの何人かは、自分自身のコンタクト体験を処理するよりも、自分の子供がコンタクト体験をしているという可能性と共に生活するほうがずっと難しいと言っていました。この点に関して、ある母親からの報告があります。定期的なコンタクト体験が、彼女の幼い子供に悪影響を与えるのではないかとその母親は心配していました。その母親は実際にETたちにテレパシーで交信を行って、子供に休息を与えてほしいと頼みました。その要求が受け入れられたように見え、その後、彼女の子供は相当な時間、コンタクト体験から離れました。

子供と同じように、可能な限り情報が与えられることが親にとって最も助けになります。自分自身のコンタクト体験を理解すればするほど、自分の子供と自分自身をサポートしやすくなります。これは特に重要なことなのですが、仮に親自身がコンタクト体験を非常に恐れたままであるならば、必然的にその恐怖が子供に伝わります。

子供が抱く、どんな単純な質問にでも答えることを忘れないでください。そして、その子供の年齢に適した言葉で可能な限り説明するよう努めてください。そのときの子供の好奇心が十分に満たされるまで話してください。ただし、不必要なことは差し控えてください。

これに加えて、その子供の年上の子供もコンタクト体験者である場合は、上の子が下の子にコンタクト体験について話すことが時には助けになるでしょう。私たちは、年長の子供にはそれができると思っています。いかなるときであっても、どの子供に対しても恐怖を伝えることは、まったく不益であることを忘れないでください。その代わりに、何が起きても、常に親のもとに戻ってこられると伝え、安全に目が覚めることができるのだと念を押してください。問題をシンプルに保ち、率直、正直に答えてください。もし、答えが分からないのであれば、そう言ってください。子供が苦しんでいるように見えない場合は、子供が知覚しているものを、怖いものであるとか、混乱させるようなものとして子供にただ単純に情報を与えることは助けにはなりません。恐怖を乗り越える助けとなる別な対処方法を子供の内側から見つけることを助けたほうがずっと有益なのです。何を言うべきか分からない場合は、最初に配偶者か、コンタクト体験について知っている友人と相談してみましょう。できれば、子供がいる友人がよいです。

あなた自身に子供時代のコンタクト体験の記憶があれば、あなたの子供の年齢に応じて、その体験について話すことも助けになるかもしれません。そのような体験をしているのは自分一人だけではないと気づかせるのです！　そうすることによって、子供にとって可能な限りその体験を普通のものにすることができます。仮にあなたが自分自身を恐れているならば、あなたはそれを自分の子供に伝えていることになりますから、大きな注意を払ってください。子供がコンタクト体験を問題にしていないなら、あなたもそのように努めるべきです。子供を怖がらせることは何の助けにもなりません。ですから、何を説明すべきか分からない場合は、専門家のサポートを求めるか、前に述べたように他のコンタクト体験者にアクセスすることを私はお勧めします。他のコンタクト体験者たちは、自分自身もスターチャイルドの子供がいる親かもしれません。会合の内容を自由にセッティングできます。

正直であることが常に最善の方針です。それから、こういった子供たちはその年齢に相応するものを遥かに超えた知識と叡智にアクセスしているように見えることを覚えていてください。そして、あなたが持っているかもしれない同じ恐怖や葛藤を彼らは持っていないかもしれません。彼らの気づきと理解を尊重することによって、あなたは健全でポジティブな方法で彼ら助け、彼らの持つ潜在能力《ポテンシャル》を引き出すことができます。子供たちは、自然に内なるリソースにアクセスしているのです。彼らの内なる叡智と現実に自信を持つように励ませば、バランスがとれた健全な方法で自分のコンタクト体験とうまく付き合っていく機会を得ることができます。

エルは実に雄弁にこう語りました。

「私がイエナの先生であるように、イエナも私の先生なんです」

子供が自分のコンタクト体験を覚えている量によって、あなたが子供に言うべきことが決まります。彼らは少ししか思い出せないか、あるいはただ漠然とした夢を覚えているだけかもしれません。仮に彼らが動揺を見せず、いかなるトラウマもない場合は、あなたに頼ってくるまでは何も言わないでおくことを私はお勧めします。

どうやって子供に恐怖を対処させるか?

第5章で恐怖と戦う上で助けとなる多くの戦略を列挙しましたが、その戦略は子供にも利用できるものです。恐怖は伝染しますので、あなた自身がこの体験に大きな恐怖を感じている場合は、そのことを認識することが重要となります。さもなければ、あなたの恐怖が無意識のうちに子供にも伝わってしまうのです。それから、恐怖はテレビや本などのメディアを通じて、他のソースから発生する場合もあります。

7歳のスターチャイルドを持つ母親は、私にこう教えてくれました。彼女の娘はテレビでネガティブなETの姿を見るまでは、自分のコンタクト体験に対して何ら問題はなかったそうです。しかし、そのテレビを見て、彼女は異様に怖がるようになってしまいました。多くの人が、テレビを見たり、メディアによるこの現象の描写にさらされることによってコンタクト体験を恐れるようになりました。子供には、何が有益で何が有害であるか判断する方法を知りません。したがって、極端な暴力やポルノと同様に、この情報について監視することが重要です。

恐怖は人から人に伝染します。当時11歳だったダニエルという少年のこれから紹介するレポートがそれを如実に描写しています。彼は、何年間もETのグレイたちと会ってきました。グレイの中の一人を彼は特に気に入っていて、グレイに対して安心感を持っていました。ダニエルが、そのグレイにニックネームを付けていたほどです。しかし、その親近感にもかかわらず、時が経つにつれ、ダニエルは夜間の遭遇にだんだん恐怖を感じるようになり、それが彼の妹に影響を与えました。ダニエルの妹も、同じように怖がるようになったのです。

切羽詰まった様子でダニエルの母親は、二人の子供が一晩中、家中の明かりをずっと点けっぱなしにしてほしいとせがまれて大変なことになったと言っていました。ダニエルの母親は、様々な手立てを尽くしましたが、どれもうまくいっていないように思えました。ダニエルが恐怖と向き合うために、ある「ニンジン」を使って彼を勇気づけることに私は決めました。ダニエルが、わずかな明かりで夜を乗り切るごとに、特別な星のシールを与えることにしたのです。何とかうまく夜を乗り切れば、週末にご褒美がもらえます。ダニエルの母親は、次の週に電話をくれました。「ニンジン作戦」はうまくいき、ダニエルは星のシールをもらうために、毎晩たった一つの明かりだけで夜をやり過ごすことに決めました。驚いたことに、ダニエルの妹も同じようにしたのです。子供にとっては小さな動機があれば、恐怖を克服できるように思われますので、この手の戦略が極めて重要になります。

「対処法に関する、強力な『内なる知識』を子供が持っている場合がよくあります。それが勇気づけてくれるのです」デボラ・トランケイルは著書の『エイリアン・ディスカッション（Alien Discussions）』の中でそう言っています。トランケイルはまた、自身のケース・スタディから、恐怖を表現したり、ETたちと付き合いたがらない子供の中には、その恐怖のためにET側が立ち去ったり、ETが何も語らなかったと言っている子供がいたと述べています。これは、子供たちに中にコンタクト体験に対して「ノー」と言えることに気づいた子供もいるように思われます。

コンタクト体験によって、すべての子供がトラウマを受けるのか？

多くの子供たちは、自身のコンタクト体験に気づいておらず、研究では子供の中には歳が長じるまで、その体験に関する記憶がほとんどない、あるいはまったく記憶がない場合があることを示唆しています。「古典的」なパターンでは、子供時代に記憶隔差（忘却）があり、それはトラウマを防ぐための防御機構である可能性があります。漠然とした記憶を持っている人もいますが、そうした人もその記憶を不思議に思い、その記憶があまりにも奇妙であるため、その当時はそれ以上そのことを追求しなかったことに自分でも驚いているとコメントしています。これは、そういった反応自体に「普通」の反応というものは存在しません。私たちには好奇心があり、人生の中でもっと異様な出来事が起きて、それについて追求するでしょうから。しかし、自分のコンタクト体験を認識し、それに対して恐怖心を持っている子供たちについては、私たちはどのような救いの手を差し伸べることができるでしょうか？

●自分の体験を話すように励ます

●安心感を与えることができる方策を教えてあげる（明かりを点けたままにする。あるいは、彼らがコンタクト体験と付き合っていく上で助けとなるように部屋の配置を変えるなど）

●彼らが宗教上の人物や、物品を信じている場合は、そういった人や物がいっそうの安心感を与えることができるかもしれません。彼らが信じている宗教上の人物に祈ることが助けになるかもしれません。あるいは、ある種の特別な言葉やマントラなども役立つかもしれません。子供が信じているものは何であれ、それが気分を和らげるのです

●子供があなたとその体験について話し合いをする場合、あなたがどのように返答するかが極めて重要です。何が起きても、家の中で常に守られ、無事であるということを子供に伝えてください！　そのときは何が起こっているのか理解するのは難しいでしょうが、子供は常にあなたによって愛され、支えられるでしょう

●子供に理解力がある場合は、ＥＴに手紙を書かせ、自分がどのように感じ、何が好きで、何が嫌いか表現させてください。子供が望むなら、何が起きて、何を見たか、絵を描かせてみましょう

どこに行けばサポートが得られるか？

この現象は、社会の大半が理解しておらず、知られてもいませんので、あなたが自分で収集でき

る限りの、あらゆる情報のリソースが必要になるでしょう。これはあなたが他人とシェアできないものであることを覚悟してください。たとえ家族であっても同様です。外部のリソースによる助けが必要になるでしょう。それから、子供の「妄想」や悪夢に耳を傾けて子供をサポートすることで、家族や友人たちから批判されるかもしれません。ダニエルの家族はそれを体験しました。ダニエルの叔父が恐怖心からダニエルの母親を非難したのです。ダニエルの叔父は、その体験を受け入れることで、母親がダニエルの空想を助長していると思ったのです（叔父は、ダニエルの体に現れた物理的な模様という証拠を無視しました）。母親は、叔父にこの現象について情報を伝えようと努力しましたが、彼の不信感はぬぐえませんでした。最終的に、ダニエルの母親は叔父をそれ以上説得しても無意味で、この件から彼を遠ざけるのがベストであると決心しました。

感情的なサポートを扱った第6章を参照して、こういった事態を避けるよう努めてください。指針は以下の通りです。

- 協力的な家族や友人に相談する
- この手の体験を理解しているセラピストやカウンセラーに相談する
- サポートグループに参加するか、自分で立ち上げる
- 情報をさらに収集する

スター・チルドレン、新しい子供たちの集団

この特殊な子供たちについて述べた本がたくさんあり、その中の一冊にアメリカ人の作家のダナ・レッドフィールドの本があります。ダナは自身のコンタクト体験に関する本を2冊出版しています。

彼女の最新の本のタイトルは『ET－ヒューマン・リンク：私たちからのメッセージ（ET-Human Link, We Are the Message）』です。この本の中で彼女は、こう質問しています。「私たちはET－ヒューマンなのでしょうか？　それとも、目覚めた人間なのでしょうか？」ダナは、ゴールデン・チルドレン、スマート・キッズ、ワンダー・チルドレンについて書いています。

もう一人の研究者で作家であるケネス・リングは、彼の著書『オメガ・プロジェクト（The Omega Project）』で、NDE（臨死体験）とアブダクション体験は、人類の新たな品種のフロンティアである可能性を示唆しています。彼は自身のヴィジョンと体験を、この新たな人類「オメガ・ヒューマン」のための「生みの苦しみ」であると感じています。イギリス人の研究者で、UFO現象に関する無数の本の著者であるジェニー・ランドルスも「オメガ・ピープルとスター・チルドレンは同一のものである」と言っています。ロジャー・リアー博士は現在、「ニュー・ヒューマン」に関する調査プロジェクトを行っており、例外的な子供たちを持つ両親たちに寄稿を促しています。

キャリル・デニスも、パーカー・ウィットマンとの共著『ミレニアム・チルドレン（The Millennium Children）』の中で、驚異的なサイキック能力を発揮したり、高い知性を示し、他の次元に対する認識を持った特殊な子供たちに関する多くの話を紹介しています。

『中国の謎（Mysteries in Mainland China）』の中で、著者のポール・ドンも、中国の子供たちの中で見つかった、幾つかの「驚くべき人間の機能」（ＥＨＦ）について語っています。同様に『中国のスーパー・サイキック（China's Super Psychics）』は、そのような並はずれた子供と彼らの驚異的なサイキック能力にフォーカスしています。『愛の使者、サイキック・チルドレン世界を語る（Emissary of Love, The Psychic Children Speak to the World）』の著者、ジェームズ・トワイマンは、彼がブルガリアで会った最も驚くべきサイキック能力と叡智を持った子供たちについて話しています。その子供たちは密かに、ある修道院の中に匿われ、そこで訓練されています。彼らは自分たちを「オズの子供たち」と呼んでいます。他の仲間たちが世界の様々な場所に住んでいて、互いに連絡を取り合う手段がないものの、自分たちはつながっていると主張しています。彼らはマインドを使って物を動かす力をあり、思考を読むことができます。

「新たな人類」の出現という仮説を裏付ける科学的な証拠があるように思われます。ベレンダ・フォックス博士（心理学と自然療法、ホリスティック療法士）は、血液検査を通してＤＮＡと細胞の驚くべき変化の証拠があり、実際に新しいＤＮＡの鎖を発達させている人々がいると言っています。

このことは、数年前にメキシコ・シティで開かれた世界中の遺伝学者が参加した会議で議論されました。その会議の主たる関心事は、そういったＤＮＡの変化に対するものでした。これは大きな変化であり、遺伝学者たちによれば、かつて起こったことがないような変異です。その当時は、その変異は水に起因するものと推測されていました。

そのような新たな子供、新たな人類は、様々に異なった名前で呼ばれています。それは同一のもので、彼らの存在は、人類の新たな進化の段階の一部を示すものなのでしょうか？　スター・チルドレンには、様々なタイプがある可能性があると研究が示唆しているのは確かです。そして、そのタイプは彼らが住んでいる場所や社会の中における役割によって変化します。さらには多くの人は、彼らには特別な仕事が関係していて、ある種の使命感のような意識があると考えているようです。彼らは、感受性が豊かで、恥ずかしがり屋で、トレイシー・テイラーのように創造的な人々です。彼らは、アートやシンボリズムを通して、私たちを目覚めさせるために創造性を用いているように思われます。少女イエナのような、もっと挑戦的なスター・チルドレンである「精神の戦士《スピリチュアル・ウオーリアー》」もいます。しかしながら、ここで示されたこの現象の正体がどんなものであれ、それは世界的な現象で、信じられないほど大勢の子供たちが関係しているように見えます。

スター・スクールとは？

ママ、僕、学校でよりも宇宙船の中で勉強をたくさんしてるんだ。

エイデン（5歳）

ETの訪問者たちが、「新しい子供たちの集団」に教育的な支援をしていることを示唆する多くの報告があります。コンタクト体験者であり作家であるホイットストリー・ストリーバーは、彼が参加している「秘密の学校」について語っています。そこでは、彼や他の参加者がスピリチュアルな概念から、私たちの宇宙に関する理解に至るまで多くのことを学んでいます。「秘密の学校」の存在を示唆する多くの証言が確かに存在していて、そういった子供たちは彼らが意識的に学校で学んだことのない知識があることに私たちは気づいています。彼らは自分たちの起源とその多次元性に関する気づきがあり、その気づきを通じて自分たちが理解することができたエネルギーを表現し、そのエネルギーをヒーリングやアート、風変わりなテキストやシンボルを描くことに使っています。トレイシー・テイラーのように、そのエネルギーをアートを通じて創造的に表現している人々もいます。他にも、そのエネルギーを音楽や他の芸術的・創造的な表現の形態に使用している人々がいます。

彼らには、テレパシックなコミュニケーションの手段があるように見え、情報を受け取ることができ、その情報により、さらに理解を高めることができます。しかし、最大の障害であり最大の恐怖が、「古い人間モデル」からやってきています。「古い人間モデル」とは、自分の制限された現実に対する認識に必死になってしがみつき、新しい人類をその「罠」の中に閉じこめようとする人々です。

ダナは、私への手紙の中でこう書いています。

「恐怖という人間の側面に、どう対処していいのか私は分かりません。たぶん、恐怖とは意識が拡大していく際にどんどん表面化し、それによって人間がどんなに危険になるか私たちは知っています。私たちは常に真実を話し、それでも人々の中に安全にいることができるのでしょうか？」

スター・チルドレンの困難は、この現象そのものに対する限られた理解から派生しています。さらなる研究が完了し、コンタクト現象に対するある種の専門的な知識が主流社会に浸透するまで、一般の人々は自分が理解できない物事をカテゴライズし、それを投薬治療で治そうとし続けるでしょう。標準的なものであると信じられてきた、ただ古いだけで制限され、条件付けされ、プログラミングされたシステムによって、大半の大衆は子供たちが私たちに示す何ものも容認しようとはしないでしょう。そして、それが受け入れられる過程において、大衆の精神に莫大なダメージを与えるかもしれません。

そういったスター・チルドレンの多くが、ドラッグやアルコールを摂取することを選んでいる可能性が非常に高いです。何故なら、私たちが教わった現実を構成していると信じているものの、制限され、条件付けされたヴァージョンと彼らは付き合うことができないからです。ある人によっては、自分が狂っていると考えたり、何かに対する恐れによって、ドラッグが魅力的な選択肢なのかもしれません。すべてをシャット・ダウンするからです！　事実、何人かの若いコンタクト体験者が、現実から逃避する手段としてドラッグをやっていることを私に話してくれました。彼らは自分たちに起きていることを怖がっていて、他の人々の考えや行動に怯えていました。

したがって、このような意識を有している子供たちに対する無条件のサポートが必要不可欠なのです！

しかし、私たちが持っているデータは限られており、この現象が意味するものすべてを現時点において定量化するのは困難です。現時点での研究では、私たちの遺伝子構造が再プログラミングされていることが示唆されているのは確かです。それのみならず、最近まで極めて少数の人々の中にだけ見ることができた「超意識」を助長する、人間ではない存在によって計画的・継続的に行われている教育プログラムすら暗示されています。しかし、それを適切に調査するには、まず第一に承認がなければなりません。それを行う必要があると言うべき何かを。リアー博士など、多くの研究者が言うように、意識の多くのレベルにおける人類の急速な進化を目の当たりにするのではないかと私は感じています。仮にそれが実際にそうであるならば、それを認識するばかりではなく、新たな子供たちを支援するプログラムを促進することが重要です。適切なサポートによって、彼らの統合を助け、健康に育てていくために。アメリカのＡＣＣＥＴのメンバーであるリチャード・ボイランや、ロジャー・リアー博士のような人々がそのパイオニアです。

２０１０年の改定版における著者のノート

２００２年に本書を執筆して以来、ＡＤＨＤの子供たちだけではなく、自閉症スペクトラムの子供たちの中にもコンタクト体験をしている子供がいる可能性があることが私の研究によって示唆されています。自閉症スペクトラムの子供の中には、天使や宇宙人との交流を体験している子供がいて、そういった子供たちも自閉症あるいはアスペルガー症候群と診断されているケースがあるようです。

第10章 最も異常な体験……失われた胎児シンドロームを徹底検証する

この章では、コンタクト体験が直面する最も物議をかもしている「失われた胎児シンドローム」を検証します。まず最初に、伝統的な医学的説明と、個人的なレポートを見ていきます。そして医学的な説明が、そのことが実際に起こったと信じている女性たちの感情的な物語を考慮しているか否かを問いかけます。医学は、その女性たちが体験した物理的な異常の数々を説明できるでしょうか？　そして、コンタクト体験者の兄弟や家族がそのような「失われた子供たち」の存在をどのようにして気づくに至るのか、医学は説明できるのでしょうか？

私たちは、アン・アンドリューズの個人的な感情に訴えかける物語を含めることによって、この現象をさらに深く掘り下げていかなくてはなりません。アンは、「失われた胎児」の経験者で、自分の胎児であった息子が宇宙人によって抜き取られたと最終的に確信しています。この話は疑いなく、彼女が人生の中で直面してきた最も困難で、悲痛な問題です。アンは恐怖心を抱きましたが、答えを探す決心をしました。彼女は、実際に何が起きたのか、それを理解するための探求の中で毅然としていました。彼女は自分の隠された記憶を解き明かすため世界の半分を旅しました。彼女は訊ねたのです。「なぜ、私の息子は抜き取られたのか?」と。

まず、「失われた胎児シンドローム」とは何なのでしょうか？　それは、コンタクト体験に関係する現象で、高い確率で妊娠したと信じていた女性が抱える問題です。その女性たちは、妊娠に関するあらゆる物理的な兆候、例えば、妊娠テストの陽性反応、超音波検査、胎児の心臓の鼓動の記録などを体験しているのですが、数週間、あるいは数ヶ月後にその妊娠が「消えて」しまったことが判明します。これは当初、通常の流産であると説明されます。しかし、それを体験した女性たちの多くがその説明に対して自分たちの体験とフィーリングにそぐわないと感じることがよくあるのです。

流産の後、彼女たちは口ぐちに不穏な夢やフラッシュバックを体験したと言っています。それは、何かもっと普通ではないことが起こったことを示唆するものです。彼女たちの感情は大きく乱れ、理由が理解できずに苦しみます。そしてそれに加えて、そういった女性たちは何度も同じような妊娠が自分たちに起こってきたと信じているのです。

誰とも親密な関係を持っていないのにもかかわらず、妊娠したと感じている女性もいます。一度も出産したことがない女性が、医師の問診の中で、妊娠によってのみ説明可能な、再生組織について質問を受けたというケースすらあります。それらのすべての妊娠において、胎児が消えているのです。医療の専門家は、この現象を胎児の再吸収として説明できると言うでしょう。しかし、その女性たちの中にはまったく異なったフィーリングと視点を持っている人がいて、彼女たちは自分たちの子供が妊娠から最初の数ヶ月で抜き取られたと頑《かたく》なに信じています。多くの人が、コンタクト体験の中で、胎児が抜き取られたと言っているのです。

「失われた胎児シンドローム」に対する医学的な説明

一般的な説明は以下のようなものです。

●枯死卵。胚が退化した、もしくは妊娠が始まったときから、それが存在しない。胎盤組織は存在するが（多くの場合、変形型で）、尿検査でベータHCGホルモンの分泌が認められる。したがって、テストによる陽性反応自体が、胎児がいたということを意味するものではない

●自然流産。胚や胎児が子宮外妊娠が可能となる前に、自然に流産した結果、妊娠中絶となった（一般的に妊娠20週以内）。胎児が見つからないのであれば、それはつまり枯死卵である

●稽留《けいりゅう》流産。胎児の発育は止まってしまうものの、妊娠は中断されず、その後5ヶ月もの長い期間、子宮内に留まることがある。自力で生きることができない胎児が自然に流産とならないことがあるが、その理由は不明である

●胞状奇胎（1／500の確率）。原因は不明だが、受精卵がベータHCGを分泌するブドウ状の組織に急速に増殖する塊へとなってしまうことがある。したがって、妊娠テストの陽性反応は、肥大化した子宮であり、「失われた胎児」の正体なのかもしれない

●第二度無月経。6ヶ月以上の月経の停止。妊娠以外にも理由は様々で、例えばストレスや食欲不振など

●想像妊娠（偽の妊娠、1／500の確率）。妊娠の兆候があるが、子宮が小さく、妊娠テストは陰性。問題となっている女性は、妊婦の役割を担うことを想定されていて、子供がいないと分かった場合は、ひどく失望するだろう

上記のような伝統的な説明を考慮した場合、すべての失われた胎児が説明でき、その女性たちの全員が単なる自然流産を経験していると言えるでしょうか？　これらの失われた妊娠と流産は、コンタクト体験が、「伝統的」で「自然」な説明が可能であるという理由で片付けることが可能なのでしょうか？

数多くのUFOサークルで失われた胎児シンドロームのことが書かれています。そして、大半の臨床医学者は、他の可能性がある要因に関する知識を持たずに、医学的な説明のいずれかに同意するでしょう。そのため、もっと具体的な証拠を得るのは非常に困難です。しかしながら、感情に訴えかける実質的な事例証拠の存在を却下すべきではありません。

それでは、胎児の拍動が記録されたのにもかかわらず、その後に胎児が消えてしまった女性たちの証言を検証してみましょう。

母親の意識

エルは、失われた胎児シンドロームを体験したかもしれないと徐々に気づくようになりました。自分のコンタクト体験についてもっと知りたいという努力の中で、彼女は自分の仮説に賛成してくれる開かれた心を持った精神科医の所に行きました。その精神科医は、退行催眠をエルにかけて、1991年の妊娠時に戻りました。私は、純粋なオブザーバーとしてそのセッションに参加していました。

エルは言いました。「とても悲しく感じるわ。そのことを考えるのがつらいのよ」

「どうして？　何が起こったのですか？」

「彼らが抜き取ったのよ。彼らは抜き取る予定だと私に言いました。彼らは私の寝室に入ってきました。彼らは私の女の赤ちゃんを抜き取って、私を宇宙船に乗せ、赤ちゃんは私から奪われました。私の赤ちゃんがとても大切な種族の一員として選ばれたと彼らは言っていました。その種族は、みんなを助けるために創造されている最中だと言っていました。それが意味することは、彼女は大切に面倒を見られて、他の子供たちと一緒に成長していくだろうということでした」

その後、エルは別の妊娠のことについて語り始めました。彼女は、胎児を抜き取る手順について話しました。

「中が液体で満たされた、とても大きなビーカーのようなものがあります。長いチューブがあります。長く透明なチューブで、先端に何かが付いています」

彼女は、とても感情的になって話し続けました。「小さな、小さな子たち……水の中、液体の中に入っているわ。男の子よ、あぁ、神よ。（混乱して）、私の小さな男の子……あぁ、あぁ……」

この「失われた胎児シンドローム」を体験した女性たちの多くも、このタイプの措置について語っています。エルは、自分の子供に対する大きな愛について語り、彼女は何度もその子を見せられたと言っています。エルはその子のことを、優しくて、か弱い、とてもサイキックでテレパシックな存在として語りました。そして、その子には人間と物理的な相違が幾つかありました。例えば、頭髪が非常に少ないことや、目の形が異なるなどです。多くの女性たちが、彼女たちの子供について細かに描写し、また、子供たちに対して実に感情的な反応を示しました。

著書『アブダクション体験（Abducted）』の中で、アン・アンドリューズは、彼女の次男ジェイソンについて回想しています。彼女は、その子を宇宙船の中で身ごもったことを知っていて、決して赤ん坊のものではない息子の精神性について語っています。アンは私への手紙の中で、次のように述べています。

「何ヶ月か前に、ジェイソンは私に彼の赤ちゃんの弟を何と呼んでよいか訊ねました。私は全身に寒気を覚えたのですが、すぐさま『ネイサン』と答えました。ジェイソンは、自分が体験したことを私に話し、彼は『アブダクション／コンタクト体験』が自分に差し迫っていることを知っていましたが、怖がっていませんでした。次の瞬間、眩い光が彼を迎えに来ました。次に彼が覚えているのは、大きな部屋に自分が案内されている様子でした。部屋は薄暗かったのですが、暖かさを感じました。床の全面に赤ちゃんが寝かされていました。ジェイソンは、赤ちゃんたちは全員1歳で、自分の力で背筋をまっすぐにして座ることができると感じました。

ジェイソンに近づいてくる者がいて、ジェイソンが言うには、その人はブロンドの髪で、大きな青い瞳をしていました。赤ちゃんたちが遠くにいたため、ジェインは赤ちゃんたちの頭に毛がないと思っていましたが、ちゃんと見ることができないため、そう見えたのかもしれません。異様なまでに静かでしたが、ジェイソンが彼らの間を歩くと、赤ちゃんたちはジェイソンの方を向いて彼を見たと言っています。それから、彼は部屋の反対側のドアが開いたのに気づき、そこからもっと年長の子供が中へと入ってきました。その子供は、10歳ぐらいで、赤ちゃんたちと同じ特徴を持っていました。ジェイソンは、すぐさま気づきました……それがネイサンだと」

これと類似した報告が数多く存在しており、そこでは宇宙船の中にいる人間の子供が、自分の兄弟であるという意識を持っているように見えます。エルはまた、彼女の7歳の娘イエナとの会話を回想しています。イエナはこう言いました。

「ママ、昨日の夜、ママに赤ちゃんができる夢を見たの。病院に連れていかれたのだけど、間違った病院だった」

「どうして、間違った病院なの？」エルは訊ねました。

「ええとね、エイリアンの病院だったからよ。私はそこが好きじゃなかった。私たちを騙そうとして、赤ちゃんを家に連れて帰るのを許してくれなかったのよ」

それからイエナはETたちについて語りました。「あの人たちは、卵形の頭をしていたわ。そう、あれはエイリアンよ。エイリアンたちは、大きな頭で小さな体だった。棒のような指をしていた。赤ちゃんは男の子で、ジュリアンと呼ばれていたわ」


私のクライアントの数名が、彼女たち自身の失われた胎児について語ってくれました。その女性たちは、その体験について極めて真摯で、大抵の場合、非常に感情が豊かでした。多くの者にとって、その体験を適切に議論するのがとても困難であることが分かりました。胎児の拍動が記録され、妊娠が確認されてから、そこにあるはずのない傷跡が生殖器の上に現れるといったような異常な例が見られることがあるそうです。これは、彼女たちの子供／胎児が抜き取られたという「内的な気づき」を実証しています。私が聞いた報告の中から、異常な例のリストを列挙したいと思います。

●性行為を持たなかった女性が、それにもかかわらず妊娠テストの結果が陽性となり、妊娠を経験した。ある場合では、胎児の拍動を伴っていた。しかし、後になって、どういうわけか、そこに胎児が存在していた証拠が少ない状態で、その妊娠が消えてしまう

●妊娠を一度も経験したことのない女性が、何度も妊娠したことを示唆する生殖器官の傷があることを産婦人科医に伝えられる

●妊娠の陽性反応が、胎児の拍動の記録を伴って確認される。コンタクト体験の後、その女性たちは、流産していたことが発覚し、その際、妊娠した証拠がほとんど消えてなくなっている（胎児がいないなど）。この類の出来事の後、ある女性は自分から「何か」が抜き取られる記憶がフラッシュバックしたり、奇妙な夢を見るといったような形でトラウマに心をかき乱されたと言っている

●多くの女性たちが、宇宙船に子供がいたという強烈な感情とフィーリングを体験している。子供の視覚的なイメージを持っている場合もある。そのフィーリングは、自分の人間の子供の一人によって認められることがよくあり、人間の子供たちからは、他の拡大家族の一員としての認識を、その宇宙船の中の子供に対して感じている

●多くの女性たちが、赤ちゃんの夢を見せられ、それが自分の子供であるというフィーリングを感じ、その子供に対して深い愛とつながりを経験する

●多くの女性たちが、その子供たちがまったく人間には見えない視覚的なイメージを持っている。その子供たちは虚弱に見え、異質な特徴を多く備えているものの、それにもかかわらず、その子

供たちに対するリアルな親密感を覚えている

●20代前半のある女性は、数ヶ月間にわたって排卵日を測定していた。そして、排卵する予定となっているちょうどそのときにコンタクト体験をすることに気づいた。彼女は独身であったと私に伝えたが、自分は絶対に妊娠しているという感覚を持っていた。数週間後、その感覚はなくなったが、そのとき、深い喪失感と悲しみを経験した。これに類似した報告を数多く聞いたことがあります

●多くの女性たちが、テーブルに固定されて胎児を抜き取られる「夢」を見たと言っている。胎児の抜き取り方を意識的に覚えている女性もいる。彼女たちは、その体験について語るとき、混乱し、感情的な反応を示す

●多くの女性が、胎児が中に入ったコンテナの列を見たと言っている

●心的外傷後ストレス障害（PTSD）などのような、原因不明の感情的なトラウマを私は見てきました。ある若い女性がセラピストから、中絶を行ったことによる極度のトラウマを示すサインがあると伝えられた。彼女には、中絶した経験がなかったため困惑した。しかし、退行催眠を通じて、彼女はETによって胎児が抜き取られたことを発見する。そして、それが彼女には大きなトラウマとなった。「自分の息子を見た」と彼女は言っている

例えば、エルは、流産した後になって初めて、自分が妊娠していたことを医者に言われて気づきました。彼女の娘のイエナは、そのとき小さな子供で、母親が流産したことに気づいていなかったのですが、後になって「暗闇の中に赤ちゃんがいる！」と言って涙を流して苦しそうに泣き叫びました。

エルはこう言いました。「妊娠5週間であると確認されたのですが、その後の数週間にわたって、この子を身ごもり続けることはできないだろうという強烈な直感がずっと続きました。8週目に入ったとき、血痕があるのに気づきました。その後、数日間にわたって、それは増えていきました」

超音波検査の後、X線技師は結局、赤ちゃんはいなかったのだと言いました。混乱したエルは、そのX線技師にさらなる説明を求めました。胎嚢《たいのう》は成長しているが、赤ちゃんはいないと彼は言いました。エルは、血だけを見たのであって、それ以外は何も見ていないと思いました。彼女の幼い娘のイエナは母親の妊娠にまったく気づいていないと思っていました。エルが病院から家に帰ってくると、イエナは泣き始めました。「ママ、ママ。赤ちゃんが暗闇の中にいるの。赤ちゃんが暗闇の中に！」イエナはこの妊娠のことを直感的に気づいていたのだとエルは知りました。それで、娘の苦痛を和らげるため、彼女はベビーベッドが入った包みを広げました。イエナはベビーベッドを見ると、それをラウンジに持っていき、電球の下に置くように彼女に頼みました。そして、その中にトーチも入れて、これ以上赤ちゃんが暗闇の中に取り残されないようにしました。

イエナに加えて、エルの息子に対する説明も実に特異なものでした。息子さんは、その当時わずか7歳でした。エルはこう言っています。「私には息子のエネルギーを感じることができます。息子がそばにいてくれるのが好きです。ともて優しいから。息子はとても聡明でテレパシックです。あらゆることを学び、非常にサイキックで、マインドを使うことができるんです。息子の眼は……その眼は、彼らの眼によく似ているの。息子の頭髪は薄くて、ブロンド、明るいブロンドです。息子は、他の地球人の子供と同じようには反応しません。同じ感情をまったくと言っていいほど持っていないのです。でも、息子は私が自分と同じであることを知っているんですよ。息子はもっと静かで、もっと優しくて、もっと繊細なのですが」

従来の手法では説明することができない「失われた胎児シンドローム」に関する事象がもっともっと存在していることに疑いはありません。しかし、最終的には、仮にあなたにこの現象が起こった場合、伝統的な説明が当てはまるかどうか、判断することができるのはあなただけです。

コンタクト体験による妊娠かどうかを判断する基本的な指標を紹介しますので、あなたのケースに当てはまるかどうか自分自身でお決めになってください。

- 超音波検査による妊娠の陽性反応。特に、そのときに独身の場合
- 排卵時に、コンタクト体験をした

●コンタクト体験の際に、胎児が抜き取られるのを見たり、液体に満たされたカプセルの中に胎児がいるのを見た
●胎児を乗せたコンテナの列のヴィジョンを見る
●コンタクト体験の後に、妊娠が終わってしまう。虚弱そうな子供を見せられ、自分とのつながりを感じる
●コンタクト体験の際に、子供を抱きしめることを勧められる
●あたかもそれが自分自身であるかのような感情を子供に対して持つ
●それが自分の子供であると教えられるが、その子は地球の環境下では生きられない

ある重要なことが指摘されており、それは多くの女性が妊娠を望んでいなかったときに、失われた胎児現象を体験していることです。よって、それは「望みの成就」とはなっていないということです。

どのようにして、悲しみと喪失の感覚に対処すべきか？

●性別が分からない場合であっても、赤ちゃんに名前を付ける。赤ちゃんにアイデンティティを与えることによって、この体験に折り合いをつける助けとなります
●あなたのフィーリングを受け入れ、話を聴いてくれそうな人と話をする

●赤ちゃんに手紙を書いたり、話しかけたりする。あなたが赤ちゃんを愛していること、悲しんでいることを伝える
●信じている宗教があったり、あなたがスピリチュアルなタイプであるなら、赤ちゃんのために祈ったり、「天使の世界」にあなたの代わりに赤ちゃんの世話をしてくれるよう頼む。あなたが信じているものに合うのであれば、なんでもかまいません
●庭の特別な場所に、彼らのためにバラや低木などを植える
●喪失感や悲しみに関する本がたくさんあります。そこには良い対処法が載っていますので、あなたの助けとなるかもしれません

もし、答えられない質問があると感じたならば、退行催眠のセラピーに挑戦することができます。アンのケースを例としてこれから紹介します。以下は、アンが自分自身の失われた胎児現象の情報にアクセスするために退行催眠を用いたものです。

何故、私の息子は抜き取られたのか？

アン・アンドリューズとその家族はイギリスに住んでいますが、2000年の11月にオーストラリア西部を訪れました。アンは、世界の美しい場所を見るためだけではなく、彼女の著作『アブダクション体験』を通してつながっている人々に会うためにやってきました。ACERNの他のメンバーと私がアンが会いに来た人々の中には含まれていました。アンのオーストラリア訪問が実現するに至った経緯は、それ自体が面白い話なのですが、とりわけ興味深いのは、「失われた胎児シンドローム」を含む、アンの個人的な体験との関連性です。

彼女の3度目の妊娠が確認されたとき、アンにはダニエルとジェイソンという二人の息子がいました。妊娠が確認されてから数ヶ月後、アンはコンタクト体験をしました。彼女が目を覚ましたとき、もはや妊娠していないことに気づきました。最初、これは普通の流産のように思われましたが、時が経つにつれて、もっと別な何かが起きたことを示唆するフラッシュバックや悪夢にアンはとても悩まされるようになりました。

何が自分の身に起きたのか、それに気づいたとき、アンは感情面と精神面の両方で打ちのめされました。結果的に宇宙人と人間の関係性に関するアンのフィーリングは劇的に悪化しました。コンタクト体験が、彼女のフィーリングを怒りに向かわせ、悪化させ、極度にネガティブなものにしました。しかし、退行催眠を通じて、アンはついに自分の感情を探求し、彼女がそこで得た情報と理解が、彼女の体験を劇的に変化させました。彼女が当初、自分に起こったと信じていたものを変えたのです。そして、その結果として彼女のＥＴに対するフィーリングが改善されたのです。

アンの退行催眠のファシリテーターを私が務め、実際に彼女に起こったことに折り合いをつけるのを助けました。彼女が子供を失ったプロセスを発見しただけではなく、何故それが起きたのか、その理由を見つけたのです。アンが今、ネイサンと呼んでいる男の子が彼女から抜き取られた本当の理由を。

アンは、自分が「悪魔《デーモン》」と向き合わなくてはならないことを知っていました。私がアンの本『アブダクション体験』の本を読んだ後、最初に彼女と連絡を取ったとき、彼女が真実を学ぶための意欲に駆り立てられていることに気づきました。その本の舞台はイギリスの農村で、その内容は人間とＥＴとの出会いの物語でした。私がカテゴライズすれば、自分が何度も耳にしてきた古典的なコンタクト体験の物語でした。アンの家族は、一連の恐ろしく厄介な出来事に直面しなくてはならず、それは次男のジェイソンが生まれたときにエスカレートしていきました。

アンはその本を通じて、誠実に穏やかで温かい口調で物語を伝えました。それは実直で、きどらないものでした。読者は、アンがしっかりと地に足がついた人物で、作り話をするような人物ではないと感じるでしょう。それは生真面目な夫のポールにも言えることでしょう。家族が直面したのは、通常の理解を超えた奇妙な体験だったのですが、彼らはすべてのことに配慮を持って、常識的な行動をとりました。彼らは説明できないものを説明してくれることを願って、専門家たちに助けを求めました。

アンは彼女の息子のジェイソンが何故とても幼い頃から夜になると怖がるのか、その理由を知りたいと思いました。ジェイソンは、異様な恐ろしい夢に絶えず悩まされていました。それから、アンの家の周囲に奇妙な超常現象やポルターガイスト現象が起こり、政府の「秘密」の部隊のようなものに見えるものから絶えず説明のつかない嫌がらせを受けました。

本を通して、アンの懸念は息子のジェイソンに集中していました。この本は、アンとプロのライターであるジャン・リッチによる共作なのですが、本には長男のダニエルと次男のジェイソンの両方がコンタクト体験をしていたことが書かれています。ダニエルの体験は、ジェイソンのものよりは切迫していないように見えました。ジェイソンが生きて生まれたのは幸運だったとアンは言っています。何故なら、ジェイソンが生まれた後、彼の状態が悪かったからです。医者はかつて、その赤ちゃんは生きていける見込みがないとアンに忠告し、ジェイソンが生まれて、完全に健康であることはいまだに謎だと言っていました。しかし、当初からジェイソンの周囲には多くの奇妙なことが起こっていました。アンの本は、ジェイソンが小さな子供の頃から日常の一部であったトラウマと恐怖に特にハイライトが当てられており、その多くはかなり異様なものでした。

数年間、絶望を味わった後、家族はジェイソンの話を聴く用意ができた精神科医の所へと導かれました。しかし、ジェイソンは大いに失望させられました。その精神科医は、ジェイソンの状態を単純に解釈し、彼にとって完全に現実である奇妙な世界を受け入れることができなかったからです。ジェイソンにとって幸いだったのは、その精神科医は精神疾患の証拠を何一つ見つけられなかったことです。しかし、ジェイソンは自分の体験がいまだに否定されていることにいらだちました。そして彼は、それに対抗するため極端に攻撃的で破壊的な行動で表現しました。アンとポールは、自分たちの息子が体験している世界がどんなものであるのか、その真の性質がどういうものであるのか依然として見当がつきませんでした。彼らには、ETコンタクトに関する知識も理解もなく、次にどうしてよいか分かりませんでした。

偶然、あるとき家族は催眠術に関するテレビ番組を見ました。そして、これが触媒となり、ジェイソンがずっと彼らに訴えかけようとしていたものに対する理解へとアンドリューズ一家の目を開かせる機会となったのです。そのテレビ番組の中で、ある男性が催眠術にかけられることによって、宇宙人とのコンタクト体験をしていたことが自発的に判明したのです。その番組をジェイソンは見て、怒りを爆発させて、自分がずっと伝えたかったことはこれだったんだと言いました。これがアンと彼女の夫であるポールに息子がどのような世界を体験している可能性があるか、それを知るための手がかりを与えてくれたブレイクスルーとなる瞬間だったのです。それが起こる以前は、疑いなく彼らにとってエイリアンとのコンタクトはとてつもなく奇怪な概念であり、その可能性を瞬時に却下していました。当然のことながら、彼らはジェイソンの体験が彼の想像の産物以外の何ものでもないと想定していたのです。しかし今となっては、彼らは自分たち自身のためにその可能性をさらに探求すべきであることをついに悟ったのです。

不安はあったものの決意をした彼らは、調査によってイギリスでよく知られたUFO研究家のトニー・ドッドに辿り着きました。トニーは警察官で、自分自身も何度もUFOを目撃したことがありました。トニーはアンとその家族に、かけがえのないサポートを提供しました。その数ヶ月間にわたるサポートにより、奇怪な現象の秘密が解き明かされ統合されていきました。そこから分かったのは、彼女の息子がETコンタクトに関して真実を話しているということだけではなく、そのコンタクト体験が彼女の家族と、世界中の何百万もの人々にとって、まさに本当の体験であるという事実でした。

アンは、このコンタクト体験がジェイソンにだけ影響を与えているのではなく、ダニエルやポール、そして自分自身も関係していることを学びました。彼らの一個一個の体験は、入り組んだジグソーパズルのピースのようなものでしたが、家族全体として最終的に意味を成し始めました。アンがもっと掘り下げて調査すると、より多くの課題がでてきました。しかし、この家族が勇敢だったのは、同じような体験をした他の人々を助けようと、自分たちの物語を伝えるために世に名乗り出ると決めたことでした。

当初、ジェイソンの体験を過小評価して取り合わなかったことでアンは大いに苦しみました。ジエイソンの体験は、そのときの彼女が理解できるものを遥かに超えるものでした。その罪悪感がずっとアンにつきまとい、本の出版は彼を信じてあげられなかったことに対する彼女の贖罪《しょくざい》を示すための手段の一つだったのです。

私はアンの本のコピーに巡り合い、彼女が書いたことの多くが私の仕事と非常に大きな関連性があることを発見しました。そのとき、私にはサンドラというクライアントがいたのですが、彼女が類似した体験を語っていたのです。サンドラも、古典的なメンタル・ヘルスの専門家を何度も訪問していました（第4章を参照）。サンドラも10代の頃に、家族に精神科医の所へ連れていかれました。精神科医にサンドラがエイリアンを見たと言ったとき、不幸にも、その告白は彼女にとって良い結果をもたらすどころではありませんでした。その結果、彼女は精神病であると診断されました。ジェイソンの場合は、彼は自分が信じてもらえていないと感じていたものの、少なくとも彼に精神病というレッテルを貼ろうとする精神科医はいませんでした。

ジェイソンとサンドラの体験の類似性が、アンと連絡を取りたいという私の気持ちを高める推進力となりました。彼女の本を参考文献にできるかどうか知りたかったのです。アンの答えは即時に返ってきて励みになるものでした。私たちは意見交換を開始し、すぐさま多くのことを共有することができました。その中には、この体験が持つ含蓄への理解も含まれていました。アン自身の超常的な体験は、彼女を怯えさえ非常に疑い深くさせました。アンには二人の直感力に優れた息子がいて、その二人とも自分たちが持つ千里眼やサイキック能力にすこぶる満足していたのにもかかわらず、アンは依然として大きな恐怖を感じたままでした。とはいうものの、アンは自分が認める以上にずっと直感的でした。そして、月日が過ぎ去っていくにつれ、アンは自分の現在進行形の体験の幾つかを私と共有することが助けになると分かったのだと私は思います。私はアンの誠実さに感謝し、高く評価しています。

数ヶ月にわたって、徐々にアンは自分が抱えている難しい問題を私に打ち明けてくれました。それは、宇宙船の中に彼女の別の息子がいるという認識でした！　アンは本の中でそのことを簡潔にしか述べていませんが、それは全体像を考察するにはあまりにも苦痛を伴うものであると彼女が思っていたからです。さらにアンにとってショックだったのは、ジェイソンがアンの他の息子、つまりジェイソンの兄弟の存在を知っていたことです。ジェイソンは、その子にアンが密かに与えた「ネイサン」という名前すら知っていました。

ジェイソンは、アンがネイサンの存在を認めることに苦悩していると感じて、すっかり腹を立てました。何故なら、ジェイソンが言うには、ネイサンはアンに会いたがっていて、アンを愛しているからです。アンは、多くのもつれ合ったフィーリングに立ち向かいました。そのフィーリングが、アンの心を曇らせ、深い苦悩と怒りの原因だったのです。アンは常にエイリアンが彼女を利用して、自分の同意なしで赤ちゃんを抜き取っていると感じていました。その息子が彼女からそのような形で抜き取られ、その際に大きな怒りと苦痛を感じているのに、どのようにして息子と対面できるというのでしょうか？　アンはネイサンとの対面することはできないと感じていて、ジェイソンはアンに対して怒りをぶつけました。彼には、自分の母親が自分の兄弟であり、アン自身の息子と会いたがらない理由を理解することができなかったからです。

アンは手紙の中でこう書いていました。「ほんの数日前の夜、ジェイソンが私の部屋へやってきて、ジェイソンの部屋の物が部屋中を動き回って、『ママ、ママ、ママ、どこにいるの？　おねがい、僕はママに会いたいんだよ』という声で目が覚めたと言いました。ジェイソンは、とても強烈な存在が自分の部屋の中にいることを感じ、私は少なくとも、その子と話すべきだと感じました。この時点では、私には不安と怒りが入り混じった感情があり、エイリアンたちがすべきことは、前に私にしたようにアブダクションの手配を整えることだけだと言いました。私が望んだときだけ、赤ちゃんに会うことができるとジェイソンは静かに答えました。ジェイソンは、愛のような感情はエイリアンたちによって操作されることはないし、また操作されるべきではないと説明しました。それを決めるのは、私自身なのだと」

「メアリー、どうして私はこんなに恐れているのでしょう？　どうして、ネイサンと会うことに同意することができないのでしょうか？　私は常に自分の息子がどこか別の所にいることを知っているのですが、その感覚と折り合いをつけるのにいつも困難を感じています。それから目をそらすことは私にはできましたが、ジェイソンはそれに耐えられなかったのです。私がネイサンに会うのを拒んでいる理由が不確かでした。再びネイサンを残して去るのが、胸が張り裂けそうになるからなのか、それとも、私たちの家族からネイサンが連れ去られたことに自分が怒っているのか、あるいは、ネイサンが普通の人間の少年として成長していなかったからなのか、私には分かりませんでした。自分の恐怖の理由を理解しようと私は自問自答しましたがその答えが分からず、それが私を惨めな思いにさせました」

アンは、ネイサンに関してさらなる確証を得ていて、それはアンの実の兄から独自の経路でもたらされたものでした。

「私の兄は、とても背の高い生物を見たと言っていました。7〜8フィート（約2・1〜2・4メートル）ぐらいの身長があり、とても痩せていました。その生物は兄の前に立っていて、だいたい8歳か9歳ぐらいの人間の子供の手をその生物が握っているように見えたそうです」

「その生物は、その子供とジェイソンは極めて近い関係を持っていると述べました。そしてジェイソはそれがネイサンだと知っていました。私がそれをどんなふうに感じたのか表現することはできません。夫のポールを除いては、私は誰にも絶対にネイサンのことを話したことはありませんでした。そして、明らかにジェイソンはネイサンのことを知っていたのです。突然、私は兄が私に真実を伝えてくれたことを知ったのです。最初のショックの後、私のフィーリングは怒りと嫉妬でした。何故、ネイサンは自分のことを私ではなく、兄に知らせたのか？　それから私は決めたのです。ネイサンとちゃんと会わなければならないと」

ネイサンに関することを数ヶ月にわたって打ち明けられていたため、アンにとってそれは大きな問題であることを私は知っていました。この問題をもっと深く調査するため、この領域の経験とセラピーのスキルを持った誰かと一緒に働く必要がアンにはありました。このアイディアが、アンにクリアなヴィジョンを与えました。ネイサンが抜き取られたときの不快で苦痛を伴うフラッシュバックが起こっていたからではなく、ジグソーパズルのように入り組み、まだその一部しか見えていない、この一連の出来事の全体像をもっと詳しく知りたいとアンは思ったからです。アンが頼ることができる、この種の退行催眠を行うことができるスペシャリストがイギリスには誰もいませんでした。イギリスでは極めて限られた方法でしか行われておらず、私が思うに、それはそのプロセスと有効性が疑問視されていたからだと思います。もっと深い意識レベルで、私がアンを助けることができるかもしれないと思っていました。そして、さらなる理解へのアクセスを得るために、特定の体験の記憶へと彼女の心を開かせる助けとなるかもしれないことを。それによって、彼女のヒーリングがスタートできるのです。

アンに会うことができれば、私がその機会を提供できることを知っていました。私とアンは、2年半もの期間にわたって親密な関係と信頼を築き上げました。そして、その機会が持てた暁《あかつき》には、私の支援を彼女が受け入れることに確信がありました。最終的にそれは起こり、アンとその家族は2000年の11月にオーストラリアへとやってきました。

サポートグループと彼女の他の友人たちに会うため、アンは家族と6週間の休暇を取ることを決めました。とても開かれた心を持った、あるスピリチュアルな女性と共に私はアンの家族の滞在の手配を整えたので、アンの家族たちは何の心配もいりませんでした。滞在期間の間、アンはサポートグループや他のユーフォロジー・グループに自分の話を喜んで話してくれました。最終的に、アンと個人的な時間を私は過ごすことができました。その時間の中で、超常現象への恐怖を克服する手助けをするだけではなく、アンの超能力を扱う上で助けとなる直感的なツールを私は彼女に提供しました。私たちはまた、アンのどんどん広がっていく理解を一緒になって探求し、彼女の三男、ネイサンの真実を解き明かしたいと思いました。それは私がこれまで参加した中で、最も感動的でパワフルなセッションでした。そしてアンは自分の体験を『アブダクション体験』の続編となる本の中で勇敢にも詳しく話しています。

アンがオーストラリアにやってきた大きな理由は、最終的にはネイサンの問題について取り組むことであると私は直感的に気づいていました。彼女が知覚している傷や怒りとは、自分の子供が強制的に抜き取られたことに対するもので、それは彼女の同意なしであったため、許せないと感じていました。傷が非常に深かったため、アンはこの問題を探求することに怯えていました。それを再検討することは、彼女にとって信じられないほど困難なものだったのです。しかし私はアンの信頼を得ており、今回がこの問題を適切に探求し、それをオープンなものにする唯一の機会であることをアンは知っていました。そのような状況にあったため相当のためらいや恐怖があったものの、勇気をもって彼女は私にセッションを始めることを許可してくれました。

アンをリラックスさせるため、退行催眠に入る前に、彼女が意識的に知っている記憶やフラッシュバックについて簡単な話をしました。アンが意識的に覚えていることで唯一ポジティブなことは、背が高く優しい存在のことでした。アンは後でその存在のことを思い出して「兵隊さん」と呼んでいました。「兵隊さん」は、アンの赤ちゃんを彼女から抜き取った後で、アンの額を撫《な》でて、赤ちゃんの面倒を彼らが見るだろうと言いました。これは私にとって、この身を切られるような体験についてアンがもっと多くのことを知るための唯一の手がかりでした。これは、アンにとってとてもデリケートな問題で、アンが涙することすらありました。

アンが私のセッションを恐れていたことは分かっていました。アンが感じていた痛みに怯えていたのは理解できます。何年間にもわたって、ゆっくりと記憶を辿り、それは徐々に意識に浮上してきたものでした。私は自分の仕事をスピリットのヘルパーたちが助けてくれていると心の底から信じているのですが、その愛すべき者たちに可能な限りの支援を求めました。その者たちは私にとって最も繊細な手術を行うことができる外科医のようなものです。私とアンは、アンの子供が何故抜き取られたのか、その理由を完全に理解する準備ができていると信じる必要がありました。

アンは、妊娠がほぼ3ヶ月であったことを私に伝えました。医者は、このまま妊娠を続けていけば、母体と胎児の生命に危険が及ぶとアンに伝えました。アンは、すでにその妊娠を継続すべきかどうかを判断するプロセスの中にいました。というのも以前、別の妊娠した際に、母体と胎児の両方が危険にさらされる可能性があることを痛いほどに知っていたからです。これは彼女にとって大変なジレンマだったのです。アンには、二人の息子と愛すべき夫がいたのですから。

彼女が死んだら、家族はどうなるのでしょうか？

彼女がその決定を下す前に、それは彼女に起こりました。アンは目が覚めると血まみれで、もはや妊娠していませんでした。奇妙なことに、胎児はどこにも見つかりませんでした。これは、しばらくの間、アンも医者もどちらにも説明することができない謎でした。しかし、ゆっくりと、彼女の夢と恐ろしいフラッシュバックを通じて、本当は何が起こったのか、それを知る上で手がかりとなる視覚的なイメージを彼女は得ていきました。

彼女が体験したと感じているものは、他のどんな謎よりもはるかにひどいもので、あまりに奇怪なものであるため、どんな医者にも言うことができませんでした。アンは最終的に、ETたちが彼女の赤ちゃんを盗んで、彼女から奪い去ったと結論を下したのです。息子は生きてはいるが、彼ら、エイリアンたちと一緒にいる！　この退行催眠の中で、アンと私が解き明かすものがどんなものであるのか、私には分かりませんでした。私は自分の心の中で、誤解されたETの残虐なイメージを持っていましたが、それとはまったく異なるものなのでしょうか？　私が最も懸念していたのは、アンがセッションの前よりもトラウマを悪化させることでした。私はシンプルに、アンが何らかの理解と癒しと平穏を得ることを願いました。そのため私はアンを慎重に発見の旅へと誘いました。私は心の中で、それがどんなものであったとしても、最終的にETが何故、彼女の子供を連れ去ったのか、その理由と折り合いをつけるための理解をアンが最終的に得る助けとなることを私は願いました。

はじまりは、ゆっくりと苦痛に満ちていました。彼女の世界のすべてが引き裂かれる運命の夜の記憶の中で、アンは明らかにもがき苦しんでいました。ある日、彼女は子供を身ごもっていました。そして、次の朝、赤ちゃんがいなくなっていました。痛みと血だけを残して。深い空虚感が彼女の魂を満たし、彼女は傷ついて、怒っていました。息が詰まるようなすすり泣き声の中、アンはゆっくりと彼らがやってきた日の夜を思い出していきました。彼らがどのようにして彼女を宇宙船に連れていき、その処置を彼女に行ったのかアンは説明しました。アンは、この体験を再訪するのに明らかに苦しんでいました。アンがセッションを続けるために、多くの優しいサポートと励ましが必要でした。彼女にとって、その処置は大きな苦痛を伴うものだったため、私は彼女の肉体から視点を「離脱」させるよう、彼女の視野を変更しました。その体験の「内側」にいる状態から、「外側」に立っている状態へと変えたわけです。そうすることによって、痛みを少なくした状態で、何が起こっているのか彼女は見ることができました。アンは、自分の子供が抜き取られていくのを見ました。彼女はすすり泣きながら、その身体を震わせて、その処置を描写しました。それから、彼らはその小さな体を別の部屋へと移動したと彼女は言いました。そこは、特別な貯蔵所のような部屋で、そこに赤ちゃんは入れられたのです。アンは、自分の子供が生きていることを知っていました。

ファシリテーターとして、客観的な立場でいることは非常に困難でした。アンの体験の描写が、とても心が痛むものだったからです。母親であれば、彼女の苦痛が分かるでしょう。この体験を取り巻くアンの深い感情は、この出来事がまったくの作り話であったということを私に完全に否定させました（退行催眠において、クライアントの妄想であることが示唆されることが度々あります。それは言い換えれば、クライアントの想像力が構成したものなのです）。その体験とそのインパクトは、彼女にとって言葉で表現するのがほとんど不可能なものであると私は感じました。感情と精神に、彼女はショックを受けたのです。彼女に配慮し、感情的な問題とそのインパクトから距離を少し置くようにさせました。もう少しセッションを続ければ、それがどうして起こったのか、その理由が最後に分かるかもしれないと私は思ったからです。

この時点でセッションを終了したとしたら、彼女が元々信じていたものを強化するだけだったでしょう（例えば、ETという種族は、残酷で思いやりがなく、人類の権利やフィーリングを無視するなど）。そうなってしまっては、非生産的な結果となってしまっていたでしょう。アンには、ヒーリングを開始するための理解が必要でした。この段階で、すべてを知っている彼女の「ある部分」に語りかけました。それは、私たち全員が持っている「内なる意識」で（ある人は、それをハイアーセルフと呼んでいます）、この空間の中で、それにつながることができれば、それは私の声に答えるはずです。私は、アンのその部分に訊ねました。何故、彼ら（ET）は彼女の赤ちゃんを取ってしまったのですか？

アンは、しっかりとした口調でハッキリと答え始めました。彼女は自分が連れていかれた特別な部屋のことを描写しました。そこでは、「兵士」がいて、彼は愛と思いやりを放射していました。

それから彼は彼女に説明しました。彼女と赤ちゃんの命を救う唯一の方法は、赤ちゃんを抜き取ることであると。そして、赤ちゃんは彼らに安全に守られるということを。仮に妊娠を続けた場合、彼女は死んでしまい、子供の命もない。アンは、その妊娠に関する深刻な危険をすでに知っていて、その情報は医者から告げられたものでした。しかし、その決定が「彼ら」（エイリアン）によって彼女自身に委ねられていたことが、アンにとってストレスになっていました。アンは、そのことで頭を抱えていたと言っていましたが、二人の小さな男の子を協力して育てるために、夫一人を残して自分と赤ちゃんを殺してしまうかもしれない妊娠のリスクを負うことはできないということを知っていました。そのため、この辛い決断を下す際、彼女は赤ちゃんを彼らに引き渡すことに合意していたのです。

彼らができる最高の世話をし、彼らが息子を愛するよう、アンは彼らと約束を交わしました。彼らのすべてが、本当に息子を愛し、アンが彼をとても愛していたことを息子に伝えてほしい。そして、何故、彼女がこれを選んだのかを伝えてほしいと。彼（兵士）がその約束を果たすと誓ったときだけ、彼女はそれに同意することにしました。それが、ネイサンと自分自身の命を救うための唯一の方法であると彼女は言いました。アンは、ネイサンが家族の一員として一緒に暮らすことは決してできないが、少なくとも生きていくことはできることを知っていました。兵士は、彼女が頼んだことを果たすと約束しました。

これを聞いたとき、私は涙が止まりませんでした。アンは人目もはばからずに泣き、私は最後にすべき必要があることが何かを知っていました。私は彼女に言いました。「息子さんに会いたいですか？」

アンは頷いて、顔を上げると、涙を流しながらも、輝くような笑顔を浮かべました。アンは言いました。「息子が見える。息子が見えるわ。息子が兵隊さんと一緒に立っている。真っ赤なバラを抱えて、私に渡そうとしている」アンは息子を抱きしめたと言いました。「息子は、私たちのことをすべて知っていると言っています。ネイサンは、ジェイソンといつもと話していたから」

私はただ、安堵して畏敬の念の中でアンの言葉を聴いていました。アンが、ついに平穏を得ることができたように見えたからです。私はアンの退行催眠を解き、私たちは抱き合って、しばらくの間、泣きました。それは、感情に大きく訴えかける感動的な瞬間でした。安心したアンには、彼女が見る必要があったものを見たという表情が浮かんでいました。それが彼女を癒し、次に進むことを可能とさせました。アンがもっと落ち着くまで、私たちは少し会話しました。そして、彼女の準備ができたと私が感じたとき、彼女に考えをまとめさせるため、彼女を独りにしました。

ポールとジェイソンが外にいたため、アンは考えをまとめる時間が必要でした。アンには、彼らと対面するための準備がまったくできていなかったため、少しの間、独りでいる空間が必要でした。彼女は、自分が学んだことを統合するための時間が必要だったのです。

アンがついに前へと進むことができる情報を受け取ったことに私は安心しました。彼女にとって有益となるような形でＥＴとのすべての体験を統合して、彼女は癒されたのです。私の仕事は完了しました。

アンはオーストラリア滞在中にさらに素晴らしい体験を続け、家族は再びオーストラリアに戻ってくることを誓って去っていきました。アンとその家族は、オーストラリアで真の友人たちと出会って受け入れられました。その友人たちとの別れが最も切ないものでした。私たちもまた、彼らから多くを学びました。その勇気と誠実さを。アンとその家族との私の旅は今日も続いています。私たちは良い友人であり、この信じられない旅を生涯共にする仲間であり続けています。

アンが帰国してから数週間後、手紙でネイサンに関するさらなる物語をシェアしてくれました。手紙の中でアンは次のように言っています。

「あれから私は何度かネイサンを見たのですが、不思議なことに、最初は彼をもっと感じるようになり、それから心の中で非常にクリアに彼の姿が見えるようになりました。普通、私がものを書いていて、自分自身を表現する言葉に迷ったとき、彼は私のところへやってきます。部屋全体が変化するのです。空気が暖かくなるのですが、言葉で表現するのは難しいです。愛と、とてつもなく大きくて平和なフィーリングに包み込まれるのです。それはいつも、本当に驚異的な体験です。私はネイサンかどうか訊ねたものです。そして常に彼のイメージが浮かんで、『うん、ママ』という答えが返ってきました。今はもう、私は何も訊ねません。彼のエネルギーを私は知っていて、常にそこには同じ愛と内的な平和があるからです。メアリー、これが信じられないと思うかもしれないけど、ネイサンがこれを書くのを助けているように感じるの。私が言葉に詰まると、いつも詳しい考えが私の頭の中に入ってきて、すぐにそれを書き出すことができないくらいです。私はその一部を急いで書き出した後、それを吐き出して、沈黙の中で座っています。私とネイサンが一緒に行ったことに満足しながら。彼はいつも、さようならと言って去るのだけれども、私は悲しみを感じません。彼がいつでも帰ってこられることを知っているからです。世界中で最も偉大なフィーリングを携えて」

アンが自分の人生の中で得たそのような親密な体験をシェアすることを許してくれたことに感謝を捧げます。私たちはその日、驚くべき謎の一部を発見しました。それは地球外からの訪問者と私たちとの間の親密な関係性です。私たちはまだ、銀河の隣人たちが私たちに示してくれているものの表層をなぞっているだけに過ぎないことに気づかされたのです。

第11章 謎のインプラントを解明！ 自分がインプラントされているかを知るには？

インプラントのサインは、数多くの「神秘的な意識の変化」の物語の中でかき消されています。私たち全員の心の中で、千年紀の狂乱や他の類似した現実逃避の中で易々と軽んじられているのです。

『ET－ヒューマン・リンク（ET-Human Link）』の中で、私は自分がインプラントされているかどうか確信がないと言いましたが、何ということか、手に三角形の傷があることに気づきました。それから後になって、胸に三角形のかさぶたと、皮膚の下にボールがあるのに気づきました。

私はそれらをカイロプロテクターに見せました。それが後になって信頼度を高める上で助けとなりました。その模様《マーク》は、一種の言語である可能性があると私は思っています。あるいは目覚めのシグナルなのかもしれません。仮にインプラントが実験動物のような恐ろしいものとして人々が考えているのならば、これは人々に別の選択肢を与えるでしょう。

勿論、本物のインプラントは、大衆にとって目に見える形をとった大きな関心の対象でしょう。人々はインプラントを取り出してそれを分析すれば何かを証明することができると考えていますが、今のところ科学界は興味を示してないか、インプラントを扱うことができていません。

ダナ・レッドフィールドからの著者への手紙

この章では、物理的なインプラントと非物理的なインプラントの実際の証拠を見ていきます。インプラントにはどんな目的があるのでしょうか？　そして、コンタクト体験をした大勢の人々が何故、自分がインプラントされていると信じているのでしょうか？　それに加えて、研究者やコンタクト体験者自身は、インプラントについてどんなことを言っているのでしょうか？　そして、「形而上学的なエネルギー」のインプラントという、目には見えないタイプのものも存在します。ある退行催眠のセッションの情報を読者とシェアすることによって、私はこの現象について多くのことを説明することができます。そのセッションの中で、ある一人の女性が彼女自身のエネルギー・インプラントについて探求する機会が与えられました。それを見直すことで、この現象に対して、信じられない、そして魅力的な解釈が得られました。

インプラント現象は、コンタクト体験の謎の一部です。この現象は当然のことながら極めて情緒的なものであり、コンタクト体験の中で確実に大きな論争の対象となるものです。長い間、インプラント現象は、ぶっ飛んだ主張をする被害妄想に犯された人々による想像力が創り出した単なる空想であると多くの人々に軽視されてきました。アメリカ人外科医であるロジャー・リアー博士が、奇妙な異物を摘出し、それを科学的な分析にかけるというパイオニアとなる仕事が成されるまで、この問題に現実的な信憑性はまったくありませんでした。しかし、それでもユーフォロジストの中にはこれらの一定量の証拠を認めるのに躊躇し、信じることができないでいる人もいますし、一般社会の大半はその状態です。しかしながら、コンタクト体験をした当人にとってインプラントは、見られているとか監視されている感覚を与え、彼らの意識全体に大きな影響を及ぼします。インプラントには、傷や痛みを伴う皮膚の下の奇妙なしこりができることがあり、実際にくしゃみをしたときに鼻腔《びくう》から出所不明の小さな金属の物体が出てきたというケースもあります！　そういった人々の全員が、コンタクト体験をしたことがあると言っているのです。コンタクト体験者の目から見て、インプラントがどのように思われているのか見ていきたいと思います。それと同時に、インプラントが物理的なものとして科学的にどのように研究されてきたかについても見ていきます。それに加えて、この現象の興味深い別の側面が存在しています。それは「非物理的な世界」を示唆するもので、私はそれを「形而上学的、エネルギー的なインプラント」と呼んでいます。これは科学的に定量化することが非常に困難なものなのですが、この主題が抱える現実の複雑さを示すものです。

エネルギー・インプラントが初めて私にとって明るみに出たのは、数年前にある成人女性とセッションを行ったときでした。この章の最後に彼女の話について詳しく述べてありますので、あなたは自分自身で彼女の説明を読み、インプラントについて理解することができるでしょう。私にとって、彼女の物語はインプラント論争を新たなレベルに移行させるものですが、それが本当かどうかはあなたが決めることです。

仮にそれらのインプラントが現実のものであると私たちが認めたとしても、この現象の背後には、多くの解釈の余地がいまだに横たわっていることを私たちは知っています。多様な考え方を見て、その理由を解き明かそうとする試みの中に存在する目的を探求することが大切です。多くのコンタクト現象と同様に、個人的な視点と理解以上のものを提供することは困難なことです。今のところ、研究は私たちに具体的な答えを提供することはできておらず、コンタクト体験というジグソーパズルを構成する無数の複雑なピースの断片を加えるに過ぎません。しかしながら、私たちはコンタクト体験者の体と直感の両方にインプラントが及ぼしている影響を見ていくことになり、彼らのフィーリングは軽視されるべきではありません。多くの異なった解釈が提唱されてきました。例えばある若い男性は、人類学と宗教を通じて答えを探し求め、その理論は数名の研究者によって信頼性を与えられました。彼は、インプラント現象が、数十年も前から多くの先住民の文化の中で知られており、それが宗教やスピリチュアルな視点から見られてきたことを発見しました。インプラントの目的について理論化したユーフォロジストによって説明された科学ベースの解釈も存在します。しかし、どのような解釈であったとしても、私の考えでは、インプラントには多様な機能が備わっているはずです。

そして、その目的についての情報が錯綜しているのにもかかわらず、インプラント現象は、多くのコンタクト体験者に具体的な事実を与えており、それは研究者にその複雑な背景を補足するためのさらなる証拠を与えているのです。物理的、および非物理的な領域の双方で増大しているこの証拠は、コンタクト現象の認知度を、ぐっと盤石な土台を持ったリアルなものにしています。そして、コンタクト体験者の現実をいまだに疑問視するすべての人々にとって、それをリアルなものにしているのです。

私たちはインプラントについて何を知っているのか？そしてコンタクト体験の謎におけるその位置づけとは？

インプラントには物理的な場合と、非物理的な場合の二通りがあり、コンタクト体験中に体の中に埋め込まれると信じられています。物理的なインプラントは通常、小さな固体の物体であるのに対し、非物理的なインプラントは情報の「塊《ブロック》」で、同じように体に中に埋め込まれるのですが、物理的な手段によって検知することができません。コンタクト体験者にとっては、非物理的なインプラントも物理的な現実のものです。何故なら、物理的なインプラントと非物理的なインプラントの双方が、傷やしこりといったような具体的な証拠を示すことができるからです。そして、彼らは自分の身体の内部に「何か」が埋め込まれていることを直感的な形で知っていることもあります。インプラントについて訊ねられたときにコンタクト体験者が何らかの感情を感じた場合、それは彼らの中のインプラントの存在を示す指標の一つになる可能性があります。その感情は、大きな恐怖を生み出す場合があり、人によっては知らないほうがましだと主張する場合もあります。

当然のことながら、自分の身体の中に何かが隠されていることに気づくのは不快なことであり、憂慮すべきことです。インプラントは、「正体不明の人間のエージェント」によって埋め込まれている場合もあります。ある人がコンタクト体験者であるからといって、それで自動的にインプラントされていると想定するべきではないため、私は「正体不明の人間のエージェント」という言葉を用いています。インプラントは、コンタクト体験の一部、あるいはETに関係する体験を通じて、そこに埋め込まれます。事実、ある研究者は、ETコンタクトのシナリオと共鳴する、政府による秘密のプログラムが存在することを示唆しています。そして、それらのインプラントの中には、人間によって行われた可能性があるのです!

しかし、疑いの余地なく、多くの人々がコンタクト体験の後に、体に説明がつかないマークや傷を見つけたり、体の様々な場所に異様な感じがするしこりがあることに気づいています。その異常の多くが、X線撮影に写ってきました。人は往々にして、自分の身体の内部に「何か」が埋め込まれていると直感的に感じることがあります。そして、次にこう質問するのです。仮にインプラントが現実のもので、それが物理的なものであれ、形而上学的なものであれ、その目的は何なのか?と。インプラントは有害なのか、それとも有益なものなのか? そして仮に有益なものであるなら、それに手を加えたり、取り除いたりするべきだろうか? こういった質問を考慮する場合、コンタクト体験者が直感的にどう感じているのか確認すべきです。それに加えて、土着の文化がこの現象をどのように理解しているかも考慮すべきです。そして、そのすべてと個人の退行催眠のセッションと組み合わせるべきです。そうすれば私たちは、インプラントの謎の解明に近づくことができるかもしれません。インプラントは本当に存在するのか? そしてもし存在するならば、その理由は何なのでしょうか？

物理的な側面

多くの人々が長年にわたってX線撮影を行ってきたのにもかかわらず、インプラントを科学的に証明するのは非常に困難でした。X線撮影によって、体の様々な部分に本物の異物や説明できないしこりや物体があることが示されてきました。そういった異物、すなわちインプラントは、不思議なことに消えてしまうことがよくありました。つまり、インプラントが取り除かれた後、体から切除した直後に溶けて消えてしまうのです。ついに、パイオニアとなるアメリカ人外科医のロジャー・リアー博士（『エイリアンとメス（Aliens and the Scalpel）』の著者）が、インプラントを外科的に除去し、それを科学的な分析にかけることに成功しました。この手術は、詳細にわたって記録され、「立証」というタイトルのドキュメンタリーの根幹となり、1999年にアメリカ全土にTVで初めて放映されました。リアー博士は、この草分けとなる手術について検討を行いました。博士はインプラントを二重盲検法の分析にかけ、それが体に対してまったく拒絶反応を示さないことを明確に示しました。そのインプラントは、独自の神経組織と、異様な化合物と特異性を持っているように見え、それは従来の科学では説明できないものでした。

それ故に、開かれた心を持った人々は、何人かの人々の物理的な肉体の中にとても奇妙な何かがインプラントされたのではないかと、わずかな疑いを持つようになったのです。ダナ・レッドフィールドは、私に宛てて、こう書いています。

「私は、退行催眠のセッションの中で、宇宙船の中で自分がインプラントを受けているのを見ました。先が三角形をした細長い棒が見えたのです……私は『活性化』されました。自分はクスリ漬けのように見えました！　このトランス状態の中で見たものが現実であったかどうかは分かりません。あるいは自分の手にこのような三角形の傷がどのようにしてできたのか、潜在意識が探り当てると考えるのが関の山です」

多くの場合、インプラントが存在している指標は、説明することができないマークや傷の形でやってくるでしょう。この種類のマークを、「エイリアンのタトゥー」と呼ぶ人もいます。アメリカ人UFO研究家のデレル・シムズは、コンタクトを体験した人々の体に出ているそういったマーク／タトゥーが、ブラック・ライトや紫外線の下で輝くことを発見しました。その色は様々で、オレンジ、黄緑、青白色、ラベンター色などがあります。したがって、明白で物理的な手がかりが見つからない人々がいる一方で、ある人々にとっては、ハッキリとした物理的な証拠が存在するのです。しかしながら、物理的な証拠がない人々であっても、エネルギー・インプラントの形で彼らの肉体、感情、精神の何らかの情報を保持していると感じている可能性があり、それもコンタクト体験の一部なのです。一般的に、これらのエネルギー・インプラントは、後頭部、眼の奥や耳たぶ、鼻腔、副鼻腔、首、手、手首、腹部、脚、足首、足の裏などで感じることがあります。多くの人が、実際にしこりを感じ、それが変色するのを見たと言っています。ある人は、それが振動するのを感じると言っています。

眼の奥にインプラントされた人々は、特定の物に自分の眼がフォーカスするのに使われているかのように感じていると言っています。あたかも、カメラのレンズのようであると。それが起こった際、インプラントによって涙が出ることがあるそうです。耳の中にインプラントがある人々は、時折ハイピッチの唸るような音が聴こえると言っています。そして、大きな雑音《ノイズ》に非常に敏感です。しかし注意していただきたいのは、「耳鳴り」と呼ばれる医学的な症状があることです。耳鳴りによっても、その響くような、甲高い音が聞こえることがあります。ですから、結論を急ぐ前に、その疑いがある場合は、開業医に相談してください。

以下は、インプラントされている理由であると考えられているものと、その可能性がある目的のリストです。

●インプラントは単に、コンタクト体験に目覚めさせるための「ウェイクアップ・コール」である。ダナ・レッドフィールドは次のように示唆しています。「体にインプラントというサインを送ることによって、ある種の不可思議な意識の変容の物語へと人の心が傾くのを防いでいます。あなたがもしインプラントされていると知っているならば、自分の体験を簡単に軽んじることはできないでしょう」

●インプラントは情報を受信するための導管なのかもしれません。この体験は、まるで脳へと情報が「ダウンロード」されているかのようです（ちょうどコンピュータに情報をダウンロードするように）

イエナは10歳のとき、自分の部屋にある存在がいるのに気づき、それを顕在意識上で覚えています。彼女が言うには、その存在は白いローブを着ていて、目がなく、「モールス・コード」のような音を使ってコミュニケーションを取りました。「私が『こんにちは』というよりも早く、その信号を受け取りました。

時折、まるで自分の頭がとても小さくなってしまったかのような頭痛がして、なかなかすぐに治りませんでした。それはまるで『知識の爆弾』が私の頭の上に落とされたかのようでした」

●インプラントは人の動きをモニタリングしているのかもしれない。同様に、指示を伝達しているのかもしれない（第15章のエリス・テイラーの話を参照）

●インプラントは、彼らが私たちに実行してもらいたい「タスク」を行うのを助けているのかもしれない

●インプラントは、私たちの感情反応を記録しているのかもしれない。彼らが「人間のフィーリング」を理解する上で助けるとなるのかもしれない

●インプラントは、人間の意識の増大を生み出す装置であるかもしれない。それによって、ヒーリングや直感といったサイキック能力が高まるのかもしれない

●インプラントによって、創造性が高まるのかもしれない。トレイシー・テイラーは、腕に小さなしこりがあるのですが、それが驚異的な絵やシンボルを描き出すことを助けていると感じているため、彼女はそれを取り除くことを拒否している

●インプラントは、生化学的なDNAの変化を記録し、身体を監視するために使用されているのかもしれない。あるいは身体内の不純物や汚染物質を測定しているのかもしれない。おそらくインプラントは、迅速な治癒の促進も行っているのかもしれない

●インプラントは、身体の治癒能力を高め、自然の治癒プロセスをスピードアップし、健康を維持することを可能にしているのかもしれない。『確認（Confirmation）』の著者ホイットリー・ストリーバーは、脚からインプラントを取り除いた紳士について言及している。それを取り除いた後、その男性は人生で初めて病気になったと言っている

●ある女性は、インプラントに関してテレパシーによって次のように伝えられたと言っています。インプラントは、エイリアンの身体と人間の身体を統合する際のショックを和らげるために設計

されており、心理的・精神的な統合のプロセスを補助している

●インプラントとは、人を高次の意識へと超越させる「ETのシャーマンのイニシエーション」の一部なのかもしれない。「先住民たち」のインプラント

コンタクト体験者のサイモン・クリスタルは、古代のシャーマンのテクニックとコンタクト／アブダクション体験の間の類似性を独自に検討しました。後になって、他の研究者たちもその類似性に気がつきました。サイモンは、彼自身もインプラントされていると信じていて、その手法が古代の先住民のシャーマンの儀式と多くの「イニシエーション」とまったく同一であると考えました。彼は自分には幾つものインプラントが施されて、目の奥に一つ、首にその一つがあると信じています。彼は独自の調査を行い、それには人類学的、考古学的な証拠も含まれていました。それによると、ETコンタクトは地球の歴史を通じて行われてきたことが示唆されました。彼が導き出した結論によると、このタイプのインプラントの手法は、インプラントが鼻腔を通った後、脳へと送り込まれ、松果体《しょうかたい》を活性化させるものだそうです（松果体は非物理的な世界を知覚するためのトリガーであると信じられています）。サイモンは、ジョン・マック博士の著書『アブダクション（Abduction）』の記述に言及しています。彼はその記述は自分のものと同一であると言っています。その記述によると、キャサリンの体験は、鼻孔の中に金属が押し込まれ、それが約6インチ（約15センチ）奥へと差し込まれると、彼女の頭に何かが入り込んだのを感じました。サイモンは、これは自分の体験とまったくそっくりだと言っています。

サイモンはまた、アボリジニーの研究を通じてあることを発見しました。アボリジニーには他の先住民と同様に、大昔から伝えられているイニシエーションの儀式があります。彼らは洞窟に入っていって、そこで彼らの先祖たちと対話をし、その後で「何か」が彼らの頭の中に入れられるのだそうです。その結果、意識に変化が生じて偉大な精神へと目覚めるのです。マヤやアメリカインディアンに至るまで、世界中の多くの部族に類似した儀式があります。そういった儀式は古代から存在しており、その儀式の目的は精神的な目覚めの増大にあります。その総合的な目的とは、松果体にアクセスし、それを貫いて活性化することだとサイモンは主張しています。脳下垂体を刺激し、セロトニンなどの特定のホルモンを分泌させるのであると。そのようなホルモンは、非物理的な世界を知覚する能力を助長し、サイキック能力を高めます。そういった儀式には、クリスタルが用いられることがよくあります。クリスタルは記憶を保持することができると信じられていて、クリスタルがそういった能力を支援し、拡大するとも考えられています。

サイモンは、シャーマニズムとの類似性について独力で推論に辿り着いたのですが、他の数名の研究者もそれぞれの独自の研究によってサイモンの意見に同意しました。研究者でありユーフォロジストの、シモン・ハーヴェイ・ウィルソン（ＭＵＦＯＮの西オーストラリア代表）は、彼が２０００年に執筆した論文『シャーマニズムとエイリアン・アブダクションに関する共同研究（Shamanism and Alien Abductions, A Comparative Study)』の中で、類似した仮説を展開しています。したがって、私たちはインプラントの少なくともその幾つかが、先住民族のシャーマンの儀式の現代版であるかもしれないという仮説を持っています。その成果は類似したもので、高次の意識を加速し、多次元宇宙に私たちを同調させることにあります。

しかしながら、インプラントの理論に関してはコンタクト体験を暗示するマークや傷が体に残っているという証拠から、ある種のコンタクト体験の間に物体のインプラントが行われているとも思われます。

数年前、西オーストラリアで物理的な印《サイン》のリストを文書化しました。マーク、窪《くぼ》み、傷痕、あざ、放射線による火傷、鼻血、鼻孔の内部の円形の傷（最近そこに手術を施していない場合）、しこり、そこにできるはずのない突起など、説明がつかないあらゆるもの。その例を手短にご紹介しましょう。

●男性、43歳。深くはっきりとしたマークという形で体や顔に現れ、脚の毛を剃《そ》った場所にも見られた。耳たぶの後ろ側に、説明のつかないしこりを伴った傷がある。彼の胸には、「ある存在」の姿が刻まれた印《しるし》がある
●男性、20歳。多くの小さな傷が両手の指にある
●男性、20歳。性器の裏側に傷がある
●女性、20歳。体と両脚に傷がある
●男性、20歳。UFOに追いかけられるという体験をした後に、両耳の裏側に深刻なあざができる

●女性、50歳。くしゃみをしたとき、鼻から「金属的」な何かが出てくる。体にあざやマークが定期的に現れる
●女性、30歳。顎と乳房に傷ができる
●男性、19歳。コンタクト体験の後、腹部に傷ができる。コンタクト体験の際、彼の胃から丸い物体が取り除かれたと彼は言っている
●男性、28歳。手に三角形のマークが出現し、数日後にそれが消えてなくなる
●女性、25歳。説明のつかない傷が足首にできる
●女性、45歳。右足に、説明のつかない「スコップ・マーク」（小さなスプーンで掘ったような窪み）がある
●女性、28歳。目が覚めると、両足の親指の爪の下に説明のつかないあざがあった。その後、数マイル離れた所に住んでいる彼女の姉妹にも、同じ指に同一のあざができた

インプラントがコンタクト体験のシナリオにおいて極めて一般的に見えるのなら、どうしてインプラントがもっと発見されず、調査もされないのでしょうか？

●インプラント現象について、無知であるか信じていない
●多くの人々が嘲笑を恐れて、一般的な医療従事者に行くことに消極的である
●インプラントに対する恐怖心がある
●人によっては、むしろ知らないほうを好み、その結果、無視される

●インプラントが調査される前に実際に消えたことがある
●多くの人々が、インプラントが当たり前のように取り除かれ、それが何であるのか知りもせず、まったく調査されることなく異物であると見なされたと言っている。例えば、ある女性は息子の首に小さなしこりを発見し、それを外科医が取り除きました。医者たちは、その小さな塊が何であるのか分からないと言い、毛が変形したものか、毛嚢ではないかと推測し、それを分析することは決してなかった。彼女は、そのしこりが深部組織のように感じていたため、医者の説明が奇妙だと思ったが、実際的な説明は一切与えられなかった
●40歳の男性は、5ミリ大の金属の塊を脚から取り除いた。彼はそれが何年も皮膚の下にあったと感じ、欠けた骨の破片であると信じていた。そこから出血したため、医者に診せたところ切除された。それが小さなフックが付いた金属であることが判明し、彼は非常に困惑した。何故なら、その金属が体内に入り込む要因となった傷がなかったからである。しかし、それが取り除かれたことによって、明らかな傷跡が残った
●単純に、それにまったく気づいていないのかもしれない

非物理的、形而上学的な「エネルギー・インプラント」とは何か?

X線によって捉えられ、人体が感じることができる本当に物理的な物体のインプラントが存在するように思えます。しかし、物理的ではない、もっと捉えがたいインプラントも存在しているようなのです。それはETが関与している可能性があり、それはおそらくある種の「情報」あるいは、

人の精神を守る「ブロック」として機能しているようなのです。突然、情報が与えられたように見える人々がいて、彼らはその知識を意識的な学習をすることなしにインプラントされたかのようです。そのような情報がインプラントされた後、短い時間ではあるものの頭痛のような非常に不快な症状が出るという報告例があります。ある人は、それは形而上学的な意味で「プログラムのインプラント」、あるいは「エネルギーのインプラント」であると言っています。それによって人間に指示がインプラントされると感じるからです。その指示とは、特定の時間に特定の場所に行かなくてはならないという抑えることのできない衝動であったり、特定の行動であったりします。これらのインプラントは体験者が自分の身体の中にあるものとして感知できるような有形の「物理的」なものではないかもしれないものの、このタイプのインプラントから派生しているように思われる物理的な影響がありそうなのです。そもそも、そのインプラントが何故その場所にあるのかは、あまり関係がないのかもしれません。

この種の「非物理的なエネルギー・インプラント」について、これから、ざっとケース・スタディを見ていきます。そのケースでは、インプラントが心理的なブロックを生み出したことで、セラピストにとってそれが難問となりました。そのクライアントは、あるレベルにおいてサポートを希望し、何が起こっているのか理解する必要がありました。別のレベルでは、彼らは同時に、それがどんなものであれ自分たちが不意に改竄《かいざん》してしまったのではないかという恐れを感じていました。それが何らかの方法で、報復を誘発するのではないかと感じたのです。このことから、これらのインプラントに本当の力があることが分かります。

この種の体験は実に典型的なもので、当人にとっては文字通り現実のものになり得るのです。しかしながら私の知る限り、これらのエネルギー・インプラントからネガティブな作用が結果として起こることはありません。

形而上学的な「エネルギー・インプラント」と過去生との関係

これから話すことは読者によっては挑戦的な内容であるため、この本の中に含める前にかなり慎重に考えました。しかし私の哲学は常に、その情報がどんなに奇妙であろうと、それをどう解釈しようとも、「私たちは自分たちが何を知らないのか分かっていない！」です。つまり、異なった考え方や新しい可能性に私たちの心が開かれていない限り、私たちが知らないものが何であるか見つけ出すことは不可能なのです。このセッションの中で明かされたことを私は適切に定量化することはできません。しかし、私自身の個人的な視点から見て、そのクライアントの真実を尊重するために私はそこにいると感じました。彼女の信念と照らし合わせて理解できるよう、彼女の内なる叡智を導くために自分がそこにいたのだと感じたのです。その結果、癒しと統合に結び付けることができました。

クライアントの退行催眠を通じて、ある主題を探求する準備ができたとき、意識の別の領域への扉が開かれます。明らかになった情報に妥当性があろうとなかろうと、その情報は多くの人々からの質問にオープンであるべきです。とりわけ、その情報が彼らが現実であると考えるものとフィットしない場合は。しかし実際に、あらゆる過去生の理論と資料に拠れば、心理学者や精神科医を含む大勢の信頼できる実務者が、過去の記憶（「過去」とは今生、あるいは前世）を探求した結果、クライアントが特筆に値する癒しを得ることができたことを発見しているのです。しかも、その作業を行う上で、クライアントが自分の過去生を信じている必要がないのです。クライアントが、何が真実であると信じているかに関係なく、人はその記憶にアクセスすることが可能であり、そのプロセスを通じて癒されるのです。多くの人々が退行催眠を通じて、ある深いレベルにおいて自分に過去生があったことを示唆する情報を認識します。どんなことを信じているのかは治癒のこのプロセスの中では重要ではありません。このプロセスにおけるカギは、記憶を再体験することにあり、そしてその記憶が幻想や何かしらの象徴表現として認識されたとしても問題はありません。

形而上学的なインプラントの可能性を探求すればするほど、それはどんどん複雑になっていきます。私はまた自分の研究によって、形而上学的な性質のエネルギー・ブロックのすべてが宇宙人によってインプラントされたわけではないことを発見しました。過去生への退行催眠のセラピーは、多くの人々が自分の身体に類似したエネルギー・ブロックを生み出してきたことを示しています。そのようなエネルギー・ブロックは、何らかのトラウマ的なものを経験した際に生み出され、それは今生あるいは別の過去生から引き継がれたものもあります。過去生のエネルギー・ブロックがいまだにそこにある可能性があるのです。仮にそうであった場合、今の人生に影響を及ぼすことがあり、それが物理的な身体の中に表現されない感情として閉じこめられたものとして現れているのです。しかし、これからご紹介するジュリアのケースは、そこにあると考えられたエネルギー・インプラントは、ETに起源があるように見えました。そして、そのときは過去生に関する関連は一切ありませんでした。ただし、多くのコンタクト体験者たちが過去生と宇宙人の関連性について語っています。ジュリアの物語では、実際のセッションの中で彼女の過去生に関する情報が浮上しました。それは私たち二人にとって、まったく予期せぬことでした。

ジュリアはとても直感的でスピリチュアルな大人の女性です。彼女は定期的にパニック発作に襲われた経験があると私に伝えました。彼女は明白な理由もなく突然とても不安と恐怖を覚え、鼓動が速くなるのを感じました。彼女がETのエネルギーを意識上で感じた後にだけ発作を感じました。そしてその後にコンタクト体験に遭遇することを彼女は知っていました。この反復パターンによって、彼女は多くの時間を大きな不安を抱えながら過ごしました。彼女は絶えず恐怖を感じ、リラックスできなかったと言っています。文字通り、彼女はずっと消耗してきたのです。

それとは別に、ジュリアは一連の超常現象も体験していたことを説明しました。例えば、テレビのスイッチが勝手に点いたり消えたり、説明がつかない轟音がして、それはまるで飛行機が家を揺らしているかのように感じるほどのものでした。そのすべてを体験する中で、彼女は極度に動揺し大きな不安と恐怖を感じました。

ジュリアは二つの主要なポイントを私に提示しました。

1．彼女のパニック発作の要因は何なのか？　そして何故そうなってしまい、どこからそれはやってきたのか？

2．瞑想中に、ジュリアだけがETと宇宙船の姿を見て、それが彼女を狼狽させました。彼女は自分のスピリチュアル・ガイドにつながるのがどうしてこんなに困難であるのか理由を知りたいと願いました。誰にでもスピリチュアル・ガイドがいるとジュリアは信じていました。誰もが、自分の生命の中にスピリチュアルな存在が潜んでいると信じていて、彼女は生涯を通じて、一定のレベルでそのスピリチュアルなエネルギーを感じていました。彼女は過去、何年間も、以前のような形で「彼」と接続できていないことを心配し、その理由を知りたいと思っていました。

ジュリアがそのプロセスにもっと安心感を得る助けとするために、私たちはまず彼女のスピリチュアル・ガイドにアクセスしようと決めました。それによって、彼女がより安全であると感じ、彼女が抱える問題を探求することができるからです。しかし、この試みはとても困難であることが分かりました。当初、彼女はずっと4人の存在を感じており、その内の二人は「不吉」であると彼女は言いました。彼女は常にその存在たちを感じていましたが、彼らはスピリチュアル・ガイドではありませんでした。

彼女の退行催眠の最初の方で、その存在の内の二人が自分の世界を彼女に示したとジュリアは言いました。それは非常に荒涼としていて不毛な世界でした。彼らの声は異常な感じに聞こえ、まるで発声器を通して話しているかのように完全に金属的なもので、二人とも爬虫類の特徴を持っていました。「あなた方の目的は何なのか」という彼女の質問には彼らは答えませんでした。

その後、彼女は別の存在を見ました。その存在は姿を変化させ、彼女の過去に関連しているインディアンの姿をとりました。今回もまた、その存在は特定の質問に答えるのを拒否しました。困難はあったものの、私たちは最後には彼女のスピリチュアル・ガイドになんとかつながりました。その存在が彼女が認識していた相手で、彼はこれまで会ってきた存在たちは彼女の利益にはならないと伝えました。どうやら彼女は、その存在たちの過去生における関係性の中である種の協定を結んでいたようでした。彼女のその人生の特定の期間、助けを切望し、彼らに支援してもらうことに同意していたと感じました。それから彼女は、もうこれ以上、彼らとつながることをやめると決意し、彼らが彼女に及ぼしてきた力を振り切ろうとしました。私たちは、彼女をそこから切り離し、彼女が受けてきた歓迎されない力を取り除く方法を模索しました。ある方策が、彼女の内なる叡智とガイドの助けによって与えられました。その後、私たちは彼女が自分自身にどんなふうにして癒しをもたらすのか見ることにしました。そして彼女は自分の身体の中に5つのインプラントを見つけて、それを取り去るのを私たちは確認しました。

ジュリアがリラックスして集中しているとき、あるETのエネルギーが彼女のスピリチュアル・ガイドへのアクセスをブロックしているのを感じました。彼女のスピリチュアル・ガイドを呼び出す前に、私たちは「ホワイト・ライト」という形而上学的なテクニックを使用しました。私は常にクライアントの信念を尊重しており、この種のことを探求するための安全な環境を作り出す上で求められればそのテクニックを取り入れました。

もっと伝統的な信念を持っている人にとっては、祈りという形でおそらく十分でしょう。もしくは、守護天使の加護をお願いしてもいいですし、クライアントの信念に沿うものであれば何でもかまいません。基本的に、私はクライアントの役に立つものであれば何でも利用しています。

これから紹介するのは、退行催眠のセッションからの抜粋です。この時点では、何が起こっているのか直感的に知っている彼女の一部であるジュリアのインナーセルフに困難を引き起こしている根源が何であるのか私は訊ねました。

メアリー：今、自分の人生は導かれていると感じていますか？
ジュリア：はい。（頷く）
メアリー：彼がどこにいると感じますか？
ジュリア：私の右側です。
メアリー：彼に対してどんな感じを受けますか？
ジュリア：しっかりとした感じです。
メアリー：気分は良いですか？

ジュリア：はい。

私たちは、彼女のガイドをピーターと呼ぶことに決めて、彼女は身体のブロックを浄化する準備が整いました。X線で自分の身体の中を見ているかのように想像させるため、そうイメージするよう私は頼みました。それによって彼女はどこにブロックがあるのか見る準備ができるからです。

ジュリアはとても混乱して言いました。

「彼ら（二人の存在）は、入れ替わることができるんです。彼らが善良な存在であるかどうか、まったく分かりません」

この時点で、私たちは彼女をサポートし、彼女に自分が完全に混乱していることを理解させるため、彼女のスピリット・ガイドを呼び出しました。

メアリー：どこかの時点で、その存在たちを受け入れることに同意したのですか？

ジュリア：そうです。

メアリー：どうして、彼らが協力することをあなたが認めたのかガイドに訊ねてください。

ジュリア：とにかく、私は助けが必要だったのです。

ジュリアはその後、過去生において生きるのに必死であったため、彼らに助けを求め、彼らがそれに応えたことを思い出したと言いました。

メアリー：では、あなたが彼らを呼び、助けられてきたということですか？
ジュリア：違います。
メアリー：ソウル・レベルで、彼らがあなたの人生の一部であり続けることを望んでいるのですか？
ジュリア：（きっぱりと）望んでいません。
メアリー：彼らがあなたにとって利益とならないのであれば、彼らに去ってもらうには何が必要であるかガイドに訊ねてください。
ジュリア：光の中で、自分の存在を肯定することです。
メアリー：それをどのように行ってほしいとガイドは願っていますか？
ジュリア：それを言葉で断言し、マントラを唱えます。保護を求め、精神的にそれを手放します。まったく私の思考が彼らの側に彷徨《さまよ》わないように。
メアリー：では、彼らの存在を否定するということですか？
ジュリア：それは違いますが、もし彼らに会えば、その姿を見続けることはできないと思います。マントラを唱えるのは、そうです、それをブロックするためです。私はずっとそうする方法を探していました。いい加減、今の状態から脱するために。それは、私を助けてくれません。実際、サード・アイのところで何かが起こっているように感じます。すごく強烈です。そこに十字架があるような感じです。
メアリー：それが十字架のように感じるのですか？

ジュリア：そうです。
メアリー：どうしてそれが起こったのか訊いてもらえませんか？
ジュリア：それは象徴で、キリストの光にしか見えません。そんな類のものです。
メアリー：そこにブロックがあるのでしょうか？　今、私たちがあなたを守る上で助けるために必要なことは何かありますか？
ジュリア：心臓のあたりに関係があるように思えます。まるでそこに線や棒があるようなのです。
メアリー：それを見ることはできますか？
ジュリア：見えません。ただそれを感じることができるだけです。

ジュリアにとても小さくなったとイメージするように私は頼みました。彼女のガイドと一緒に、その関係がどんなものであるか見に行くためです。

ジュリア：それは新品のアルミパイプのように見えます。
メアリー：それは彼らによってそこに設置されたものでしょうか？
ジュリア：……そうです。
メアリー：どうして、そのアルミパイプがそこにあるのですか？
ジュリア：私の利益とならないことに何か関係があります。それで、私はもっと高い所へ行けないのです。

メアリー：それが原因で、あなたは高次のヴァイブレーションに到達することができないのですね？
ジュリア：そうです。

その後、ジュリア自身のパワフルな想像力と彼女のスピリット・ガイドの協力のもと、彼女のブロックを取り除くのを私は手助けしました。

メアリー：もう、それはなくなりましたか？
ジュリア：なくなりました。
メアリー：あなたの心臓は、何と言っていますか？
ジュリア：そこには、（ブロックが）もうないと。
メアリー：今の時点で、あなたの身体のどこかに、私たちが取り除くことができるブロックがもっと他にありますか？
ジュリア：骨盤の至る所にあります。それは同じタイプのものです。
メアリー：それは、出産と何か関係がありますか？

このレベルにおいて、セラピストがクライアントに影響を及ぼすことがよくあると言われています。私がそれが出産と関係があるかと訊ねた際、それが誘導尋問のように捉えられるかもしれません。

しかし、ジュリアが私の質問を完全に否定し、彼女自身の解釈を与えることができるか私は確かめました。その時点でクライアントが知覚しているものと一致しないものは、いかなる可能性を持った質問であってもクライアントが常に否定することを私は発見していました。

ジュリア：何だか分かりませんが、自分にしてほしくないことに関係しています……地球とつながること。つまり、グラウンディングさせないことです。

メアリー：では、それがあなたが安定し、グラウンディングすることを妨げているのですか？

ジュリア：……そうです。

私たちはこのブロックを同じ方法で取り除きましたが、今回はジュリアが彼女のスピリット・ガイドがそれを取り除くのを見ました。その後、彼女は自分の頭の左側に別のブロックがあるのに気がつきました。

ジュリア：自分の頭の中にあるものが、何であるのか分かりません。それが私の頭蓋骨の左側にあり、それはネジのようなもので頭蓋骨に穴をあけていて、針金ではないのですが、編み棒のような感じでそこに取り付けられています。

メアリー：その目的は何ですか？

ジュリア：投影や思考の伝達、そんな類のことです。

メアリー：彼らがあなたに影響を及ぼすのに使われているのですか？
ジュリア：そうです。

再び、イメージを用いて私たちはそのブロックを除去し、彼女の身体を再びスキャンするように私は頼みました。

ジュリア：今、喉を見ています。
メアリー：では、喉に行って、何がそこに見えるか教えてください。
ジュリア：それは鳥の羽根のようで、クジャクの羽根に似ています。その羽根が降りていくと、喉を刺激します……それ以上のことは分かりません。
メアリー：では、それがあなたが話していることを妨害しているのですか？
ジュリア：そうです。
メアリー：身体をスキャンしてください。他の場所にも何かありますか？
ジュリア：何かが足首のあたりにあります。足首にピンが突き刺さっていて、私はどこへも行けません。
メアリー：それがあなたを足止めしているのですか？
ジュリア：そうです。この惑星から動くことができないのです。

ここでも再び、私はクライアント自身の想像力を用いて、それらのブロックを取り除きました。

ジュリア：そう！　それは関節の間にある大きな爪のようなもの……いいえ、違います……関節にくっついています。信じられませんが、それが出ていくのを感じています。私は、ヒーリングを示す色で自分を満たしています。
メアリー：その色が見えるのですか？
ジュリア：色が見えますが、説明するのは難しいです。ピンクと紫が混ざったような感じで、ヒーリングと浄化の色です。

この段階で私はジュリアに、そのことから何か理解すべきことはないか訊ねました。

ジュリア：自分が何者であるのかを確認し、自分が何に同意しているかということです。
メアリー：それを理解したということですか？
ジュリア：はい。
メアリー：他に、何か知る必要がありますか？
ジュリア：この干渉がなくなることが良いことなのか知りたいです。
メアリー：では、そう訊ねてください。
ジュリア：良いことです。それがなくなります。私がそれを選択する限りにおいて。
メアリー：では、それはあなたの選択なのですか？　あなたがそれをコントロールできるのですか？　それを拒否することもできるのですか？

ジュリア：そうです、私の選択です。

このスピリット・ガイドと行ったブロックを取り除く作業は、ジュリアにとって完全にリアルなものでした。彼女が言うには、頭の左側のブロックを取り去った際、実際に頭のバランスが傾いたのを感じたそうです。それから4ヶ月間にわたって、ETコンタクトの前兆として突然パニックに襲われるという非常に厄介なことから彼女は解放されていました。それに加えて、彼女は自分の周囲で起こっていた超常現象騒ぎからも解放されていました。そして彼女はやっと自分のスピリチュアル・ガイドとつながることができたと感じていました。ジュリアは、自立感を取り戻し、自分の体験をより完全に統合して理解できるようになりました。

それから数年後、私はジュリアとこのセッションのことについて話しました。ジュリアがその後に熟考してみて、霊的、形而上学的な視点でどのように解釈したのか私は知りたかったのです。

彼女はこのように言っています。

「過去生に起因するブロックやインプラントが何故、私に見えたのか？　過去生では、それは私を制限するためのエネルギー・ブロックでした。今世において、私はそれを発見し、除去することができました。実は、私たちがそれを望むのであれば、私たちは皆、未来の転生においてブロックを設置することができるのです。無意識のうちに、私たちはそれを行っているのです！　私たちは、いずれかの転生の中で、それらのブロックを活性化するある種の潜在能力を持っているだけなのでしょうか？　しかし、私のブロックはその過去生の以前から存在していました。幾つもの過去生の前に、そのブロックを私が自分自身で埋め込んだと感じています。宗教やオカルトの秘儀を通じて、私がやり方を知っていたとすれば、それは可能であるのかもしれません。例えば、エジプトの司祭であったときではないかと、私は思い当たるのです。しかし、どうやら、私はそのときに自分が何をしているのか分かっていなかったようです。

自分が無意識に行っていたことをさらに一つか二つ見つけたのですが、それはどうもエジプト人によって使用されていた秘儀だったようです。エジプトの司祭たちは、ETの非物理的なテクノロジーを利用して、すべての来世の中の、彼らの中に存在する『或る様相』に、そういった棒《バー》／インプラントを設置することができたのです。

その司祭たちとETは、地球を創造した神々で、彼らはある特殊な知識体系に従っていました。彼らは、暗号《コード》を生み出し（彼らは「私たち」をハイブリッドの種族として創造しました）、彼らは今、それらの暗号《コード》を使って魂《ソウル》を創造しています。彼らは自分たちが不滅であることを知っています。それは、未来へと転生し続けるのは彼らの中の『或る様相』だけだということを意味しているのですが。彼らは秘儀を経験することで、自らを高めることを望んでいます。秘儀とは、障害を乗り越えるといったようなことが目的です。それが彼らが追求している道を歩む情熱を高め、私たちのエーテルのDNAコードの内部に永遠に含まれているのです。しかし、それによってETが否定されるわけではありません。それはただ、その問題に対して、シリウスとオリオンのデータと協調しているだけなのです。

現在、私たちは、悟りや神への帰依を探し求めています。私たちの宗教や神への信仰の内部にある『家』へと戻ろうとしているのです。それが意識的であろうと無意識なものであろうと、私たちは神への帰依というイニシエーションの道を歩み出しています。それがプロセスの一部で、私たちは皆、イニシエートなのです。それは不可避で、どこでそれを始めたとしても、最終的に思考が意識に包み込まれるのです……その道の中へと」

ジュリアはその課題に取り組んで、彼女のインプラントに関する入り組んだ自分自身の理解を獲得しました。彼女はもはや、自分自身をETによる操作の犠牲者であると見なしていません。実際には、それらのインプラントやブロックは、ある生命の変化を彼女の人間の意識に体験することを可能とするためにそこに埋め込まれたと今の彼女は信じているのです。これは確かに複雑な解釈ですが、少なくともジュリアには意味を成しました。勿論、私たちは今のところ彼女の解釈の妥当性を評価する術をまだ持っていません。ジュリアの世界を深く探求する前に、私たちは自分たちの目を覆っている「目隠し」を取り、その世界を直視しなくてはなりません。

そうは言うものの、ジュリアの明白でポジティブな結果を見て、この退行催眠のセッションの具体的で物理的な世界における成果を私たちは評価することができます。そして、ここでも再び「私たちは自分たちが何を知らないのか分かっていない」が故に、私たちが物理的なものだけではなく、非物理的な、内次元的でおそらくは非線形のものに対してサポートを提供することを模索するならば、私たちはクライアントの世界を通じてその体験を適切に探究する準備をしなくてはなりません。

それは、クライアントの解釈を私たちが受け入れなくてはならないという意味ではありません。また、人の精神がそのような理解を提供することを選択した方法に同意することでもありません。目的が、クライアント自身の体験を理解する方法を見つけるのを助けることにあるのだとすれば、その体験に対するクライアントの解釈の、そのすべてが必要とされるのです。

「プディングの味を知るには食べてみること（結果を見れば分かる、論より証拠）」という古い諺《ことわざ》があります。ジュリアは最終的に平穏を取り戻し、悲惨なパニック発作から解放され、自分の人生を統合し、それを癒し、人生を取り戻すことができたのです。これらの形而上学的なブロックが、純粋に心の中にあり、「本物」のインプラントではないと考える人が大勢いらっしゃるでしょう。ええ、ある意味において、その意見はまったく正しいです。そこに物理的なものが何もないという点においては。しかし、それが人に慢性的に影響を及ぼしている場合、それは確実に「リアル」なものなのです。違いは物理的な物質で構成されているか、純粋なエネルギーであるかの差だけです。

過去生療法もまた、議論が分かれる主題です。しかし、退行催眠を行い、問題をクリアし、その利便性を感じる上で、過去生やコンタクト体験を信じている必要性はないように思われます。多くの人々の想像に反して、このメソッドは、過去生とコンタクト体験に関する意識的な信念とは無関係に効果を発揮するでしょう。退行催眠が、クライアントが信じているものとは反対の情報を提示することがよくあります。そして、過去生の体験が、クライアントの今世の問題に重要な手がかりを与えることがよくあるのです。

マイアミの「マウント・サイナイ・メディカル・センター」の精神科の前責任者のブライアン・ワイス博士は、クライアントの今生の40％の問題は、過去生のトラウマに直接関係があると考えています。適切な環境下で過去生が探求されたならば、まったく現実的で目に見える成果が得られるのは真実であり、それがクライアントにとって明確にポジティブな治療効果を与えることができるのです。退行催眠術師であり著述家である、ドロレス・キャノンは、多くのコンタクト体験者と共に働いてきました。彼女は、コンタクト体験に関連するインプラントについて学んだことを私に教えてくれました。

ドロレスは、すべてのインプラントが「コントロール装置」以外の何ものでもないと考える他の研究者とは異なり、コンタクト体験者との共同作業の中で、インプラントには身体の健康をモニターするなどといったような多くの有益な目的があることを知ったと言っています。ある人々は「彼ら」が世界を乗っ取るために人類を「コントロール可能なゾンビ」に変える目的でインプラントを使っていると信じていますが、ドロレスはまったくそのようなことは考えていません。彼女は、こう言っています。

「それは馬鹿げた話です。彼らは時間の始まりから私たちの世話をしていて、彼らの『子供たち』がその『庭』を発展させていくのを見続けているのだということを私は人々に知ってもらいたいです。この現象を恐怖や嫌悪感、トラウマなどの視点から見るよりも、そのように見たほうが人々はずっと幸福になれると私は思うのです」

インプラントの性質については、いまだに議論が必要で、その目的を巡って仮説が無数に存在しています。私たちはまだ、それらの仮説を科学的に見極める方法を持っていないものの、人々の物理的、および非物理的な世界をサポートしているという十分な証拠があると私は信じてやみません。それでも私たちが持っているのは、インプラントが人々に与えている影響について述べた個人的な証言だけです。しかし、インプラントは重要な研究の対象なのです。事実、物理的なインプラントが、体にとって「異物」であるのにもかかわらず、まったく拒絶反応を示さないのですから。それ故、それがどのようにして可能となっているのかが分かれば、インプラントのこの側面が、医学的に価値のある情報を提供することができるのです。しかし最も重要なことは、インプラントのこの側面が、この現象に対して他の多くの物理的な側面を私たちに示してくれることにあります。その目的には異なった多くの仮説があるものの、それがコンタクト体験の実相にさらなる証拠を加え、提供してくれるのです。

第12章 コンタクト体験の果実！高次知覚能力／PSI能力は、なぜ生まれるのか？

あなた方はその実によって彼らを知るだろう。

新約聖書　マタイによる福音書　7章20節

この章では、強化された直観的な知覚能力、つまり高次感覚としての「PSI能力」について論じていきます。その能力を「ETコンタクト体験の果実（副産物）」と私は呼んでいます。「PSI能力」とはいったいどんなものなのか、どのようにしてPSI能力かどうかを見分けるのか、そして平均的な人と比較してコンタクト体験者の多くがその能力を発揮しているのか、これらのことについて検討していきたいと思います。

最初に検討すべき問題があります。多くの人々が信じているように、人間の内部に存在するPSI能力がETコンタクトによって呼び起こされたのでしょうか？　つまり、その能力がETコンタクト体験によって刺激され、高められたのでしょうか？　多くのコンタクト体験者は、その高められた能力は意図的に操作されたものだと感じていて、体験者の中には自分たちのDNAが遺伝子工学的に再プログラミングされた結果だと言っています。その他にも、連続的なコンタクト体験を通じてPSI能力が強化されたと信じる人々もいて、彼らはおそらくインプラントによってその能力を使用する方法を教わったと述べています。両方の仮説が、共に合っているのかもしれません。

コンタクト体験者自身が、その能力を使う方法を教わったと述べていて、コンタクト体験者の全員が、PSI能力のすべてではないとしても、幾つかの能力を持っていることに疑いの余地はありません。PSI能力は様々な形で現れるのですが、コンタクト体験を通じて誘発され目覚めたとき、その知覚能力の目覚めに対して人が大きな恐怖心を抱くことは理解できます。そのPSI能力がどのようにして出現したのか理解していない場合は特にその傾向は顕著です。そのプロセス全体が恐怖と混乱を引き起こす可能性があり、多くの人々がその時点で自分は気が狂ってしまったと考えてしまうのです。しかし、一度そのPSI能力が何であるのか気づくと、自分の中でそれがどのように機能しているのか理解し始めます。その「新たに発見された高次知覚能力」とうまく折り合いをつけることができるように人々に気づきと自信を与える手助けをすることが私の仕事には含まれています。

では、高次知覚能力がどんなものであるのか見ていきましょう。それがどのような感じのもので、あなたが高められた意識を体験しているかどうか確かめてみましょう。

「高次知覚能力」（HSA：high sense abilities）という用語は、「超感覚的知覚」（ESP）、あるいはＰＳＩ能力とも呼ばれています。それにどのようなラベルが貼られているのであれ、それは科学的な説明と定量化をすることがいまだにできていないソースから情報を獲得する人間の能力であると定義されます。その情報は「第六感」からやってきて、人や出来事、または宇宙的な概念に関する知識を供給し、人間の無意識的な側面が強調されています。その能力はコンタクト体験者の中で高められ、それが多くのレベルでその人を変化させます。しかしその能力自体が体験者にとって混乱や戸惑いの要因となることがあり得ます。ＰＳＩがどんなものなのか、その理解に乏しい場合は特にそうです。そして、それを否定するように教えられ、不健康で悪だと教えられた場合はなおさらです！　コンタクト体験は、それ自体が十分に混乱を生じさせるものなのですが、それに新たに拡大された意識と高められた感覚が加わると、「自分は狂ってしまったに違いない！」という考えに人を導いてしまうことがよくあるのです。

この状況において、自分が精神病ではないかと疑うことは、誰にとっても別段おかしなことではありません。何故なら、西洋社会では、この高次知覚能力は真剣に検討されず、一般的には極めて稀で異様なものであると考えられているからです。しかし現在の研究では、この高められた意識は実は「普通」のもので、人間に備わっている性質の潜在的な部分であることが示唆されています。多くの先住民族たちがその能力を十分に認識しており、当たり前のようにそれを使っています。そればかりか、その能力は推奨され、価値があり、尊敬されているのです。それとは対照的に、いわゆる現代社会は、その種の業《わざ》は多くは嘲《あざけ》りの対象であり、異様なものであり、悪であるとさえ考えられています。大半の現代社会の思想では、その情報が分析的、認知的な思考プロセスを経てアクセスされたものでない限り、信頼に値せず、除外すべきだと示唆しています。その根底に宗教的な思考様式を持った人々にとっては、その能力は恐怖の対象であり、危険で悪魔的で邪悪なものであると思われているのです。伝統的な心理学者たちは、一般的に超能力を想像やファンタジーの産物であると軽視し、とりわけ心の声を聴いている場合は、人にとって有害であると考えるでしょう。それが、統合失調症や妄想にカテゴライズされるからです。

悲しいことに、何らかの基準をもって「正常」であると見なす制限された心理学的な理解が原因で、高められた意識を開発している多くの人々が、その能力を持っていることに慎重な姿勢を示すのは当然理解できることです。どちらかといえば、彼らは自分の意識からその能力を締め出し、完全に無視しようとするかもしれません。それを探求し理解しようとするなど、最もあり得ないことであり、すべてを忘れて、それがなくなってしまえばいいと願ったほうがずっと簡単です。しかし、このPSI感覚に対する知識の欠如は、仮にそれが現れた場合、それが得体の知れない不安要素となり、ただ単に恐怖と混乱を引き起こすことを意味します。瞑想などの霊的な訓練によって、その能力に目覚めアクセスした人々がいたとしても、コンタクト体験の中に、その霊的な教育が含まれていない可能性もあります。したがって、多くの人にとって、この高次知覚能力は祝福というよりも呪いとして認識され、推奨されるよりも、忌避の対象となるのです。このサイキック的な人間の直観的な部分に関する制限された理解が、人を不安定にさせ、否定的な態度にしてしまうことがあり得るのです。しかし、この能力をブロックすることは、自分自身のある側面を否定することです。実は、その側面こそが自分自身の真の性質だけではなく、コンタクト体験に対しても深い理解をもたらすものなのです。

研究によれば、コンタクト体験者たちは、とても活発で高められた直観力を持っていることが示されており、そしてその意識がコンタクト体験にさらなる混乱を引き起こしていることがあります。私自身の組織やアメリカのACCETのような組織は調査の一環として、その高次感覚を探求する特別なワークショップを推進しています。そのワークショップは参加者にとって絶大な励みとなり、彼らは自分の能力について理解し活用する術を学んでいます。その意識に関する理解を持つことによって、彼らは自信を持つことができます。それにより恐れが軽減され、彼ら自身のその特別な部分を意識的に確信を持って活用することが可能となるのです。自分の直観的な性質が自らに示しているものの探求を開始し、それがうまく機能すると価値のある洞察を得ることが可能となり、それがさらにマルチ・レベルの世界が示すものを理解する上で助けとなります。

読者の皆さんにマルチ・レベルの直観的な能力を幾つかご紹介し、その能力を理解する上で助けとなりたいと思っています。この章は、単なる簡潔な概説であって決定的なガイドではありませんが、読者の皆さんの能力が今のところどのように定義され、その能力が自分自身の体験を通じて現れてくる際のタイプを説明することを願っています。以下は、高められた認識能力のリストです。これらの多くは、超能力であると考えられています。私たちは何らかの理由があってこれらの能力を持っているのかもしれません。そして、その能力が何であれ、それがどんなものであるのか検討し、どのように認識されるのかを見ていきたいと思います。

高められたＰＳＩ認識能力とは

●エネルギー・ワーク：ヒーリング能力、ハンド・ヒーリング、心霊手術など
●エネルギー認識：オーラが見えるなど（人の周囲に色が見える）
●アストラル・トラベル：意識的に肉体から離れる
●透聴、またはチャネリング：通常の聴力では聞えない音や音楽、声が聞こえる
●透視：象徴的なイメージ、画像、形、エネルギーなどが内的な視力によって見える
●超感覚：臭い、味、感触、感情などをサイキックによって感じる。第六感とも呼ばれている
●予知：予言することができる。未来の出来事が視える
●テレパシー：他人の思考を読む能力。あるいは、非言語的な方法で、マインドを使ってコミュニケーションを行う
●リモート・ヴューイング：「内的」な目を使って透視を行い、遠く離れたものや隠されたものを見る
●ポルターガイストのような超常現象：明白な人間の力が介入することなしに、物体が飛んだり、動かされるといったような超常現象
●ＰＫ、サイコキネシス：思考やマインドの力によって物体を動かせる
●空中浮遊：既知の物理的な手段を用いずに、体や物体を空中に浮かべる
●テレキネシス：マインドの力によって物体を動かすことができる

●テレポーテーション：自分自身をエネルギー的に、時間と空間を移動させることができる

ある程度のレベルにおいて、私たちは皆、直観的なサイキック能力を持っていることを示唆する証拠が数多く存在しています。しかし西洋社会の多くの人々は、実験によって得ることができる科学的なデータにだけ価値を置くため、それらの能力に懐疑的です（そういった科学データは、左脳を用いているもので、分析的、認知的な技術に偏った限界を持つものです）。私たちは、右脳的な直観的、創造的な側面を無視しがちです。えてして、その側面の価値を見出さず、その能力が十分に利用されなければ、結果的にそれは消えてなくなり、あたかもそれがまったく存在していないように私たちに感じさせます。しかし、その能力に光が当てられ推奨されると、大抵の人々は自分のPSI能力を再発見するのです――そんな能力など、自分は絶対に持っていないとかつて信じていたものを！　コンタクト体験者たちは、それらのPSI能力の多くを示し、彼らはその能力に目覚める、いえ、再び目覚めているように見えるのです。

エネルギー・ワーク／ヒーリング

人の身体の特定の部分から、ヴィジョンとシンボリックなイメージを私は受け取ることができます。そのヴィジョンとイメージが、その場所のブロックや病気に関する洞察と深い意味を私に提供してくれるのです。私は身体の中を鮮明に視ることができます。そして、身体そのものと私がつながることによって、身体が語る声を聴くことができるのです。その声が、そこに

閉じこめられた感情レベルのものを教えてくれます。

エル

コンタクト体験者は、自分がヒーリング能力を持っていることを発見することがよくあります。この能力とは、自分の手からエネルギー波が出ているのを見たり、感じたりすることで、そのエネルギーが自分自身や他の人の周りに見えることもあります。

この霊的な、手によるエネルギー・ヒーリング能力はまったく自然に発生することがあり、この能力を持つ多くの人は、自分がヒーリングにとても強く惹きつけられることに気づきます。人の痛みに触れることにまったく逆らうことができないと感じるほどに。このヒーリング能力を信頼して使用すると、そのエネルギーが現れて、手から流れ、痛みや不快感を和らげることができることが分かって仰天するかもしれません。あるケースでは、その状態を完全に癒してしまうことすらあります。このようなヒーリング能力を使う際、自分は独りではないと感じることがあり、他の人のエネルギーを感じたり、彼らの周りに存在するスピリットのエネルギーを感じることがあります。そのスピリットのエネルギーが自分を助け、ヒーリングが最も必要とされている所へ自分を導いていると彼らは直観的に感じることができます。「マインド・スキャン」や病気を見つけ出すための身体を透視的にスキャンできる人々がいることが分かっています。肯定的な結果を達成するために何をすれば助けとなり、人のエネルギーを変化させることができるのか彼らは直観的に知っていることが調査で分かっています。そして、このヒーリング・エネルギーは、動植物を含むあらゆる生物に効果を与え、癒すことができるように見えます。また、このエネルギーは私たちの傷ついた惑星を癒すためにフォーカスさせ、そこへと向けることができると信じている人々もいます。

この能力がどうしてコンタクト体験と関連性があるのでしょうか？　エルは退行催眠を通じて自分の地球外生命体との体験を探求し、こう言っています。「彼らは、私の内部に存在する能力を開花させるものを私の頭の中に入れました。私の力をもっと高め、もっと見えるようにするためです。彼らは私が行っている医療行為に興味を持っていたからです」

「宇宙船」の中で他の人々のヒーリング・プロセスに参加したことがあると言っている人々の話を数えきれないほど私は耳にしてきました。ＥＴたちは頻繁に人々にヒーリングを施しており、ヒーリングのための施術を行っている様子を観察したことが彼らにはあるのだそうです。エルは、彼女はそれを「医療行為」と呼んでいるのですが、実はそれが「心霊手術」の形態の一種であることに気づきました。

「心霊手術」とは、通常の手術とは異なり、手を用いたヒーリングのプロセスで、外科的な器具を用いずに物理的な体を切開し、再び閉じるものです。心霊手術の中には、包丁などの簡単な物を使って行われるものがあることが知られています。他の手術が器具を用いるのに対し、心霊手術は指と手だけで体の中に入っていくのです！　心霊手術は通常の場合、患者の物理的な体をヒーラーが貫くことで、腫瘍を取り除きます。そういった心霊手術には、血液や細胞組織が目に見える形で現れるのですが、その傷は即座に閉じられます。それはほとんど一瞬の出来事で、縫合されるのではなく、傷痕は本当にかすかに残るか、まったく残りません。患者は心霊手術の最中、完全に意識があり、痛みを感じないと言っています。心霊手術の中には物理的な側面が希薄なものあり、人のエネルギーの身体に行うものも存在し、そのエネルギーの身体は「エーテル体」であるとか、「ペリ・スピリット・ボディ」などとよく呼ばれています。このタイプのヒーラーは普通、物理的な体には触れず、患者の物理的な体の周囲で異様な手の動きを見せたり、空間を手で撫でるような動きを見せます。身体の周囲の精妙なエネルギー・システムに対してヒーラーが働きかけると、物理的な体の変化としてヒーリングが起こるという形で現れます。ストレスが頭痛を引き起こすのと同様な方法で、ストレスが解消されると頭痛が癒され、解消される形で結果が現れるのです。多くの場合ヒーラーは、善性を持ったスピリチュアルなエネルギーないしは存在たちを通してエネルギーを流していて、自分のスピリットのヘルパーたちによってガイドを受けることができます。

エルはこう言っています。

「様々な医者たちが代わる代わる私を通して働きかけていることを少しずつ感じるようになりました。小さな若い女性の存在を感じることができました。次に、そのスピリットの存在が去っていくと、少し間を置いた後、年老いた背の高い男性がやってきました。このような方法で、こんなにも様々な医者たちが喜んで私を通して働き、その助けを得ることができるなんて思ってもみませんでした。誰か新しい存在が私を通してやってくるたびに、彼らが私の身体、両腕、両手の中に移動するのを感じました。彼らが私の身体を新しいスーツを試すように活動するのを感じるのに私はだんだん慣れていきました」

エルは様々なスピリットの存在たちによって自分のヒーリング・ワークが助けられていることを発見したのです。彼女は今や、フルタイムのヒーラーとして働いていて、ガンを含んだ様々なタイプの病気を癒すことに成功を収めています。

心霊レーザー手術。このタイプのヒーリングには、多くのヴァリエーションがあるように見え、それを行う人々は、このヒーリングのことを信頼し、直観力に従ってヒーリングを行う術を学ぶ必要があったと言っています。その多くが、自分の一部が導かれているように感じられ、それ故に癒しへの抗しがたい欲求を持ってヒーリングを行っています。メラニーは、彼女が自分の夫にヒーリングを行っているとき、自分が無意識にPSI感覚を使っていることに気づいたと私に話してくれました。メラニーは多くの形態のコンタクト体験を経験しています。彼女の兄と一緒に車の中で体験したものが、メラニーにとって特に重要なものでした。二人はUFOを見ただけではなく、UFOが家までついてきたのです。二人は共に恐怖を覚え、その後になって、無視できない「失われた時間」があったことに気がつき、二人の体に模様が残されていました。その後に、メラニーは自分にヒーリング能力があることを発見しました。

それからある日のこと、彼女に緊急の電話がありました。彼女の夫が心臓発作とみられる症状で苦しんでいるとのことでした。メラニーが言うには、医者たちは夫のどこが悪いのか本当に分からず、夫は長い時間、意識を失っていました。

メラニーはこう言っています。

「私が夫のところへ行ったとき、何らかのヒーリングを行わなくてならないという直感的なメッセージを受け取っていました。私が病院へ行って夫と会ったとき、夫はまだ意識がなく、かなり状態が悪いように見えました。私は神とすべての天使たちに助けてくれるよう祈りました。すると、『あなたには信仰心がありますか?』という誰かの声が聞こえたのです。私は『はい』と必死に答えました。すると再び、遠雷のような声がして私にこう言ったのです、『あなたには絶対的な信仰心がありますか?』私は心の中で大きな声で『はい!』と答えました。すると、誰かが私の手に乗り移ったかのように感じました。完全に手に何かが乗り移ったかのようでした。私はレーザー光を操っているかのような感じを受けました。何故なら、私の指先からレーザーのような光が出ていたからです。あたかも、それぞれの指がシンクロし、各々の指が異なった色と周波数を持っているように見えました。それぞれの指が異なった働きを持ち、分子レベルで切ったり焼いたりして、細胞のヴァイブレーションを変化させるように感じました。それは、それぞれの細胞に3次元的に働きかけ、すべてはシンクロしていました。まるですべてのものが、異なった周波数で互いに混じり合っているかのようでした。それは、ピアノでブラームスを演奏しているかのようでした。

その後、私は独り言を言いました。『どうやって、あんなことができたのかしら?』私は『すぐに止めてください』と思っていたのを覚えています。それがあまりにも強烈で、私が壊れてしまうか、乗り移られてしまうように感じました。それをどうすれば止めることができるのか知らなかったからです。それは突然に止まり、その後、私はすっかり気が抜けてしまって、強いウイスキーか何かを飲みたくなりました。そして、『あれはいったいなんだったの？』と思いました」

それからすぐに、彼女の夫に劇的でポジティブな変化があったとメラニーは言っていました。

「それは驚くべきことでした。夫が何事もなかったように目を覚まし、自分はここで何をしていたのかと私に訊いたのです！」

メラニーは、直観的に人を視ることができるようになり、病気やどこに問題があるのか分かるようになったと言っています。彼女はその病気が何であるのか分かるだけではなく、それに関連している感情も視ることができ、そして、その問題が何故そこにあるのかという根本的な問題も視えるのだそうです。彼女はいまだに自分のヒーリング能力に強い違和感を持っています。彼女の心のどこかでは、「これは本物なのか？」という疑問がいまだに残っているのです。これは興味深いことなのですが、彼女は小さな子供の頃から、クリスタルや色に常に魅了されてきたと言っています。これは、クリスタルや色が持つヒーリングとの関連性を直観的に理解しているように見えるコンタクト体験者から多く聞かれることです。

サイキック・ハーモニクス。ある若い女性は、レイキのマスターで（レイキとは、日本発祥の直観的なヒーリング・セラピーです）、通常のレイキの他に、異なったタイプのヒーリングを行っていることに気づきました。直観的に、彼女はヴァイブレーションと音を通じて人間のエネルギーの身体を感じ始めたのです。それから彼女は、彼女自身で音を創り出し始めました。他の人の身体のヴァイブレーションに影響を与える音を自分の声を使って表現し始めたのです。彼女が言うには、それはまるで元の健康な状態に戻すために変化させる必要があるエネルギーのブロックやチューブを動かすようなものです。これを行うには、1時間から3時間ほどかかり、それを行っている間、彼女は光のトランスの中に入って時間の感覚がなくなります。彼女はまた、異様な感じを受ける文字を速記で書きたいという衝動に襲われることに気づきました。彼女はその速記を行っている際、意識が完全にあり、書記官に劣らぬ速さでそれを書くことができ、それと同時に、その異様な未知の言語を発音することができました。彼女がヒーリングを行っている際、分子（量子）レベルに働きかけていると彼女は感じています。彼女が書いている奇妙な言語は、コンタクト体験の現れ方の一つであると私は考えています。この現象を体験している人々の中に、一定の割合で類似した能力を持っている人がいることを私は見てきました。

体外離脱ヒーリング、遠隔・リモート・ヒーリング。アン・アンドリューズは、彼女がエネルギー・ヒーリングに惹きつけられるようになった訳を私に宛てた手紙の中で書いています。それには、その当時わずか16歳だったアンの息子のジェイソンが、彼女にヒーリングのメソッドを説明する様子が書かれていました。ジェイソンが言うには、彼のヒーリング・ワークは普通、体外離脱したときに行われました。彼は物理的な次元の中でも同じことをすることもできました。

アンはこう言っていました。「息子がその別の次元の中にいるとき、大勢の人々が息子のところへやってきました。息子のところへやってきた人々は、自分の苦しみや、愛する人が苦しんでいることを息子に伝えました。後者のケースであった場合も、息子はそれは問題ないと言っていました。何故なら、息子に助けを求めてきた人と一緒に移動して、助けを求めている人の所へ直接案内してくれるからだそうです。息子がその体外離脱状態の中にあるとき、彼は病気におかされている部分に強く集中していると言っていました。そして、息子はその問題となる部分が高い密度を持っているように見えるのだそうです。それは、まるでドロっとした糖蜜のような感じです。この問題となる部分が障害《ブロック》となり、健全な『生命力の流れ』が阻害され、どこへも行けなくなってしまうのです。息子は心の中でコンテナが視えるのですが、それはまるで底に穴が開いた小さなバケツのようなものです。その中に、息子は痛みや問題を認識し、コンテナの穴を通ってゆっくりとその痛みや問題が流れていくように促します。それによって、（a）その部分が洗浄されるか、（b）生命力が再び身体の中を巡るようになります。息子は、それを行うために、色や他のイメージを使用します。物理的なレベルにおいて、息子はその人のオーラをただ視ただけで、どこに問題があるのかが分かります。その部分が変色しているのです（まるであざのように）。痛みがある場合は、息子はコンテナと糖蜜のような同じメソッドを使いますが、息子はまたオーラも癒す必要があることを強調しています」

すべてのヒーラーがジェイソンがするように体外離脱し、対象となる人の所へ行くわけではありませんが、このメソッドは「遠隔ヒーリング」あるいは「リモート・ヒーリング」とも定義することができます。多くの場合、心の中で対象となる人に向かってヒーリング・エネルギーを送るのにただ集中するだけでしょう。

このようにエネルギー・ヒーリングに惹きつけられた人々の中には、ジェイソンのケースのようにハッキリとしたヒーリング・プロセスを常に定義できないということに気づく人もいます。しかし、それによって、彼らが与え、行っていることの価値を減じるものではありません。異様な手の動きを見せたり、身体の周囲で音を立てたり、心の中でイメージを創ったり、情報を受け取ったりするなどといった様々な方法で、そのヒーリングが表現されていたとしても、それによって身体のどの部分に集中すべきであるのか直観によって知る上で助けとなるでしょう。人によっては、このヒーリングのプロセスに気づくのが非常に困難に感じます。これらの数多くの異なったヒーリングを定量化できるように、それを適切に、つまり科学によってすべて説明したいという性質を私たちが持っているからです。しかし、ポジティブな結果は本物でハッキリとしたものです。本物の効果という結果によって、人が助けられ、それでいて、私たちはそのメソッドを正確に理解することができないのです。私たちが正確な理解を得るまでは、それは試行錯誤するでしょうし、その理解には制限がかけられることが見込まれるのは残念なことです。

ジェイソンは、かつて私にジェイソンがどのような原理でエネルギー・ヒーリングを行っているか訊ねたことがあります。その方法が彼自にも分からないことがあるのだと認めていたのです。自分が何かをしたいと引き寄せられる理由がまったく分からないことがよくあるのだと。彼がその理由をまったく理解できていなかったとしても、自分は適切にそれを行っていたのだとジェイソンは言っていました。ジェイソンのこの言葉の意味は、私たちはたくさんのことを直感的に行っているのだということを教えています。特には、その最高のポテンシャルを発揮しようと私たちの内なる叡智に従うために、そのフィーリングと直感を信頼する場合はそうです。しかしジェイソンは、ヒーラーに依存するより、自分自身を癒す方法をその人に示してあげるほうがずっと良いことであると私に強調していました。

エネルギー認識／オーラ知覚

オーラとは、エネルギーの膜で、鉱物、植物、動物、人間の周りを覆っています。オーラは普通の視力で見るのは難しいのですが、何か特定のものに視点を集中させないとき、ある種の人々にとってリボンや光のようなものとして見えます。オーラはまた、透視的なものとしても見え、光の暈《ハロー》、あるいは、様々な色が混じり合った光、霧が流れているようにも見えることがあります。オーラは今では、写真に撮影することができます。それを発見したパイオニアとなった人物はロシアのセミヨン・ダビトビチ・キルリアンでした。彼は、フィルムの上にオーラを記録することができる技術を開発するために力を注ぎました。今では、それは一般にキルリアン写真と呼ばれています。人の健康状態によって、オーラの深さ、強さ、色が変化します。身体のどの部分が病気であるか透視によってこのエネルギーを視ることができるヒーラーにとっては、オーラの変化が警告となります。

アストラル・トラベル／体外離脱体験（OBE）

OBEは、コンタクト体験者にとって極めてありふれたことです。OBEとは、物理的な体から離れたように感じ、非物理的な自分が空を飛び、地球や他のどこか離れた場所に移動したり、知覚したりするものです。

OBEは、「アストラル・プロジェクション」とか「アストラル・トラベル」とよく呼ばれています。人口の少なくとも25％が、人生のどこかでこの体験をすると考えられています。ある女性は、毎晩ベッドに向かうのを楽しみにしていると私に教えてくれました。彼女は、そこで横になって浮かぶのが大好きだったからです。彼女は、この体験をしている際、完全に意識があり、他の人々がこの体験をしたことがないと知ったときショックを受けました。OBEは、ヨガや瞑想、催眠術といったような変性意識状態と関連付けられている現象です。

明晰夢は、OBEを誘発することもできるのですが、実験によるとREM（急速眼球運動）睡眠の状態と一致していないことを示しています。OBEは、意識が覚醒した状態で引き起こされることがあり、それは睡眠の前後に誘発されるか、睡眠の最中に起こることもあります。人間の霊、あるいは意識は、まるで「幽霊」のように壁や物体の中を瞬時に、そして自由に移動することができると言われています。しかし、それには臍《へそ》の緒が付いており、「シルバー・コード」とよくそれは呼ばれています。そして、意識が頭、もしくは太陽神経叢《たいようしんけいそう》を通して浮かんでいるか、あるいはただ体の上に浮かんでいます。『体外への旅（Journeys Out of the Body）』の中で、ロバート・モンローは、アストラル・トラベルの最中に霊と会ったことを記述しています。それは思考の形態を持っており、人間の潜在的なエネルギーを介したものでした（その体験には、楽しいものも、不快なものも含まれていました）。モンローは、この体験には多くのレベルがあると信じており、彼はアストラル・トラベルが、時間と空間を超えることができ、並行宇宙や多次元世界を旅することができることを示唆しています。

ロバート・モンロー（応用科学のためのモンロー研究所の創設者）は、それを適切に応用すれば、人間の意識を異なったレベルに導くことができるプログラムを開発しました。その状態に達したとき、OBEが起こるとされています。OBEは、NDE（臨死体験）と混同するべきではありません。NDEは、物理的な外傷や危機があったときに起こることがあり、短い時間、臨床的に死亡していると診断されます。それが起こっている間、人は自分の肉体の上に浮かんでいるようなものを経験します。痛覚がなくなり、暗いトンネルに遭遇し、そのトンネルの終わりに光を見るという特徴があり、そこで、亡くなった近親者や天使のような存在と出会います。人生を見直す体験をすることもよくあり、多くの人がこういったイベントが起こった際、自分の物理的な体に戻るのに消極的になると言っています。

人々はまた、その体験によって死への恐怖がなくなるとコメントしています。そのプロセスは美しいもので、それが死後の世界の存在を彼らに確信させるからです。これらの体験は、非常に変容的なものに見え、これを体験した人は著しく哲学的でスピリチュアルに変化することがあり、これはコンタクト体験の変容的な効果と類似点があります。

透聴

耳によって聞こえない音や音楽、声が聞こえることを透聴と言います。透聴（clairaudience）という単語は、フランス語で「クリアに聴こえる」という単語に由来しています。夢の中で起こることもありますが、完全に意識があるとき、あるいは他の意識の状態のときにも起こり得ます。透聴能力者が、催眠状態や、睡眠状態との境にある半覚醒状態のときに、音が聞こえる傾向があるのが普通です。瞑想の最中や、退行催眠中、過去生回帰を行っている際にも起こることがあります。

それはまるで「ナレーター」がいるようであると言う人もいます。「内なる声」として聞こえる人もいます。その言葉は、自分自身の「内なる声」や内的な対話とはっきりと区別がつきます。守護霊《スピリット・ガイド》がいると感じている多くの人は、それらの内なる声をガイドとの対話として認識しています。その声が、私たちが通常、物事を考えたり言ったりするのとはまったく異なる方法で、語り、情報を伝えるからです。受け取った情報は、その人が意識的に気づいていないことに関するものかもしれません。その情報は、霊的なものかもしれませんし、科学的な背景を持つものかもしれません。高度に発達した透聴能力者は、その音を「外的なもの」として聴くことができます。

過去と現在の大勢の神託者、預言者、神秘家、聖人、神聖な人々が、透聴的な声によって導かれてきました。透聴は、歴史を通じて定期的に発生していて、偉大な男性や女性たちの何人かが、透聴を経験してきたと言われています。例えば、ジャンヌ・ダルクがそうです。聖書は、無数の透聴体験について語っており、神が預言者と王の両方にメッセージを送っています（例えば、ソロモン王は、主の声を聴いたと記述されています）。それらの声の多くは、天使、スピリット・ガイド、亡くなった人の霊、聖なる力、あるいは宇宙的な存在の声であると認識されています。瞑想の訓練や、変性意識を通じて透聴力は培うことができます。

この方法によって得られた情報のすべてが正確であると見なされるべきではないということを指摘しておかなくてはなりません。これを自分自身に適用する場合は、その情報を直感的に扱うことを私は提案します。その情報が自分と共鳴するかが非常に重要なのです。これが意味するものは、この方法によって（どのみち、どのような方法でも）受け取った情報が、あなたに不安や、内的な不快感を与える場合、特には、その情報が潜在的に危険な行為を示唆した場合は、別の経験豊富なサイキックに助言を求めることが不可欠です。このことを覚えておいてください。愛を持った、善なる存在やエネルギーが、あなたの意志に反することを勧めることはありません。そのような存在やエネルギーが、潜在的にあなたや他人を傷つけたり、有害な指示をすることはないのです。

チャネリング

非物理的な存在、天使、自然の精霊、神々、死者の霊、宇宙人などの超常的なソースから情報を受け取るチャネリングという霊媒能力も透聴の一種です。チャネリングは、自然発生することも、何かに誘発されることもあります。チャネリングによって、自然にトランス状態に陥ったり、意識の喪失が誘発される場合もあります。誘発性のチャネリングは、訓練によってもたらされることもあります。瞑想、自己催眠、チャンティング、呼吸法などを通じて、ある意識の状態に達することができるのです。

チャネリング情報は、下記によって得られることがあります。

●トランス状態。その人の意識が消えて、別の霊的なエネルギーがその人の身体にアクセスし、その身体を媒介として使用してコミュニケーションを行う。これが起こったとき、声が変化することがあり、チャネラーはおそらくコミュニケーションの内容を覚えていないでしょう

●オーバーシャドゥとは、スピリットのエネルギーが人に非常に近づいて、その人の人格や声は変化しないものの、その人の中でスピリットが話している状態です。その媒体となった人は、そのプロセスを覚えていて、自分が言った内容もある程度覚えています。チャネラーが、スピリッ

ト・エネルギーの感情を感じることがよくあり、自分の身体がそのエネルギーによって振動するのをおそらく感じるでしょう。昂揚感を伴う非常に強いエネルギーを感じ、チャネラーはその人が個人的に知識を持っていない情報にアクセスすることができるでしょう

●コンシャス・チャネリングは、最も一般的なチャネリングの形態です。チェネラーは意識を失うことはなく、アルファー波の状態のままで、自分の「内なる耳」を使って声を聴き、情報を中継します。チャネラーには、その情報に集中・ファーカスすることが求められます。左脳的な分析や判断の介入を一切無視する努力を行って、脳の左脳的で分析的な思考部分による情報の改竄が起こらないようにします（それは、チャネリングの後もそうです）。第一に、最初のうちは、一切の思考を伴わずに口頭で情報を伝達することが大半の人にとって極めて難しいことであることが分かるでしょう。そしてそれが理由となり、チャネラー自身の思考が影響し、情報が脚色されてしまうことがよくあります。それが、このメソッドに向けられている批判の主たるものです。そして、トランス状態によるチャネリング情報がより信頼性があると思われている理由とは、伝達された情報が、改竄されたり、脚色されたり、誤って解釈される割合が低くなるからです。しかしながら、これは訓練によって改善されます。このレベルのチャネリングは非常にシンプルで、望む人は誰でもやり方を学ぶことができます。チャネリングはまた、「自動書記」の形態として起こることがあります。その場合、チャネラーはまずその情報を聴いて、それから文字に書き起こすのですが、少なからずその情報が聞こえています。これは、自動書記とまったく同じものではありません。自動書記の場合、別の外部のエネルギーが手を直接動かして、明らかに書く側の

意識的で個人的な関与はありません。驚くような文字やシンボル、絵を生み出している多くのコンタクト体験者は、それらの作品がどのように生み出されているかを知っていると言っています。彼らは、何かを描きたいという切実な欲求を感じ、それは昼夜を問わないもので、彼らはその欲求に絶対的に従いたいという感覚があり、それを意識的にコントロールすることはできません。そのプロセスの間、もし書き手側が手の動きを変えようとするならば、手の動きが完全に止まってしまうことがあります。書き手側は、完全にリラックスしていなくてはならず、手が導かれるのに委ねなくてはなりません。この種の自動書記は、素晴らしいエネルギーが伴うことがよくあり、多くの人はそれが終わったとき、がっかりし、それは喪失感を覚えるほどのものです。

念を押しておきますが、もしあなた自身がチャネリングしたり、誰かと一緒にチャネリングを訓練する場合は、その情報があなたと共鳴するものであるか見極めることが大切です。仮に、あなたが受け取った情報に不快感を持った場合は、それに疑問を持ってください。繰り返しになりますが、もしその情報があなたにとって正しくないと感じる何かをするように何らかの方法で指示、命令した場合、あるいはあなた自身や誰かを明らかに危険にさらす場合は、その情報のソースが何であるかを必ず疑問視し、あなたの内なる意識と矛盾することは絶対に行うべきではありません。チャネリングを行う際は、感情、身体、精神において完全にバランスがとれた状態であることが望ましいです。仮に、下記のような場合は、チャネリングを拒否することも賢明な選択です

●身体的、感情的に状態が優れない

●精神的に病んでいる、あるいは何かバランスが崩れていると感じる

透視

「clairvoyance」（透視）とは、「はっきりと見える」という意味で、出来事、人、物体を、通常の五感を通じずに認識することです。透視は、他のサイキック能力と重なり合って、能力者の内外に現れます。透聴、テレパシー、リモート・ヴューイング、予知、サイコメトリーなどの他の超感覚などがその例です。透視は、動物としての人間にとって一般的な能力で、極めて高度にこの能力が発達している人が存在しており、中には遺伝的な要因によってこの能力を持っている人も確実に存在しています。透視の最もシンプルな形としては、象徴的なイメージの知覚として人の中に現れることがあり、そのイメージは、その人の内なる叡智によって解釈される必要があります。最も高度な透視の形は、アストラル界とかエーテル界と呼ばれる非物理的な霊的世界を視ることで、その世界の中に住んでいる存在やエネルギー体とコミュニケートすることです。

アメリカの心理学者であるローレンス・ルシャンは、2種類の世界が存在していると言っています。

●感覚的な世界：日常生活の中で、物理的な五感（視覚、聴覚、触覚、臭覚、味覚）によって認識

されるもの

●透視的な世界：非線形な時間の世界、人の限られた裁量によって、その世界を批判・判断し、裁くことは不可能である。何故なら、すべてのものが相互に連結されて視えるからである

透視の他の状態は、下記のように定義されます。

●X線透視：封筒、壁、コンテナなどの不透明な物体の中を視る能力
●移動透視：遠く離れた場所で現在起こっている出来事、人、物を視る能力
●空間的透視：時間と空間を超えて視ること。これはまた、予知的透視（未来のヴィジョン）とも関連性を持っています
●過去認識的透視：過去のヴィジョンを視る。これはサイキックを使った考古学調査や、犯罪者の検知に使われています
●夢による透視：そのときどこかで起こっている出来事を夢で視る。これは、その人の個人的な生活に役立てることができ、早期警戒システムとしても利用できます
●アストラル透視：アストラル界、エーテル界の知覚を持ち、オーラを認識し、その色、ある種の思考形態を視ることができる
●霊視：高次元や天使的存在が視える。または人の状態が視えて、分かる

超感覚

超感覚とは、文字通り「クリアな感覚」、「研ぎ澄まされた物理的感覚による認識」を意味します。超感覚は、臭覚や味覚、触覚などの様々な感覚が含まれ、感情や物理的な感覚が伴い、それが全体論的な直観やサイキック的な印象を感じる上で貢献しています。人によって、その超感覚は内的なものであったり、外的なものであったりします。超感覚は通常、透視と透聴を組み合わせて使用されます。多くの人々が、そうとは気づかずに超感覚を使用しています。そういった体験は、一瞬の束の間のものであるという印象があり、人々は想像力の産物以外の何ものでもないと考えています。しかし、この能力の存在を認識すると、その能力が驚くほど、正確であることに気づくかもしれません。この能力は、人が情報を得る通常の方法を用いずに、何かについて直感的に知る第六感や直観力とも結び付けられます。

予知

予知とは、未来に関する直接的な知識や認識を持つことです。予知は、ＰＳＩ現象の中で最も一般的に報告されているもので、60％から70％の割合で夢の中で起こっています。予知は自然発生的に起こることがあり、起きている間にヴィジョンという形や、思考という形で閃き、心の中で、それを「知っている」という感覚が伴います。予知は、トランス状態や霊媒を介して誘発されることがあります。大抵の場合、予知は、その予知された未来の出来事の48時間以内に起こります。多くの場合、この体験には激しい感情的なショックを伴うことがあります。多くの予知は、トラウマ的な出来事や大災害で、地震や自然災害、事故や死などについてです。この体験は、とりわけ近しい家族や親しい仲間に関することが一般的です。予知と予感を混同すべきではありません。予知が特定の出来事に関するものであるのに対し、予感は、何らかの起ころうとしている未知の出来事に関するフィーリングに近いものです。この方法で得られた情報の1／3から1／2が、有用な情報であると考えられています。

テレパシー

テレパシーとは、思考、アイディア、フィーリング、メンタル・イメージ、感覚などの心と心のコミュニケーションです。テレパシーは時間と空間を超越し、オーストラリアのアボリジニーや他の土着の部族の多くの社会の中では、テレパシーは普通の能力であると見なされています。研究によれば、他の人に危険が迫ったときなどの危機的な状況において自然に発生することがあり、それは大抵の場合、感情的に親密な関係にある間柄で起こります。情報は、夢、ヴィジョン、メンタル・イメージなどを通じてやってきます。テレパシーは、透聴か言葉の形で心の中に不意にやってきます。この体験にとって感情が重要なファクターで、それは送信側、受信側の双方に言えることです。研究によると、受信側の脳波が送信側の脳波と一致することが分かっています。テレパシックなコミュニケーションは、コンタクト体験の主要な特徴の一つです。コンタクト体験者の大部分が、ETとのコミュニケーションは非言語的なものだと言っています。コンタクト体験者は、自分が言われたことを心の中で聴くことができると言っています（つまり、テレパシー的に）。中には、このプロセスが非常に簡単で、ほとんど第二の天性であるとさえ言う人もおり、そのコミュニケーションは常に非常にハッキリとしたものだと言っています。テレパシックなコミュニケーションは、コンタクト体験そのものが起こっているときにだけ見られるわけではありません。多くの人々は、特定の場所へ行くようにETからの指示が聞こえたと言っています。あるいは、メッセージを受け取り、そのメッセージや警告の仲介者として行動するように指示を受けたと言っています。

リモート・ヴューイングと移動透視

この能力は、PSIの最も古く、一般的なものの一つです。「内なる眼」を使って、遠くの物や隠された物を視る能力です。「リモート・ヴューイング」という言葉は、アメリカの心理学者のラッセル・ターグとハロルド・パットホフによって生み出されました。しかし、ターグは「リモート・センシング」がもっと正確な言葉であると示唆しています。何故ならば、このプロセスには視覚だけではなく、匂いや音や感触などの他の印象がサイキックによって得られるからです。これはSRV（科学的リモート・ヴューイング）と区別されています。SRVには、マインド／意識を集中させるための定められた手順があります。コンタクト体験者によって経験されるリモート・ヴューイングは、自然に発生しているように思われます。コンタクト体験を通じて、場所や人、物などが視える能力が身につき、その能力が時間や空間を打ち消しているように見えるのです。『遠隔認識（Remote Perceptions）』の中で、アンジェラ・トンプソン・スミスは、自身のリモート・ヴューイング体験について語っています。彼女は本の中で、背の高い「黄金色の存在」との出会いについて話しています。彼女は恐怖を感じることはなく、親近感を覚えたと言っているのですが、彼女は自分とその訪問者との体験を「インターフェイス」と呼び、彼らから大切なことを教わったと言っています。

ポルターガイストのような異常現象

「poltergeist」という単語はドイツ語の「ノックする」という意味の「poltern」と「スピリット」という意味の「geist」に由来しています。多くのコンタクト体験者は、自分や家庭内で不思議なことが起こっていると話しています。異様な騒音、家の屋根がバンとなる音、テレビのチャンネルやスイッチが勝手に切り替わる、電気障害、電話や電子機器の動作が不安定になる、騒音、奇妙な光、そして時には悪臭がすることも！　超心理学の研究者たちは、これらの現象を「悪戯好《いたずら》き」な霊、時には悪霊の仕業であると説明しています。しかし、このエネルギーは人の潜在意識（ＰＫエネルギー）に由来していると考える人もいます。コンタクト体験者の多くが、自分がこの能力を持っており、意識的に、あるいは無意識に使えることを知っています。疑いなく大勢のコンタクト体験者たちは、自分の家の周りで説明がつかない不思議なことが起こっています。そして、それは非常に恐ろしいものである場合があります。これは確かに多くのコンタクト体験者の特徴であるものの、その現象が何によって起こっているのか説明することは困難です。しかし、さらなる探求と調査が求められるでしょう。

あるクライアントが、自分の家で奇妙で異様な超常現象がたくさん起こっていると私に宛てた手紙の中で書いています。それは、彼女の夫にも起こっており、彼女はそれを体外離脱によるサイコキネシスの形態の一つ、物質化であると感じていました。何故なら、夫は体外離脱の状態で物体に影響を及ぼすことができる能力を持っていたからです。そのとき、彼女たちが住んでいた街は電力の供給停止を経験していました。彼女が外出していたとき、夫は電気のスイッチを入れようとしたものの、送電停止のため電気が点きませんでした。コーヒーを沸かしたかったので、夫はうんざりして、フラストレーションを感じました。夫が言うには、電気ポットを使う代わりに、どのようにしたらガス・プレートを使ってお湯を沸かせるのか考えながらバスルームに行ったそうです。それから彼がキッチンへと戻ったとき、ダイニングボードの上に、湯気が立った熱いコーヒーカップがあったのです。驚くべきことに、スプーンがマグカップの中にあり、ポット自体が熱くなっていました。どうやら、夫は妻が家に戻ってきたと思い、彼女の名前を呼んで家の中を走り回ったようです。しかし、彼女は家にはいなかったため、彼は完全にパニックになり、家中を走り回ってすべての電気のスイッチを入れて試してみました。しかし、電気は間違いなく、まったく通っていませんでした。彼女はこうも言っています。この奇妙な出来事はさておき、二人は家が泥棒に入られたと信じたことがよくあったそうです。何故かというと、時折、家の中から物が消えてなくなることがあったからです。しかし、それらの物は何ヶ月かすると見つかりました。それらの物の中には、食器棚の中で見つかったものもあったそうです。

このタイプの超常現象は、コンタクト体験時には極めて一般的なものです。多くのコンタクト体験者たちが、自分の家の中にある機器に何らかの方法で影響を及ぼしていることに気づいていると私にハッキリと伝えています。街路灯の前を通り過ぎると、明かりを消すことすらできるのだそうです。多くのコンタクト体験者が、時計を身に着けることができないことに気づいています。身に着けたとたんに、壊れて止まってしまうからです。一部の研究者は、これはコンタクト体験者が持つ独自の電磁場によるものであると信じています。あるいは、それは単に彼らが持つサイキック・エネルギーが強化されたためであるのかもしれません。

サイコキネシス（PK）

PKとは、物体にメンタル・エネルギーをフォーカスし、それがある強度まで達すると、金属を曲げたり、動かせたりできる能力です。コンタクト体験者の中には、PKを行うことができることに気づいている人がおり、その能力は科学的にテストされ、十分な証拠が揃っています。PKを行う人の中で、最も有名なのはユリ・ゲラーで、彼もコンタクト体験者であると考えられています。彼は、ある種の金属を曲げる能力を持っており、スプーン、ナイフ、フォークなどを曲げることで有名で、見たところ意思の力でそれを行っているようです。

ゲラーは、ETたちと何度も遭遇したことがあると言っており、何年間も彼らとコミュニケーションを行ってきたそうです。『エイリアンの夜明け（Alien Dawn）』の中で、著者のコリン・ウィルソンは、ゲラーに彼の超能力はETに起源があるのか、それとも彼自身の無意識からきているのか訊ねました。ゲラーは実際にはよく分からないものの、その能力は自分にとって外的なものに感じており、自分の能力の背後に横たわるものが何であれ、それは知性を持っているように見え、時折、彼に悪戯をすることさえあるのだと言っています。

アン・アンドリューズは、最近私に宛てた手紙の中で、彼女の息子のジェイソンの無生物に影響を与える能力について話しています。アンが言うには、有名なUFO研究家が家にやってきて、ジェイソンの写真を撮らせてほしいと頼まれたそうです。ジェイソンは写真を撮られたくなかったため、カメラが作動しないようにしたと言ったそうです。すると、カメラが動かなくなったのです！　その研究者は、1枚だけ写真を撮らせてくれと頼み続けたため、ジェイソンは最後には折れ、カメラは完璧に作動しました。しかし、研究者がこっそり写真をもう1枚撮ろうとすると、カメラが再び動かなくなりました。テレキネシスとテレポーテーションも、サイコキネシスの形態の一つです。

この章で私たちが扱ってきたものは、コンタクト体験に伴うもののように見える多くの強化されたサイキック能力に関する簡単な概略に過ぎません。これは、確実に研究するに値する領域であり、コンタクト体験というジグソーパズルをさらに私たちが理解する上で助けとなるものかもしれません。確実に、スター・チルドレンという新たな世代は、これらの能力を豊富に持っているように見えます。そして、その能力が彼らの普通の側面の一つであると受け入れさせる機会があれば、彼らはその能力をうまく使っているように見えます。この進化的な変化の一部が、コンタクト体験によって助長されているのかもしれないと考えるときがきているのではないでしょうか？

この章の最後にお伝えしたいことがあります。望めば誰でも自分自身のPSI能力を確実に強化、発展させることができることを私は発見しました。そして、大勢の人のそのプロセスを私は本当にサポートしてきたのです。私は以前、看護師をしていたので、そのような直観的な業に対して、あまりにも実際的で科学的であったと感じています。そして、サイキック能力を十把一絡げにしていたのです！　しかし、自分でも驚きなのですが、私も自分自身の能力にアクセスすることができることを発見しました。これらの能力を持っていると、ものすごく役に立ちます。何故なら、その意識の状態が実際にどのように感じられるのか、個人レベルで大きな理解を与えてくれるからです。それが、私がコンタクト体験者たちと一緒に仕事をする上で、とてつもなく助けとなっています。誰かが自分のPSI能力について説明をする際に、私は自分自身の認識を用いて彼らが言っていることに関連付けて考えることができるからです。それによって、彼らを支援するベストの方法が直感的に分かります。自分が持っているこの部分を探求するのを好む人々は、その過程の中で自分のコンタクト体験に対する大きな理解を得ているように私は本当に感じています。よって、PSI能力を拡大することは、誰もが自分自身のために行える選択肢の一つであり、そしてそれは欲求とコミットメントの問題なのです。

第13章 世界中の悩める体験者へ！孤立状態からサポートへと繋ぐガイドライン

あなたはその問題についての情報を自分ができる限り読んできました。それは最初のうちは純粋な拷問のようなもので、読めば読むほど個人的なレベルで読み進めることが難しいことに気づきます。

「情報通」の人々が、あなたが体験したすべてのことを記述していることを知るだけではなく、その体験の奇怪さと複雑な内容を知ったとき、あなたのマインドは引き金を引かれ、それがプロセスの一部であるとこれまで自分が気づいていなかったことを思い出します。

さらに悪いことは、報告されている情報について詳しく自分が知っていると思えるものの、それがあなたの気分を良くすることはありません。自分は、それを果たしてちゃんと知っていたのかと疑問に思い始めるのです。

長い目で見れば、あなたはその問題について理解を深め始め、自分と同じような人々が世界中に何千人もいるのだということに気づくことができるのです。

ジュリア

この章では、孤立した状態から、サポートを受けるためのガイドラインを提供しようと思います。それが、あなたがおそらく感じているであろう孤独を終わらせるための最初の一歩なのです。自分が体験していることに関する知識と理解が不足することによって恐怖が生み出されます。そして、その恐怖がブロックとして働き、リソースに助けを求める上で妨げとなり、それによって孤立がさらに深まってしまうことすらあります。その一例が、ある一人の女性によって私に示されました。彼女は中年になるまで自分が体験していたものの正体を理解するために必要な情報を得ることができなかったそうです。支援を求めるのに何故そんなにも長く時間がかかったのかと訊ねると、彼女は自分が10代の頃に、自分の寝室に夜になると奇妙な生物がやってくると母親に伝えたと説明しました。驚いたことに、彼女の母親は、こう言ったそうです。「うん、知っているわよ。ママもそれを見たことがあるから。でも、そのことをママは決して口に出さないのよ」彼女の母親が恐怖と拒絶反応を示したため、彼女も恐怖に囚われてしまい、何年間も孤立したままとなってしまいました。しかし、いったん彼女が情報を得ると、彼女の孤立感は減り始め、自分の恐怖と立ち向かう自信を得て、自分が必要としていたサポートを見つけました。

孤独感と恥ずかしさで、私は耐えられなくなり、何度も自殺を考えるようになりました。誰も私が体験していることを理解できる人がいなかったので、正直に言うと自分は気が狂ってしまったのだと思いました。

トレイシー・テイラー

情報にアクセスするための方法は様々です。情報を得ることが孤独からサポートを得るための最初の一歩であることを忘れないでください。多くの方法によって自分で情報を得ることができます。明白な参考文献、問い合わせ先、インターネット、無数の組織があり、そこにはコンタクト現象に関する知識があります。最初は、ジュリアが言うように難しいかもしれません。それは彼女にとって拷問のようなものでした。第1章でデイビッドも、このテーマについての本を読むことは彼にとってかなり難しいことであったと言っています。しかし最終的に二人は共に情報にアクセスすることにより、その知識が彼らの孤立感を和らげ、それを通じて彼らはサポートを見つけ、必要としていた安心感を得ることができました。

孤立からサポートを得るためにとるべきステップは下記の通りです。

1. 情報とリソース……それはどこにあるのか？
2. リストをチェックする……誰が信頼できるのか？（第6章参照）
3. 感情面のサポート……誰が自分の必要とするものに一番ぴったりなのか？（第7章参照）

情報とリソース。それはどこにあって、どこで見つけることができるか？

いったん、この最初のステップをとると、利用可能な情報が大量に存在することを発見するでしょう。どんな情報が自分に関連しているのか、それをあなた自身で識別する必要があるでしょう。そして、その情報が信頼できるように見えたとしても、どんな情報も完全に客観的でバイアスがかかっていないものはないという事実を常に意識してください。あなたは自分の内なる指針を信じ、どの情報が誠実であるのか自分で決めなくてはならないでしょう。

私たちは、世界のすべてが味方であるようなものなのです！　自分が独りではなく、希望があることを知る必要があります。この気の遠くなるような、大抵の場合、恐ろしい体験に対処して生きていく上で、自分自身の独自の体験に対する恐怖と不安を克服するための勇気を見出すことができます。一番重要なのは、そこに助けの手があることを知ることです。

サンドラ

参考文献、雑誌、テレビ、ラジオ、インターネット、会議、ワークショップ

本が明らかなリソースです。自分の体験について深く学ぶと、自分の視点が変化するのに気づくことがあるかもしれません（例えば、その世界に対する証拠を求めることから、情報の収集と理解

へと変化し、それをより広い視点から見て、どんな意味を持つかについて考えるなど）。大事なこととして覚えておいていただきたいのは、コンタクト体験者の物語のすべてが、あなたの体験と完全に一致するわけではないということです。私たち自身の個人的な性質が、個人的な知覚に影響を及ぼしていることを理解する必要があります。私たちがそれに反応し、自分の体験を理解する方法にもその影響が及んでいます。あなたがもし、「恐怖の場所」にいるならば、恐怖の視点からきている書籍は避けたほうが賢明かもしれません。そういった本は恐怖にパワーを与えかねないからです。自分自身の内なる知識のガイドに委ねてください。

ユーフォロジーは、インターネット上で2番目に大きなリソースとなるトピックです。それ自体が、面白い事実であり、何故そうなのだろうと私たちは疑問に思うかもしれません。しかし、これはあなたがアクセスすることができる大量の情報がそこにあることを意味しているのです。

サンドラ

私は絶望の中、電話帳をパラパラとめくり始めました。すると、Uのところで、UFOがあるのを見つけました。それ以来、そのことが私の心の中にずっと残っていました。最終的に、私はUFORUMという組織を見つけ出し、親切な男性と話すことができました。その彼が大勢のカウンセラーを私に紹介してくれたのです。

電話による支援

とても簡単な方法に思えるかもしれませんが、事実、多くのユーフォロジー団体が、電話帳の中に載っています。相互UFOネットワーク（MUFON）は有名な団体の一つです。

どの団体が、あなたが住んでいる地域で活動しているのか不明な場合は、直接電話で問い合わせてください！　危機に陥った際は、数多くの電話カウンセリング・サービスが存在していることを覚えておけば役に立ちます。「サマリア・ビーフレンダーズ」（国際）、や「ライフライン」（オーストラリア）などでは、広範囲な問題を取り扱っています。すべてのカウンセラーたちは、個人の体験を尊重するように訓練されています。しかし、この場合も、コンタクト体験に対して、カウンセラーがオープンな態度であるかどうかチェックしたほうが賢明かもしれません。この現象に対して無知であるがために、カウンセラーがあなたが求めているオープンな態度と受容を示すのが困難であることがあるかもしれません。

専門家による支援

批判を加えずにあなたの話に耳を傾け、あなたのコンタクト体験を尊重してくれるかもしれないカウンセラーやセラピストを探してみてはどうでしょうか？

明らかに、あなたが情報にアクセスするのを助け、サポートしてくれる多くの組織があるのです。情報を調査することが、自分に活力を与える第一歩です。そして、情報を集積することによって、自分が抱えている超現実的な世界を認めるために必要な確信を得ることができるでしょう。

参考資料だけでも、あなた自身の体験と理解を裏付ける証拠となります。その現実を認識し、自分自身でその認識を確立させることが、コンタクト体験の目覚めにおける、もう一つの決定的な部分なのです。それが、あなたを完全に統合するのを助けます。孤立状態からサポートへと移行するということは、確信を持って感情面のサポートを受けることができるという意味です。ここで紹介したリソースは、あなたがそれを行う際に助けとなることを目的としています。

第14章　ET体験のトラウマを解き放て！　多次元的セルフへの目覚めはこうして始まる

人間とは、時間と空間に制限された「宇宙」と我々が呼んでいる全体の一部である。人間は、その思考とフィーリングを残りのものから分離したものとして感じて自己を経験する。しかし、これは意識における錯覚の一種だ。この錯覚は牢獄であり、我々の個人的な欲求や愛情を、自分たちに近しい限られた者にのみ制限している。

アルバート・アインシュタイン

これは新たな道です。宇宙規模で私たちがお互いにつながっていることを認識するため、すべてを知っている自己の一部にアクセスする方法を教えられています。いったん、私たちがすべてに対して持っている個人的なつながりと、存在の全体性へのアクセスが達成されると、退屈な言語によるコミュニケーションは不要になります。私たちは即座に別の人の思考を知ることができるのです。それを知るのに時間はかからず、常に全員がすべてを知っています。そしてまた、「常」というものも存在しません。「今」が「常」だからです。

トレイシー・テイラー

彼らが何者かではなく、我々は何者なのか、それが問題だ。

ロバート・O・ディーン

私たちは何になろうとしているのか？

この章では、興味をそそり、変容をもたらすET世界の「表現」について焦点を絞りたいと思います。恐怖ベースの困難な体験をした人々にとってすら、その表現は確実になされるもので、それには素晴らしい結果を伴います。コンタクト体験の魅力的な表現の多くが、主に過去の恐怖やトラウマに焦点を当てたUFO研究者や団体によって無視されてきたことは残念なことです。恐怖やトラウマに焦点を絞ることによって、多くのトラウマ的な結果が、実はコンタクト体験という旅の始まりに過ぎないということを曖昧にしてきました。最初の困難が、自分の体験に対する理解不足と否定から派生していることを認めるコンタクト体験者が大勢います。否定的な態度が変わるのは、自分の体験を理解し、目覚め始めたときだけです。最終的には、その自然のプロセスを経て、多くの人が自分の体験をトラウマ的な視点からではなく、個人的な成長と変容を通じて解釈するようになります。そのプロセスを通じて、コンタクト体験とは、ライフスタイルの大きな変化の触媒であると認識されます。大勢の人々の中で巨大なパラダイム・シフトの引き金を引くのです。

コンタクト体験者が自らの多次元世界に目覚めると、個人的なジグソーパズルの多くのピースが変容のプロセスを経て互いに結合し合います。それにより、それらの体験が他の多くのコンタクト体験の興味深い「表現」の触媒となります。そういった体験は珍しいものでも、異常なものでもありません。そのような体験がコンタクト現象の重要で有用な部分であると単にそれまで認識されてこなかっただけです。その理由は二つあります。一つ目の理由は、そういった表現が手で触れることができる性質のものではないため、ユーフォロジストや研究家は大半が、科学的に定量化できるデータに主にフォーカスしているからです。二つ目の理由としては、そういった表現の重要性が一般的に認識されていないからです。その表現が性質的に無形であり、また異様なことであることが多いため、多くの人がそれに言及するのに消極的で、コンタクト体験の意義に気づいておらず、関連性に気づきません。

それらの表現は、コンタクト体験全体の中で、非常に意義深く、重要な部分であると私は信じています。何故なら、それらの表現が、非常に明白な方法でコンタクト体験が人間の行動の多くのパターンに影響を与えるからです。異様な思考やフィーリング、意識の中の変化を感じ、体験し、情報を得るのですが、その情報は意識的に学んだものではなく、イエナはそれを「知識の爆弾」と呼んでいます。その知識の爆弾には、複雑な科学原則が含まれることがあり、強いエコロジカルなメッセージや霊的な視点が含まれていることもあります。それらの表現はまた、視覚的なアートワークやシンボリズムを通じて現れることがあります。起源不明の言語を自然発生的に話すこともあります。十分に立証された高次感覚や変容した知覚となって現れることもあります。その能力により、エネルギー・フィールドを知覚することが可能となって、そのエネルギーをヒーリング等に利用することができます。しかし最終的には、ドラマティックな人生の変化という完全に目に見える形をとって現れ、心身両面のヒーリングがそれに伴います。

かなりトラウマ的なET体験ですら、何かしらのポジティブな結果をもたらすことがあり、個々の目覚めを促し、何か特別な能力を引き起こすことがあるようです。それらの表現が、何故そのような方法によって現れるように見えるのか、それを理解するためには、大勢のコンタクト体験者が言及している重要な手がかりに注目する必要があります。例えば、エイデンが5歳のときに体験した「宇宙の学校現象」です。彼は、こう言いました。「ママ、僕は宇宙船の中にある学校でもっとたくさんの勉強をしているんだよ」これらの表現やこの新しい意識が、ETの教育プログラムの重要な部分の一部である可能性はあるでしょうか？　宇宙船の中で教育を受けて学んだことがあるというコンタクト体験者からの報告が数えきれないほど寄せられており、その内容には、新しい科学や哲学的な概念も含まれています。私たちが何故、コンタクト体験をし、その理由がどんなものであれ、何らかの魅力的な結果と興味深い人間的な表現を生み出すように見えるということを認識しておくべきです。そして私は、それが変容への大きな触媒であると信じています。

では、それらの変化が示唆するのは何であり、コンタクト体験者自身はそれが人類全体にどんな意味を持っていると考えているのでしょうか？　まずは、あらゆるコンタクト体験の要約を紹介しますので、それが私たちの中でどのように現れるのかを見ていきましょう。

私たちの意識に関すること

●ＨＳＡ（高次知覚能力）
●他の生物との内的次元における交流
●過去生におけるＥＴコンタクト体験
●ＥＴとしての過去生の記憶
●人間とＥＴの両方のフィーリングを持った二重の意識
●並行して二つの人生を体験する。同じときに、二人の自分が存在している

フィーリングと知識

●未来の自分が会いに来たというフィーリングがある
●ＥＴと人間のフィーリングが自分の中に共にある
●この現実の世界が示唆していること以上のことを行うことができるという認識がある
●人間の肉体にいることに違和感がある
●人間の家族に親近感がなく、銀河の家族に親近感がある
●誰に対しても、自分とは非常に異なったフィーリングを感じる

霊的、および哲学的な成長

●行動や信念に大きな変化が訪れる
●私たち自身の意識の多次元的な部分を探求する（魂、アストラル体など）
●別の転生の意識がある

視覚的、音声的な表現

●異様な言語を話したいという欲求がある（これは、テレパシーの始まりである可能性がある？）
●異様な文字や文章を書きたいという欲求がある
●絵やシンボルを描きたいという欲求がある

人生の変化とヒーリング

●コンタクト体験を通じて、エネルギーが癒されたという認識がある
●他の地球外生命体によって、人間としての自分とETとしての自分に対するヒーリングが行われていることを観察した自覚がある

教育、「ホモ・ネオティカス」、スター・チルドレン

●環境学的、惑星レベルの意識がある
●「情報の爆弾」と呼ばれるような情報のダウンロードを行っている
●「使命感」がある

コンタクト体験は、人間の意識の中に変化を呼び起こします。それは個人の成長や哲学的な価値の観点で現れるだけではなく、別の世界の知識と目覚めをもたらします。その別の世界は過去生として知覚され、人間の魂という永遠の性質に対するさらなる理解を私たちに与えます。その変化の中で、私たちは無限の人間の世界への目覚めを与えられ、私たちには時間と空間の次元を超えて存在し、移動する能力があることが示唆されます。この種の認識はまた、並行宇宙や、その並行世界の中の並行《パラレル》に存在する自己といったような概念をも内包しています。

ジュリアはこう言っています。

「もう一人の自分の存在に気がついたとき、その仕組みに対して受けるショックは深遠なもので、身体と精神の両方に及びます。その発見に伴って人生が変化するのですが、それはその認識を通してだけではなく、そこで出会う人々からも影響を受けるのです。

過去や並行宇宙での多次元世界で経験した身体的なトラウマは、そのトラウマを思い出して血を流すのですが、そのトラウマには、ハイアーセルフ、つまり、自分自身の霊的に進化した側面に理由がある可能性もあります。この側面は、他のすべての部分が克服しない限り、霊的な進歩を遂げることは不可能です。多次元世界の、過去生や並行世界に存在する自分たちは、何らかの方法で統合される必要があるのです」

この表現はETとの強力な接続感を伴う「二重の意識」の認識として現れることもあります。その「二重の意識」とは、自分のある部分はETの性質を持ち、その一方で人間の性質を感じることを意味しています。その「ETセルフ」の部分が、科学者や観察者のように感じることがあると言っている人もいます。そしてその部分が、限界を持つ「ヒューマン・セルフ」との間に葛藤を感じるそうです。とりわけ、人間の感情や人間関係において。そのような人々は、彼らがETの家族であると信じている者たちと深い感情的なつながりを感じることがあります。そして、それは自分自身の人間の家族に対するものよりも強く感じることがよくあります。多くのコンタクト体験者が、空を飛ぶ能力のような地球上では自分が持っていない信じられない能力について語っています。彼らのその部分が本当にエイリアンであると感じているのだそうです。この種の表現に対して注目すべき側面は、そのような概念を彼らが実際に認識していることを目の当たりにして、大半の人々が驚愕することです。

コンタクト体験は、人を目覚めさせ、その意識に多次元世界の可能性をもたらします。その側面は、視覚的、音声的な表現を通じて現れることもあり、それは魅力的なアートワークや文字を描くといった形や、異様な言語を話すといった形となることがあります。こういった表現が、これまで一般的に認識されているよりもずっと広く見られるものであることを私は発見しました。この私の発見は、あるビデオを制作するために知り合った特別な友人たちのグループとの一連の出来事を通じて私に示されました。（そのビデオは『ＥＴコンタクトの芸術的表現：ヴィジュアル・ブループリント（Expressions of ET Contact, A Visual Blueprint?）』というＡＣＥＲＮのビデオで、視覚的、音声的データが含まれています）

良き友人であるブラッドリー・デ・ニーゼが元となるアイディアを提案し、そのビデオの制作を手伝ってくれました。デイビッド・サンダーコックは、才能あるミュージシャンで、彼もボランティアで楽曲を作曲してくれました（彼の楽曲は賞を獲得しました）。コンタクト体験者たちは、デイビッドの音楽は、映像の中で描かれているＥＴのヴァイブレーションやエネルギー・フィールドを実際に内包していると言っています。このビデオの主な焦点は、より広範な聴衆にコンタクト体験の具体的で魅力的な側面を紹介することにあります。ビデオを視聴することによって、コンタクト体験者を理解する上で助けとなるだけではなく、視聴者自身の生活の中における異様な出来事を検証する際に助けとなります。このビデオは、コンタクト体験の魅力的な側面を描き出しているという点で、顕著な成功を収めています。このビデオは、多くのコンタクト体験者にとって確認するための手段となり、彼らの表現が、まったく奇怪なものでも、特別なものでもないことを例証しています。

このビデオを見た大勢の人々が、ビデオの中にあったような行動や絵や言語を自分の人生のあるときに表現していたことに気づいたものの、それを重要なものではないと軽視していたと私に言いました。多くの人々が、彼らが見たものがＥＴであったことに気づき、ビデオの中で描かれている絵やシンボルが自分自身が描いたものと類似点があることを見つけて驚きました。トレイシー・テイラーが話す奇妙な言語や他の表現を理解する人も中にはいました。

作家のダナ・レッドフィールドは、次のようにコメントしています。

「ビデオを見て、私は唖然としました。そのアートに驚かされただけではなく、あるETの絵が私自身が描いたものと似ていたからです。ここに、『我々はメッセンジャーである』という精神《スピリット》に対してさらなる接続感があります。このビデオは、特殊な方法で私の助けとなってくれました。母もアートを見て楽しんでくれるだろうと感じ、母に私と一緒にそのビデオを見るよう誘いました。ジェーンによって描かれたライオンマンのイメージがスクリーンに映ったとき、母は私の涙を見ました。その瞬間、私は箱に手を伸ばし、私が描いていたアートを取り出して、それを母に見せました。最初、母はその絵をじっと見て、やがて理解しました。母はUFOの存在が現実のものであることを理解したのです。母は、意識の中で不可解なものが起こっていることを理解しました。そして、私がその絵を描いた7年前に他のオーストラリア人のコンタクト体験者と接触していなかったことを母は知っていました」

このビデオは、自分の人生の中で起きる出来事に絶えず疑問を抱えている大勢のコンタクト体験者にとって、自分の体験の検証に役立ってきました。このビデオを見ることにより、彼ら自身が表現しているものや、コンタクト体験によって呼び起こされる異様な感情やフィーリングに意味を与える上で助けとなってきたのです。大勢の人々が、ビデオを見て仰天したものの、自分が生み出したアートや筆記物に類似した表現を他の人々も複製している様を見てホッとしたと私に教えてくれました。彼らは、深く感情的な反応が誘発され、それらの絵や象徴や言語の筆記などの創造的で視覚的な表現が、まったく新しい意識と深い理解を呼び起こす引き金として機能しているように見えます。

さらに、ビデオの内容が、多くのコンタクト体験者にとって価値のあるヒーリング・ツールを提供しているようです。何故なら、ビデオを見ることによって、大きな確証を得て、自分自身の体験に整合性が与えられるからです。音声学的、視覚的表現を生み出すことができる人々に対しては、私たちはさらなる情報を提供し、その創造のプロセスを深く探求することを勧めています。他者の目を通してそれを見て、彼らがどのように自分たちの表現を理解するのか確かめてみるのです。彼らが何故、そのような異様な音を発せざるを得ないのか、その理由を問うだけではなく、彼ら自身がそれに対してどんなふうに感じ、その目的がどんなものであると思っているのか検討するのです。多くのコンタクト体験者が語るには、彼らはそのような言語をまったく自然なものであると感じていて、その言語を話すのを楽しんでおり、その言語に対して、ある意味でとても精通しているように見えます。自分の母国語よりも、その異様な言語の方がスラスラと話せるという人も中にはいて、コンタクト体験者が何の支障もなく話すことができる異なった言語が幾つか存在しています。ある女性は、そういった言語を何十種類も話すことができ、それらの言語の「音《トーン》」を彼女のヒーリング・ワークの中で利用しています。彼女が言うには、ある深いレベルで人はそれらの音を認識しているのだそうです。トレイシー・テイラーも、そのような言語を幾つも話すことができて（第8章参照）、彼女はまた、スター・チルドレンがそれらの言語に対する認識を持っていると感じていて、彼らがその言語を話そうとすれば、スラスラと話すことができるだろうと言っています。私たちのビデオの中で、トレイシーや他の人々が話している言語を聴いて、何を話しているのか理解することができるというコンタクト体験者が、アメリカとオーストラリアのある地方にいるという話を私は耳にしたことがあります。

トレイシーが音楽のような言語を話し始めたとき、私は彼女と一緒になって話しました。それはまるで、2種類の方法による会話を行っているかのようでした。

ダナ・レッドフィールド

トレイシーはそのことをこんなふうに説明しています。

「その言語は、個人の魂のヴァイブレーションをより正確に表現したものです。これは、その言語が、ユニバーサル・マインド、つまり神のエッセンスから直接やってきたという意味であり、究極的にはすべての存在が互いにつながっているのです。ある特殊な言語の音は、意識が持つ線形の論理的な側面を飛び越える性質を持っていて、最初のうちは、顕在意識による解釈は機能しません。そのため、必要とされる音を表現するための方法以外に、分析的なマインドから何のインプットもなされません。特定の音が、実際に何を意味するのか、先入観や概念がないのです。何故なら、このタイプの言語は、英語のような構造になっていないからです。特定の音や語が、特定の概念や意味に関連しているわけではないのです。その言語は、そのような構造を持っていないため、それ故に、どのような過去とも関連性を持っていません。よって、その最も純粋な形態では、それが声となって発声される前に、線形の時空を飛び越えるのです。その言語は、創造が表現されたものとして、存在の状態が反応した結果ではありません。この言語は、魂によって創造されたもので、別の人の魂と無意識的に直接つながっています。したがって、この言語は、私たちが外国語を解釈するような方法で時間をかけて解釈することは不可能なのです。音のヴァイブレーションが瞬間的であるように、解釈というフレームワークがないのです。そして、英語やこの時代の地球で話されているいかなる言語にも正確に翻訳することはできません。

この言語は、私たちの魂が他の人々の魂とコミュニケートできることを教えています。これは、言葉からテレパシーによるコミュニケーションの最初のステップです。この言語をある人が、別の人に話しても、何を表現しているのか意識的には理解できないかもしれませんが、他の人が達成した深い接続感を実際に得ることができます。すべての存在との接続感と、心の平安が拡大し、深い理解に触れて、類似した方法で意思を返したいという欲求を感じる人もいます」

英国の研究者のゲーリー・アンソニーは現在、この現象の側面についてデータを調査、照合作業を行っていて、何人かの資格を有する言語学者たちが彼を支援しています。そして、トレイシーの解釈がなされたこれらの「スター・ランゲージ」の解読が成功できる見込みがあるか人々は関心を寄せています。確かに、この言語現象のトレイシーの理解は非常に複雑なものであり、彼女が示唆したように、これらの言語は、私たちにとって、ある種のテレパシックなコミュニケーションの進化の入り口です。

トレイシーはまた、複雑なシンボリズムが組み込まれた幾何学的なアートや奇妙な筆記物を通して、彼女のコンタクト体験を表現しています。その筆記物の幾つかは、象形文字や速記体のようなもので、このプロセスも同様に自動的なもので、自然に流れるように行えるものです。何度も見てきたように、コンタクト体験者は、これらのプロセスのいずれも無理強いされているわけではなく、彼らはただ、描き、書きたいという自然の欲求に従っているだけなのです。

（下記の動画にて実際のスターランゲージの音声を聴くことができます）

https://www.youtube.com/watch?v=fDYCjUYl8r4

QR コード

トレイシーは、こう言っています。

「絵は、類似したコミュニケーション手段の別の側面です。この場合も、絵の瞬間的な性質の故に、顕在意識による干渉を与える余地がなく、マインドを飛び越えてやってきます。前に言ったと思いますが、幾何学的なデザインを描いている間、意識の集中を緩和させてボーッとしている必要があります。私は、自分が直接『ソウル・コミュニケーション』を行っていると思っています。これに意識による解釈や干渉を行うことはできません。この純粋な創造の形態は、私が前に描いたどんな絵の部分にも反応する余地を与えません。そして、ここでもその絵は、人間のエッセンスと直接的にコミュニケートしています。シンボルには、これまで言語を用いて表現してきたものよりもずっと多くの情報が含まれています。シンボリズムという形の中で、魂、つまり人間の『エッセンス』は、そのレベルにおいて、そのメッセージ全体を理解し、一度にコミュニケートすることが可能なのです。過去には一切の関係はなく、解釈する必要なしに瞬時にコミュニケーションは受け取られます。これはまったく新しい方法なのです」

それらの絵を描くのにどれくらいの時間がかかったのか私はトレイシーに訊ねました。すると、彼女は、カラーのものはその複雑な性質の故におおよそ4時間、一方、シンプルな白黒のものは、ほんの10分だと言っていました。

その上、彼女は線や角を描くのに、まったく定規を使っていないのですが、彼女の絵は左右対称であるだけではなく、驚くほど正確な直線で描かれています。

「1997年から1999年の2年の間に、私はそれらの異なったシンボルを描き終えました。その絵の幾つかは、私がコンタクト体験の中で見たものの回想で、それにはETや彼らの道具が含まれています。それぞれの夢（コンタクト体験）の後で、私はそのシンボルを思い出して描いたのですが、私の手は何かに乗っ取られて、ペンがどの方向へ向かい、何を描くのかという点については私はまったく意識的な作為をしていません。それが起こると、私は自分が導かれていることを感じます。しかし、私は自分が行っていることをトランスとは決して呼びません。何故なら、自分が何をして、自分の周りで何が起こっているのか私は完璧に気づいており、私が止めようと思えば、いつでもそれをストップさせることができるからです。実は、私がペンの進む方向に集中しようとすると、ペンが止まってしまうのです。そうなってしまうと、絵を完成させるのが、ずっと難しくな

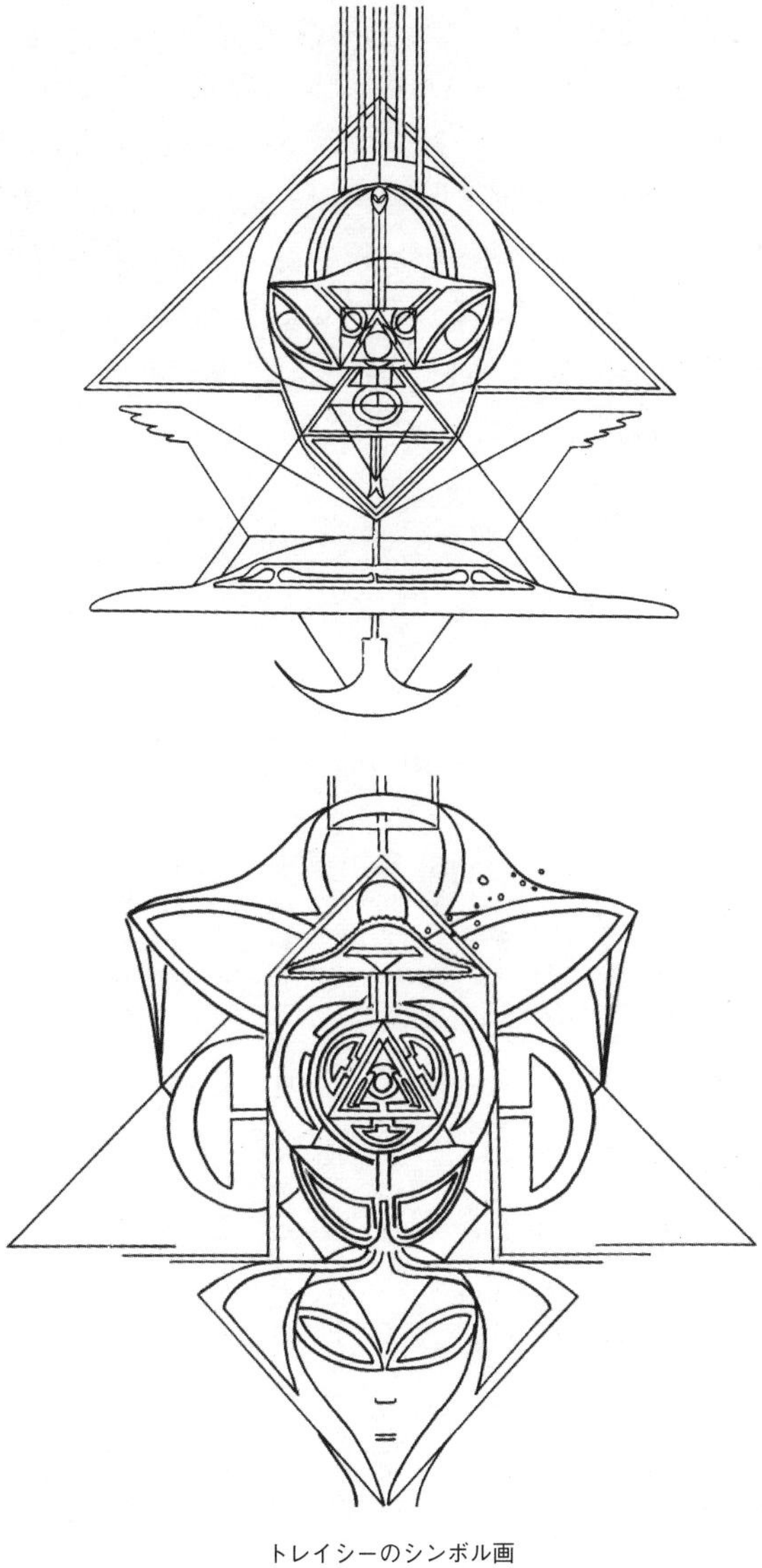

トレイシーのシンボル画

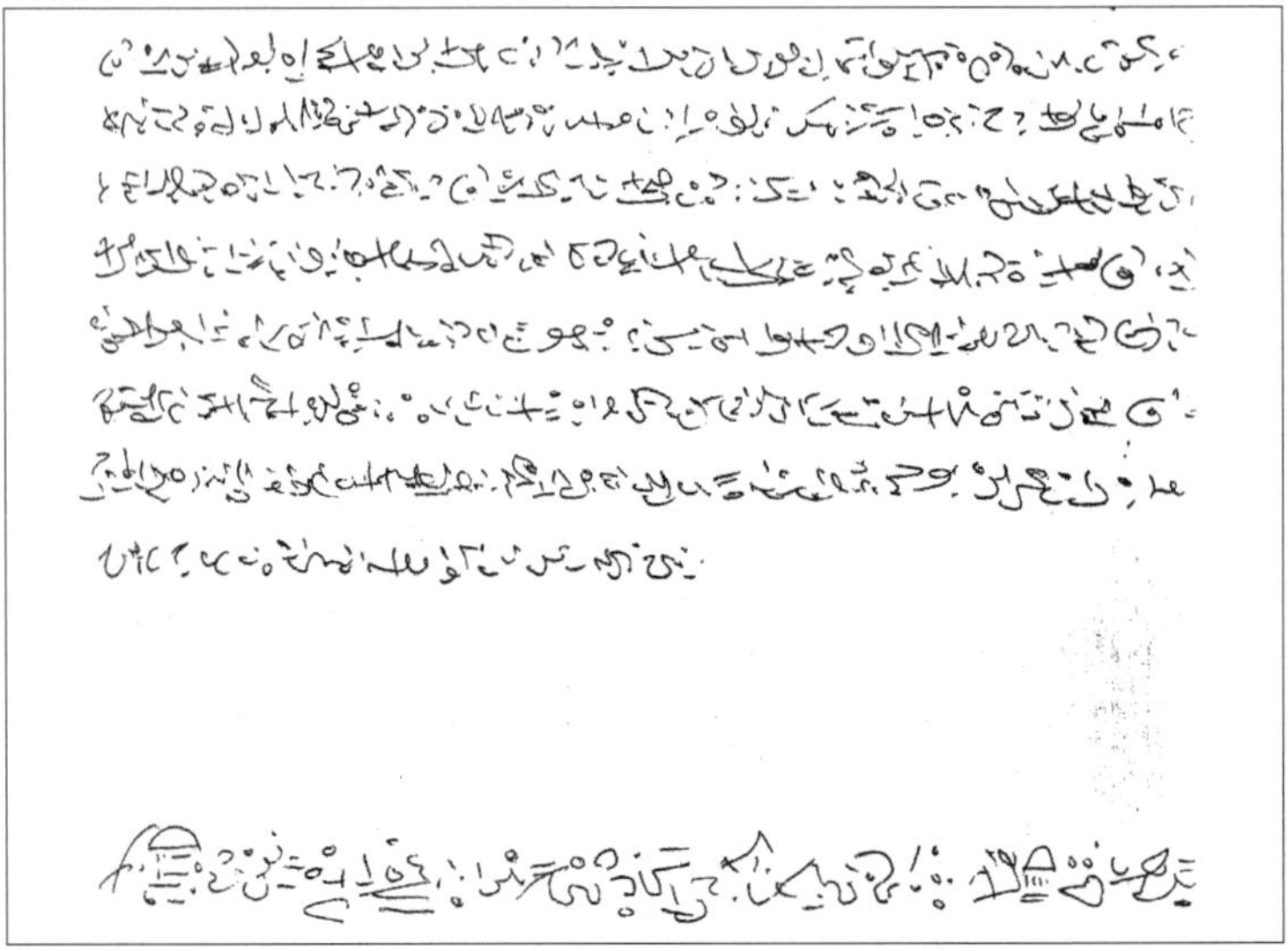

トレイシーによる象形文字のような走り書き

ってしまいます。

その絵は、常に私の記憶よりもずっと詳細に描かれ、時々、絵の傍らに象形文字のような走り書きが添えられていることがありました。その文字は、シンボルを描き終わった後に書かれるのですが、シンボル自体の上に書かれることもありました。その文字は彼らの高次元の意味を説明しているのだと私は感じています。そして、それが彼ら（ＥＴ）が情報を発している場所へとつながっていると感じています。

私がその文字を書いていると、その意味を感じ、キーワードが私の心に浮かんでくることがよくあって、それが私に解釈を与えています（例えば、２枚の大きなカラーの絵の外側に書いてあるものがそうでした）。ある段階で、シンボルの正確な意味を知りたくなって、ひどくイライラしました。すると、紙の上でペンを持ちたいという抗しがたいフィーリングに襲われ、ペンを持つと、カラーの非常に複雑なデザインの絵が完成されていました。私の心を通じて受け取ったメッセージは、それらのシンボルの真の意味だったのですが、それは私の現在の進化の段階で理解できるあらゆるものを遥かに超えるものでした。この情報を与えられた私は、爆発寸前だったため、自分は忍耐を学ぶべきであることを知りました」

「最初に、私が絵を描き始めたときは、シンボルが未完成であるように感じます。何故なら、絵の半分には着色されているのですが、残りの半分は白い紙の上に黒い線が引かれただけの白黒の絵だからです。私がそれについて訊ねると、絵は人類の進化の象徴的な表現なのだと教わりました。私たちの進化は未完成であるため（私たちの時空において）、絵には未着色の部分があり、それが私たちの未来を象徴しているのであると。絵を描き終える度に、私はいつも生きているという実感とバランス感を得て、大きな爽快感を覚えました。私が何らかの知識を持っていることを感じ、その絵が本当は何を表しているのか理解はしていなかったものの、本当に重要な何かを知っていたのです」

「すべてのシンボルが夢の記憶から完成されるというわけではなく、ほとんどのものが別々のときにやってきます。それは普通、私が気を散らしているときが大半で、例えば、お気に入りのテレビを見ているときや、誰かと電話で話しているときや、講義のときに聴いたり話したりしているときなどです。2年間にわたって別々の時間に7枚の白黒のシンボルを完成させた後、私は幾つかの存在と極めて鮮明なコンタクト体験をしました。その存在は私にメッセージを与え、透明な材質の上にすべてのシンボルを複写するように言いました。彼らによると、それらのシンボルのすべては、一つの大きなシンボルに合体するからです。そのメッセージは強烈で、何度も何度もしつこくやってきたため、私は自分が頼まれたことを実行しました。驚いたことに、シンボルは様々な方法で本当に合体しました。三角形の角度が、正確に同じ角度でした。そして、この発見は、私に会うために集まってくれた他のコンタクト体験者とサポートグループに参加するまで気がつきませんでした。サポートグループの有益な助言により、シンボルが私がそれまで試したことがなかった方法で合体しました。背景のL字に対して、すべてのシンボルが完璧に収まるようになっていたのです。他のシンボルがそれ以降に完成し、それらのシンボルが完璧にその中に組み込まれました」

「夢の中で伝えられたヒエログリフのようなタイプの文字も絵と同様の方法によって完成されました。その文字から私は隔離されているようです。それが流れてくると、何処かにいる誰かによって導かれているように感じるのです。実際、私にとっては英語で書くより、その方法で書くほうがずっと自然に感じるのです。その言語を話す場合も同じです。その多次元性を見るため、私は今、それらのイメージをすべてコンピュータでデータ化する必要性を感じています。それが、これらの図面を見るために意図された方法であると私は確信しています。それが成されたならば、私たちの世界と、私たちが何者であるかについてが、さらに解き明かされると私は思っています」

オーストラリアの他の地方に住んでいる別の女性が、絵を描くプロセスを述べています（そのアートもビデオに収録されています）。その説明は、トレイシーのものと多くの類似点があります。

彼女はこのように言っています。

「私が自分の絵を描いているとき、目的意識を感じます。私は絵を描くことをとても愛しています。そして、その衝動が去ったとき、私は喪失感を覚え、自暴自棄になります。そして、その衝動が再び始まるまで、私の人生が幻のように感じるのです。

私のフィーリングを正確に言葉にするのは難しいと感じています。その衝動（私はそう呼んでいます）は、非常に強力です。それは、私の周りに存在する何ものにも似ていません。それは疑う余地のない渇きのようなものであり、私は満たされることがありません。私は自分の周囲の様子をすべて認識し、会話を行い、それでいて描き続けることができます。つまり、私はトランス状態にあるのではありません。自分に乗り移っているような存在を何も感じることはないのですが、それが何を意味していようとも、私の内から来ているものであると感じます。私はそれが自分の心に埋め込まれていると感じており、それを作動させるために何かが必要とされている自分の一部であると感じています。言葉にはできないものを言おうとしているわけですが、これで分かっていただけることを願っています。私は自分が使っている色の理由がまだ分からず、その組み合わせだけが感覚的に分かります」

ダナ・レッドフィールドも彼女自身の体験について述べています。私への手紙の中で彼女はこう言っていました。

「私がたくさんのアートや幾何学模様を描いているとき、それは至福の時なのですが、それらの作品が残したものとコミュニケーションすることに私はフォーカスしています。しかし、私たちが関係している作品からやってくる全体的なメッセージは基本的に同じであり、それは私たちの意識を拡大することに関係しています」

このような創造的な方法によって、自分たちのコンタクト体験を表現することで得た魅力的な洞察は、視覚や音声的な表現を通じて人間の精神にアクセスするための別の経路かもしれないと私には感じられます。確実に、この創造性は個人の奥底の深遠なレベルで作用を及ぼします。そのプロセスを通じて、彼らは魅力的で複雑な情報にアクセスし、世界を拡大し、それを体験します。そしてそれが、私たちの起源、私たちの世界、私たち自身の新たな理解と目覚めの感覚を彼らに残すのです。このような表現を通じてアクセスすることができる人間の能力や潜在能力の目覚めはまた、それらの表現がさらなるコンタクト体験のトリガーとして機能していることを暗示しています。

コンタクト体験が創造性を刺激し、そのような表現を通じて描写されることは興味をそそられるだけではなく、さらなる質問を私たちに投げかけます。実に生き生きと、このような形で私たちに示されたこれらの表現は、私たちは孤独ではないということを示しているのでしょうか？　あるいは、それ以上のことを意味しているのでしょうか？　これは、捉えがたいものの、私たちの内に変化を生み出す強力な手段なのでしょうか？　目には見えないエネルギーやシンボル、アート、言語の使用を通じて、私たちの精神の内に、何らかの深く新たな意識が引き起こされるのでしょうか？　確実に、それらの表現を生み出した人々はそうであると信じています。

そこから、多くの人はさらに健康的なライフスタイルを模索し始め、自分自身や惑星を癒すために強い情熱を募らせます。そして、魂やスピリットを理解するために自分は目覚めたのだということを体現し、自らの拡大した意識を通じて絶えず問い続けます。スター・チルドレンは、この意識にかなり親しんでいるようですが、それでも彼らは制限された人間の思考の中に閉じ込められている「人間の生活」に苦しんでいます。彼らの意識は、人間の年齢を超えているように思われ、多くの場面で役割が逆転し、彼らが教師となり、私たちが生徒となります。彼らはETの訪問者たちに関する情報をすでにかなり詳細に知っていて、それに加えて私たちが何者であるかも理解しています。

トレイシー自身、自分の絵は私たちの起源に関する知識と情報が複雑に織り込まれていることを知っています。それらの表現が、もっと繊細で直観的な意識のレベルで人間の精神にアクセスさせる力があることを彼女に示しているのです。トレイシーは、彼女の絵を見た後に彼女に手紙を書いてくれた人々からもそのことを確認しています。大勢の人々が、その絵を見た際、深い共鳴と認識を含んだ一連の感情を体験したと言っています。それが、彼ら自身と世界に対する新たな意識への触媒となったのだと彼らは言っています。

では、トレイシーや彼女のような人々が創造した作品に対するこの驚くべき認識や反応は何なのでしょうか？　トレイシーは、そのような作品《マテリアル》は人間の無意識の部分を開くための触媒、あるいはトリガーとして機能していると考えています。そのような視覚的な表現が、精神への「扉」を提供することを私たちはすでに知っており、これはコンタクト体験を見る上で、非常に興味深く、素晴らしいプラットフォームであることに疑う余地はありません。

私がこの本を書きあげた直後、マーティン・ローから連絡を受けました。彼は、そのアートスクリプトに共鳴し、トレイシーと連絡を取ることを熱望しました。マーティンのヒエログリフは、創造的な表現を通じてデータをダウンロードするというプロセスにおいて驚異的な例です。彼の作品は、別の世界を個人が体験するという点で、類似したパターンを示しています。イギリス生まれのマーティンは、子供の頃から絵を描いていました。彼は広告や絵本の世界で働き、環境系の雑誌にも携わってきました。1973年から彼はアイルランドで生活していて、アイルランドの様々な場所で個展を開いています。独学のミュージシャンである彼は、アイルランドのバントリー・ハウスで即興のヒーリング・サウンドを演奏しています。

マーティンの本物のヒーリング・コード

マーティンは、彼の複雑なスクリプトについて、このように話しています。

「私は自分がやったことに対してむしろ驚きました。その文字は、全体を通して完全に統一されているのです。非の打ちどころがないばかりか、私の感覚では、はっきりとした確信を持って書かれており、それは禅の書の一篇のような本物です。正直に言うと、自分が書いたものが何であるのか、それを知る手がかりを私は持っていません。しかし、たったの一文字でも間違っていると分かると、

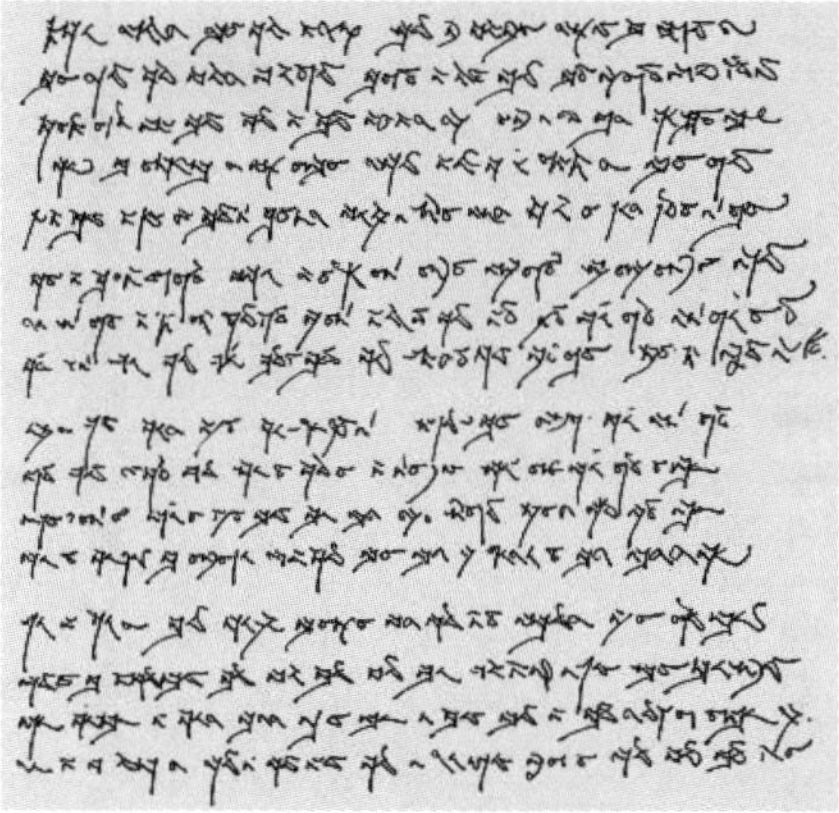

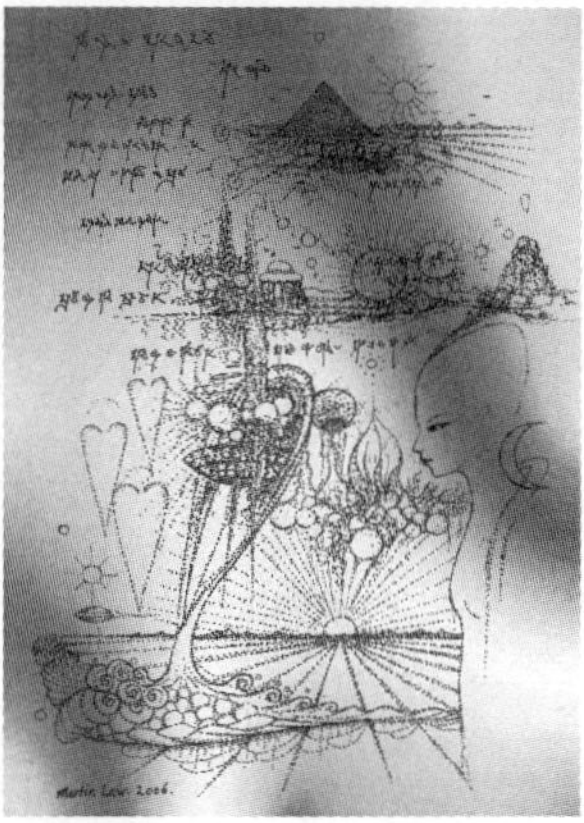

マーティン・ローのウェブサイト www.rainbowmaker.info

私はそれを火の中に投げ入れて、初めから書き直します。私の作品には絵や音楽、書物が含まれているのですが、このスクリプトは全体としての私の仕事の中で不可欠な側面であると確信を持って言えます。そのすべてが、霊感を受け『受信』されます。洗練されているのと同時に、詳細にまでわたって完璧な状態でそれはやってきます。私は脳の両方の半球をバランス良く使っていると信じています。40年にも及ぶ瞑想の実践によって、私は心を空っぽにし、受信する導管となることが可能となりました。それを行う際、その正真性やその微細なニュアンスを識別するために不可欠な能力を用いています。その作品《マテリアル》のソースが何であれ、そのすべてが、全体性、調和、バランス、美を自ずから体現するイメージの流れを伝える意図が向けられています。それが、無意識に働きかける本物のヒーリング・コードなのです。私はそれを、今、この中へと顕現した『全体性』に対する感受性から来ているのだと言いたいです」

トラウマから理解へ。癒しと変容の表現視覚的な錯覚の発見！

この本を通じて、ある人にとってはコンタクト体験が恐ろしいものとして現れることを私たちは見てきました。同様に、自分自身の体験を詳しく理解している人もいることも見てきました。その恐怖は、視点を変えることによって、多くの場合、消し去ったり、変化させたり、もっとポジティブなものにすることができます。では、何故それが起こり、その変化を引き起こすものは何なのでしょうか？

人間の恐怖心や理解の不足から、多くの体験が誤解されていることが頻繁にあると思われます。これが、出来事に対する一種の視覚的な錯覚を生み出します。自分の体験に対して深い理解を得ることにより、自分の恐怖がその制限された視覚的な錯覚を生み出しているということを発見します。そして、自分が起こったと信じているものが、多くの場合、実際に起きたこととまったく異なっていることがあるのです（第10章のアン・アンドリューズの話を参照してください）。

自分のトラウマ的な体験に関する情報をまだ解き明かすことができていない人々ですら、自分自身の内に特殊な能力があることを発見することがあり、それは彼らの異様で説明のつかない出来事に対するポジティブな結果です。そのようなポジティブな結果が、ヒーリングを含む高められた感覚能力となって現れるということを私たちは例証してきました。そしてコンタクト体験が、そのような能力を大いに助長しているように見えるものの、多くの人々がコンタクト体験を通じて物理的に癒されてきたと言っています。そういったポジティブな結果が、最初は自分が自分で創り出した視覚的な恐ろしい錯覚を通して見えていたことに疑いの余地のない人もいます。しかし、深く探求していくと、自分が発見したものが、まったく新しい理解を自分に与えてくれます。ETとの遭遇が、ポジティブでドラマティックな人生の変化を与えるための触媒であったということに気づくのです。

二人の若い男性が偶然に、数週間の間に私を訪ねてきました。二人は似たような年齢で、ほとんど同一の人生体験をしており、その体験には彼らにとって恐怖の遭遇だったコンタクト体験も含まれていました。彼らが自分の体験に対する当初の理解は完全に恐怖からくる視覚的な錯覚を通して見たものでした。彼らを取り巻く生活が破壊的で不健康であったものから、非常にポジティブで変容的なものへと、コンタクト体験が実際に変化させたのだということを理解できたのは、彼らが自分の遭遇体験をもっと深く調査、探求した後になってからのことでした。

その二人の若者は共に、様々なドラッグを伴って体験をしていました（ヘロインのようなハードなドラッグもそれには含まれていました）。彼らは、その習慣を強化するような多くのことを行っていたことを示唆していました。彼らは後になってそれを後悔していました。二人の内の一人の男性を、私はマイクと呼びたいと思いますが、マイクはドラッグが、偶然にも彼がトラブルを回避する上で役立っていたと言っていました。それは、危険が近づいてきたときに、非常に鋭い「直感」

という形でやってきました。マイクは、彼が自分の頭で考える限りにおいて、自己破滅の道に陥っていたと言っていました。そして、とりわけ彼が恐ろしいコンタクト体験をしなければ、そのライフスタイルを続けていただろうと言っています。

その体験は彼にとって非常に恐ろしいものであったため、その瞬間から即座に彼はドラッグをやめました。彼は当初、その恐ろしい体験はドラッグの乱用のせいだと考えていました。彼は自分が使ったドラッグが、その心の状態を誘発したと感じていました。これは誰もが行う論理的な推察です。しかし、その後ドラマティックで物理的な変化が起こりました。その話を聞いた私は、彼にそれ以上のことが起こったのではないかと考えるようになりました。

マイクは、自分がどのように変わったのか私に話してくれました。態度や行動だけではなく、その変化は多くの他の点で彼にとって新しいものでした。彼は、しきりに新しい生活を始めたくなり、多くの科学や哲学の概念に惹かれていきました。とりわけ恐ろしいコンタクト体験を理解したいと願いました。コンタクト体験によって彼の人生は変わったものの、それは同時に彼を困惑させていたからです。退行催眠によって、彼にもっと深い理解をもたらす見込みがありました。そして、何が起こったのか、その発見の扉を開ける可能性がありました。そして、彼はそれを選択しました。

彼の顕在意識上の記憶は制限されていたのですが、夢から覚めたとき、彼は体験を恐ろしいものとして覚えていました。犬が彼に飛びかかって、彼の脚を噛《か》み、その後のことは何も覚えていませんでした。しかし、退行催眠を通じて、当初は犬だと解釈していたものが、実際にはETであったことが分かりました。犬に噛みつかれたと思ったものは、まったくそのようなものではなく、彼に鎮痛剤のような効果を与えるためのものだったのです。マイクは、自分が「エネルギーの渦」の形をした扉へと導かれ、宇宙船へと昇っていくのを見ました。その様子を、彼は詳細にわたって描写しました。宇宙船の中で多くの物を見せられたと彼は言っています。彼はまた、自分の身体がETたちによって浄化され癒されたと言っています。再び、彼は生き生きとそのプロセスを描写して、こう言いました。「僕の肝臓はまったくひどい状態で、茶色くてネバネバしていたのですが、その部分が取り除かれました」彼の身体は、ドラッグやアルコールの乱用から来ているダメージを洗浄するプロセスに置かれました。それから彼は翌朝、この数年来でとび切り爽快な気分で目覚めることができたと私に教えてくれました。

この理解が非常に役に立ち、彼は恐ろしい遭遇体験が、実は自分にドラッグをやめさせ、以前のライフスタイルを変えさせる目的で意図的に設計されていたと完全に信じていると言っています。彼らが自分を非常に怖がらせたのは、悪夢がドラッグによって誘発されたのだと思い込ませるためだったと信じています。その遭遇体験があまりにも恐ろしかったため、彼はその日からドラッグをやめ、強制的に破滅的なライフスタイルを完全に変えざるを得なかったと彼は間違いなく言っていたのです。

それがたとえ変容的なものであったとしても、この話をドラッグによって誘発された個人的なものとして一蹴することは実に簡単なことでしょう。しかし、この話には現実に驚くべきことが起こったことを証明する本物の目に見える証拠があるのです。マイクは、ドラッグの乱用により、以前はC型肝炎であると診断されていました。その遭遇体験の後、彼は血液検査を受けたのですが、C型肝炎のウィルスがまったく見つかりませんでした。彼は明らかに、完全に治癒されていたのです。

偶然に、そのときもう一人の若者が私を訪ねてきました。彼をスティーブと呼ぶことにしましょう。前に述べたように、スティーブはマイクと同じような年齢で、同じような過去を持ち、コンタクト体験の後に彼のライフスタイルも劇的に変化しました。スティーブは、10代の早い時期から様々なドラッグをやっていたと言っていました。その後、メタンドン（ヘロイン中毒の治療薬）プログラムを受け、それが数年間続きました。それから彼は特別に恐ろしい遭遇体験をし、ドラッグをやめるしかないことが分かったと言いました。その体験の直後、彼の知覚が変化し、他人の思考にいとも簡単に同調できるようになり、人や物の周囲にエネルギー・フィールドが見え始めたと言っています。スティーブはそれらのことに心をかき乱され、心労のあまり、彼は自主的に病院で診察を受け、メンタル・ヘルスのチームの査定を我慢して受けました。

しかし、数日間にわたったテストの後、医療チームは彼にいかなる精神的な異常も見つけることができませんでした。彼は自分自身の中に驚くべき治癒を経験しました。長年にわたるドラッグの使用によって、歯のカルシウムは破壊されていたのですが、彼は自分の歯が完璧に健康で、腐食の跡がまったくないことを発見したのです。また、ドラッグを使う際、注射針を回し打ちしていたのにもかかわらず、彼の血液は健常で、すべての感染症や異常から完全に無縁でした。スティーブは定期的にUFOを目撃し、彼はETたちが常に自分を見続けていると感じました。彼はゆっくりと自分の新たな意識に慣れていきましたが、彼にとって最も厄介だったものは、その現象を信じてくれない家族の存在でした。そのため、すべてのことを自分が過去にやっていたドラッグのせいであると家族には説明していました。

コンタクト体験における個人的な恐怖からくる視覚的な錯覚は、多くの人々にとって理解に制限を与えています。しかしながら、二人の若者の双方にとって、コンタクト体験の恐ろしい側面が彼らの人生に非常にポジティブな変化を与えたことは興味深いことです。尊敬を集める著述家であり、臨床催眠療法士であるドロレス・キャノンは、コンタクト体験をした大勢の人々の退行催眠を行っています。彼女の結論は、私の結論と一致しています。多くの、いわゆる「恐ろしい」遭遇体験は、制限された、完全な体験の歪められたヴァージョンに過ぎないと彼女は信じています。そして十分に調査を行えば、まったく異なったシナリオを示すのだと。彼女はその著作の『守護者《カストディアン》（The Custodians)』の中で、その体験を深く調査すれば、多くの恐ろしい遭遇体験は、もっとポジティブな視点で解き明かすことができることがよくあると結論付けています。

恐怖からくる視覚的な錯覚というものは、自分たちが体験したものを批判する姿勢を差し控えれば、その体験に関する情報と理解をもっと得ることができることを示唆しています。起こっていることをどう感じているのか、そしてその出来事が自分にどんな影響を与えているのか、そういった視点に基づいて自分の体験を判断することは避けられないことです。しかし、このような顕在意識による手がかりでは、全体像を摑むことは困難です。それに加えて、私たちの「訪問者たち」は記憶を隠蔽し、自分たちを異なった姿に見せることが可能であることを私たちは知っています。そのすべてが、私たちが信じたいと思っているものに変わってしまうように思われるのです。そして、それが視覚的な錯覚を強化するわけです。皮肉なことに、最も恐ろしげに見えるETが、実は深い慈愛と同情、叡智を示すことが非常に多いのです。私たちの視点から見た彼らの外観が、必ずしも善悪を示すものではないと知ることは、価値のある教訓なのかもしれません。私たちが、善悪を決めつけ、そういった思い込みという条件付けが、その外観にも影響を与えていることを考慮すべきです。同様に、私たち自身をもっと深く見る上で、この視覚的な錯覚を教訓として利用できるのではないでしょうか。体験が、本当はどのようなものであるのか知る上で利用できるのではないでしょうか。つまり、小さい子供が、医者の前に連れていかれ、鋭くとがった針を自分に強要するという理由で医者を嫌な人物であると信じるようなものなのです。子供はもっと大きくなってからでないと理解できないでしょう。大きく成長したとき、それが自分をより良くしてくれるためになされたのであることが分かるようになるのです。

時が経つにつれて、私は自分とエイリアンたちとの関わりを見るようになり、その関係性は未知であるものの、価値があるものであるとすら考え始めました。それは、かつては、毎夜の惨めで感情的な痛みが混ざり合った、ただの鬱陶しい問題でした。それが徐々に、特別な贈り《ギフ》物《ト》を包み込んでいる輝かしく友好的な包装紙を解《ほど》いていったのです。その贈り物は、知識や啓示、精神的な真実という形となって現れました。

ジャネット・バーグマーク著

『エイリアンの存在たちの中で（In the Presence of Aliens）』より抜粋

ネガティブな体験は、私たちが理解を得たとたんに異なったものに見えることがあります。この深い「内的な作業」を常に行えるわけではありませんが、意識と理解のレベルがどのようなものであっても、新しい視点がコンタクト体験者の助けになるかもしれません。

数年前、私はアメリカで国際的なUFOの会議のプレゼンターとグループ・セラピストをしていました。コンタクト体験者たちのために開かれたワークショップには、1000人を超える人々が参加し、参加者たちは、愛らしいものから恐ろしいものまで、広範囲にわたる遭遇体験に関する話を披露してくれました。恐ろしい体験をしたことがある人にとって、自分よりもポジティブな体験をした人と関わりを持つのが非常に困難な場合があります。トラウマをまだ抱え、大きな怒りを感じている人の場合、自分自身を遭遇体験の犠牲者であると見なしていることは当然のこととして理解できます。あるワークショップの最後に、私はある一人の成人女性と会いました。彼女をジョアンと呼ぶことにしましょう。彼女が非常に動揺した様子だったため、私は彼女に声をかけに行きました。ジョアンは、グループの中で強い孤立を感じたと言っていました。誰も彼女のようなネガティブなコンタクト体験をした人がいないように思えたからです。仮にいたとしても、自分よりもっとポジティブな解釈へとすでに進んでいました。

泣きそうになりながら、ジョアンは自分と娘の両方が、とても恐ろしい体験をしていると言いました。彼女はとても宗教的でスピリチュアルな人物で、絶えず神に加護を祈り続けたと言っていました。しかし、何も起こりませんでした。自分は神に見捨てられたと感じ、宗教的な信仰心は自分の前で崩れ去ったと言いました。彼女はその体験によって恐怖を味わっただけではなく（その体験には、恐ろしい爬虫類人に見える存在が含まれており、その外見そのものが、悪魔のイメージを彷彿《ほう》させました）、その遭遇体験が、あるレベルにおいて自分が悪い人間であることを意味しているに違いないとも感じていました。この感覚は、かなり孤立的なコミュニティの中で彼女が生活していたことによって強化されました。そのコミュニティの中で彼女は、異質な存在として疑いの目で見られていました。

ジョアンはその存在たちとの体験だけではなく、自分の宗教的な信仰心を失い、自分が所属するコミュニティのメンバーから排斥されてきたことで大きな心の傷を負っていることに疑いの余地はありませんでした。他のコンタクト体験者から話を聴くことは彼女にとって歓迎すべきものだったはずが、ただ孤立を深めてしまったのです。そして、自分に何か本当に悪いことが起きていると感じて恐怖心が倍増しました。このような限られた環境の中で、私が唯一ジョアンをサポートする方法は、彼女を安心させることでした。彼女がそのように感じるのは普通のことであって問題はないということ、彼女の恐ろしい体験は彼女が悪い人間であることを意味するなどまったくないということを伝えました。コンタクト体験には、ジョアンが気づいている意識的な記憶の背後に、もっと多くのことが潜んでいるのが付き物だと私は示唆しました。そして、その事実に目を向けてみたとき、その体験が恐ろしいものであったのにもかかわらず、ジョアンと彼女の娘さんの両方が、常に新たな記憶を思い出すということに気がつきました。

彼女に何か特別な才能か力がないか訊ねたところ、ヒーリングのスキルがあると彼女は言いました。そして、このヒーリング能力は人々に需要がありました。彼女はエイズ・ウィルスに侵された大勢の人々を助けているようでした。何故なのか理由は分からないものの、彼女は自分のヒーリング・タッチの能力が本物であるように見えると言っていました。

私たちは、彼女が持つこのギフトについて深く話し合いました。フィーリングを拾うことによって、彼女は人々の身体の中で何が起こっているのか直観的に知ることができるようだと彼女は言っていました。ジョアンは、自分の祈りに答えてもらえなかったことで、宗教的な信仰心を失ったことに苦しんでいたものの、私たちはそれが彼女にとってどんな意味があるのか検討を行いました。その結果、彼女の信仰に対する疑いが、彼女自身の内なる力に頼る以外に他の選択肢がないところまで彼女を導いたということが分かったのです。

その会議で三人のプレゼンターが自分の個人的なコンタクト体験のストーリーを参加者全員とシェアし、自分自身の内なる叡智を信頼する方法を学ぶことがいかに困難なものであるのかを説明したことに、実にシンクロを感じました。彼らは恐怖から抜け出し、それが個人的な変化と変容へのトリガーになったことが分かったのです。

その当時、恐怖の場所にいたジョアンは、私にとって特別な女性です。彼女はいまだに、私と連絡を取り続けていて、積極的に自分のヒーリング・スキルを追求し、自分のコンタクト体験の意味を探求しています。私たちのコンタクト体験がどのようなものであれ、価値判断をせず、オープンな心で向き合うことができれば、そのコンタクト体験は私たちにとって良いものへと変化することにすぐに気づくことができるのです。

ジェームズ・ウォールデン(『究極のエイリアンの計画(The Ultimate Alien Agenda)』の著者)は、恐怖という問題について語っており、自殺まで考えた時期があったと言っています。私に宛てた手紙の中で、彼はこう書いていました。

「判断をしないということが、ほとんど習慣になった(それが他人に対して危害がない場合に限るが)。私には、誰かの思考や行動に判断を下す資格を持っていないと感じている。とりわけ、自分がエイリアンに誘拐されたことを発表してからは。判断することをやめることにより、私の心は愛情に満ちた思考と反応を選びとることに自由となり、その結果、私は自分のスピリチュアルな意識に再接続された。自分の被害者意識が癒されると、私の世界は陽極へとシフトした。私は今、身体と感情、精神を癒すフルタイムのヒーラーであり、催眠療法士であり、ホリスティックな教育者として働いている。私の主たる目標は、人々が自分自身の健康、態度、意識に対して責任を持つ方法を学ぶのを助けることだ。私が思うに、これは私を誘拐した者たち（教師）が、私に達成させようとしていたものだ」

地球人のための宇宙教育、これは何を意味するのか？

時々、頭が痛くなるの。私の頭はとっても小さいので、いつもすぐにそれを飲み込むことができません。それは私の頭の中に落とされる知識の爆弾みたいなものなのよ。

10歳の頃のイエナの言葉

スター・チルドレンの秘密の宇宙の学校は、地球人の教育プログラムの一部なのでしょうか？

だってママ、僕たちは学校で勉強するよりも宇宙船の中での方がたくさんのことを勉強しているんだ。

エイデン　5歳

『コミュニオン（Communion）』を含む、多くのコンタクト体験に関する書籍の著者であるホイットリー・ストリーバーも、この「秘密の教育」に関して書いていています。新たな研究も進んでおり、その研究によると、子供たちの成熟がずっと早くなっていることが示されて、これは20年前とは正反対です。

多くのコンタクト体験者たちが宇宙の学校について言及しています。そこでは、多次元的な意識や高度に成熟した知識の爆弾が刺激され、「銀河の家族」という概念に対して深く感情的な接続が高められます。彼らの多くは、それでも自分の使命や目的に意識的に気づいていないため、大きなフラストレーションを感じています。しかし、マインドを通じて物事を見せられ、何かを教えられているという認識があり、エネルギーや周波数に関する意識が増大し、それを処理する術を彼らは身につけています。

20代の若い男性が、彼が子供のとき、マインドを使った遊びとして、考えるだけでロウソクの炎を大きくしたり、小さくしたりすることができたと私に教えてくれました。これは異様なことでしょうか？　たぶん、そうではありません。何故なら、最近出版された本『中国のスーパー・サイキック（China's Super Psychics）』の中でも、マインドのパワーだけで花のつぼみを開花させることができるようなマインド・テレキネシスを示す子供たちについて言及しているからです。これらの報告は、単に新しい人類の誕生を表しているのでしょうか？

アン・アンドリューズは、彼女の息子のジェイソンから彼のマインド・エネルギーの能力を幾度となく見せられてギョッとさせられたと私に話してくれました。ジェイソンは、極度の高温にまったく影響を受けないことをアンに見せました。沸騰する鍋の中から素手でタマゴを取り出したり、夕食の焼肉をオーブン用の手袋を使わずに取り出してみせました。

教育を受けた新たな人類たちは、私たちの生きている地球に敬意を払っています。そして彼らは、大気を汚染し続けることのない、もっと良い安全なエネルギー源を示されたと話しています。興味深いことに、この「宇宙教育」を受けた多くの人々が、環境保護の組織と関係を持つようになります。高められた道徳心とスピリチュアルな意識を持って、彼らは自分の人生の目的を積極的に探し求めています。この高められた感受性とすべての生物に対する共感力が、すべての生命体を育み守りたいという強い欲求と組み合わさっています。彼らの多くが、いかなる殺生に対しても心を取り乱し、どのような生命であっても、それが惨殺されたり、破壊されたりすると、深い悲しみを覚えます。こういった反応の多くは、戦争の惨禍や、核による大破壊、生物兵器などを見せられたからだと言う人もいるかもしれません。こうったフィーリングが、私たちの宇宙の訪問者に対する宇宙的なつながりを拡大し、増進させ、使命感や切迫感を強化します。この個人的なライフスタイルの変化には巨大な力があり、その多くは変容的で、その変化から生じた信念により、彼らは田舎暮らしや、もっとホリスティックな生活に惹かれ、ヒーリングや代替療法に従事している人が多いです。中には、唯物論的な生活様式から完全に脱却し、もっとシンプルでストレスフリーな生活を送りたいという欲求に駆り立てられる人たちもいます。

でもママ、私たちはエイリアンなのよ！

イエナ　7歳当時の発言

壮大なスケールで、何か信じられないようなことを伴う多次元的な意識の目覚めが起こっているのでしょうか？　世界の大半が、まだその意識に開けていないだけなのでしょうか？　近年、多くの人々が意識の向上を示し、攻撃性や破壊的な人間の行動が減少していることに疑いの余地はありません。拡大された意識、深い精神性と感受性と創造性、癒し、直観的な表現、それには、新たな言語に関する知識が含まれ、それが私たちの意識と精神の最も深い部分に達します。これらのすべての体験が、何百万人もの人々が、単に変化しているのではなく、何らかの新たな遺伝子コード（コンタクト体験者の中で、そのように信じている人々がいます）、あるいは精神的、エネルギー的なインプラントの活用に対する準備を行っていることを示しています。それによって、普通ではない能力だけではなく、すべての生命と壮大につながった意識を誘発するわけです。そのすべてが、何か深遠なことが起こっていることを示す、指標《インディケーター》のように見えるのです。その多次元的な意識に目覚めている人々は、それに対して説明するための若干の意見を持っています。しかしながら、読者や私が信じることを選択したものがどんなものであっても、数多のコンタクト体験の表現はとてつもなく魅力的であり、コンタクト体験の謎の探求へと自分自身を駆り立てることは間違いないでしょう。

宇宙人？　内次元？　妄想？　クスリ？　私にとって、エイリアンとの遭遇事件に関する情報源の確認は、どんどん意味がなくなってきている。私はシンプルに、人間の意識と他の知性との間のインターフェイスに焦点を絞っている。私が感じるところでは、人類の意識は集合的に、私のような個人によって体験されているブレイクスルーの影響を受けている。私たちは、人類の次元の中へと情報の転送を行っており、それが他人の意識へと波紋を与えている。私たちは、世界のパイオニアなのだ！

ジェームズ・ウォールデン

人類は自分たち自身の進化に意識的に共同参画しているに違いないという結論に私は達しました。そのことを考慮した場合、私たちが何処かへ行こうとしているとするならば、彼らは私たちに案内書を与えてくれるに違いありません。それが、彼らがやっていることなのだと私は思っています！

ジュリア

あなたの潜在意識は、私が信じるところでは、真実を知ることになるだろう。そして、あなたが自分の遭遇体験に関する真実を解明したいと望むのならば、その情報は徐々に意識の中へと濾過されていくだろう。

ジェームズ・ウォールデン

『究極のエイリアンの計画（The Ultimate Alien Agenda）』より抜粋

第15章　退行催眠からの癒し・統合！「ホリスティック・モデル」が新たな意識次元を開く

この章では、コンタクト体験者に対するセラピーとサポートに関する全体論的《ホリスティック》なアプローチを見ていき、彼らにとって価値があるものが何なのかを検討していきます。全体論《ホリズム》によって何が理解できるのかを見ていき、いまだに科学がそれほど定量化できていないのにもかかわらず、多くの人々に好まれる選択肢として、このモデルがどんどん受け入れられている理由を検証していきます。「ホリスティック・モデル」は、私たちがコンタクト体験について知らないことを発見する上で助けとなるでしょう。このモデルを実用的に用いることによって、退行催眠などを通じてコンタクト体験の謎に関わる情報を得ることができる様子を見ることができます。その情報は、単なる顕在意識のレベルだけではなく、意識のもっと深いレベルにおいても共鳴する新たな理解を人々に提供します。

「全体論《ホリズム》」(holism) という単語は、「完全なる全体」を意味するギリシャ語の「holos」からの造語で、この言葉は、宇宙とは「完全なる全体」の創造物であるという原則を定義するのに用いられます。つまり私たちは、マインドと肉体、スピリットから成る、生きている有機体なのです。社会全体が全体論の原則にシフトし、成長しているのは興味深いことです。そのシフトは、医療のような分野だけにとどまらず、心理学のような分野でも起こっていて、それは私たち自身の肉体とマインド以外の定量化できない部分を尊重し始めていることを示しているのです。

しかし、ホリスティック・モデルが何故それほどまでにコンタクト体験に適しているのでしょうか？　その主たる理由は、その体験が多層構造的な側面を持つためです。マインドと肉体、スピリットの関連にアクセスする場合、ホリスティック・モデルは別のレベルから私たちの多次元的な体験を理解する上で助けとなるでしょう。このモデルは、私たちのホリスティックなつながりと、個人の内なる叡智を尊重します。そして、私たちの体験の全体性にオープンになることによって、より深い理解、癒し、統合が結果として生まれることを示します。研究者やセラピストが思いがけず得られる報酬は、この多次元的な世界を構成するレイヤーの異なった側面に対する大きな理解が得られることです。

コンタクト体験者のためのホリスティック・フレームワークは、周知された伝統的な治療モデルを容認しています（例えば、クライアントが最も信頼を寄せている信念の核となるようなもの）。このセラピーのモデルは、カール・ロジャー博士のような人々によって開拓されてきました。これは非指示的なアプローチであり、人の個人的な現実を完全に尊重し、配慮し、判断を下さず、容認します。それでいて、ホリスティック・モデルはその個人に対する敬意を拡大し、その人の「個人的な現実」のさらに深いレベルにまで達します。その個人的な現実を完全に尊重するためには、その体験が現在理解されている信念や概念と矛盾していても、個人の体験のすべての側面を尊重しなくてはなりません。私たちは自分たちが何を知らないのか分かっていないために、その現実の中には疑いなく信じられないほど奇怪に見えるものもあるかもしれません。しかし、それがこの現象の性質なのです。多次元世界の中において、私たちはこの現象を評価するための方法を持っておらず、それを役に立たない非科学的なものとして決めつけるような「物差し」を捨てて、判断すべきなのです。しかしながら、適切なデータが得られるまでは、それが提示するものを却下するだけの能力を私たちは持ってはいないと私は考えています。次に紹介するものは、『科学革命の構造（The Structure of Scientific Revolutions）』の著者、トーマス・カーンの言葉です。

「ただ観察してください。できるだけ先入観を捨ててください。先入観はいったん横に置き、生《ナマ》の情報だけを集めてください！ 起こったとか、起きなかったとか、存在するとか、存在しないとか、内部のものであるとか、外部のものであるとか、現実だとか、非現実だとか、そういった言葉を心配する必要すらありません。そういったものをすべて横に置き、ただナマの情報（ナマのデータ）だけを集めるのです」

では、集めたデータを、とりわけ私たちが理解している現実と矛盾する場合、それをどのように評価すればいいでしょうか？ 顕在意識のレベルで線を引き、そのレベルだけの情報が信頼できると言えるのでしょうか？ 変性意識の状態にある人や、退行催眠を通して集められたすべての情報は、クライアントがそれらのレベルで暗示にかかりやすくなっているという理由で信頼性が低いと信じている人もいます。彼らは、セラピストが意識的であれ無意識的であれ、クライアントを誘導し、得られた情報はただの空想の可能性があり、それに未熟な退行催眠のテクニックを用いた暗示が加わっているのだと主張します。セラピストが未熟な場合などは、そのようなことが起こるかもしれません。しかし、もっと経験を積んだ施術者の場合、それは当てはまりません。さらに言えば、変性意識の研究はまだ初期の段階にあり、どの意識レベルでの情報が歪められている可能性があるのか評価する方法がありません。あるいは、本当に歪められているのかもしれません。何度も言いますが、私たちは自分たちが何を知らないのか分かっていません。仮に、このような方法で集められたすべての情報を軽視した場合、私たちは、浴室で赤ちゃんを遺棄する危険があり、理解への重要な機会を失ってしまうでしょう。すべてのデータは価値があるものとして分類されるべきです。たとえ、後になって、精神が私たちに提示する象徴的な表現であることが判明したとしてもです。つまり、意識がどのようなレベル状態であっても、情報と「生《ナマ》データ」は私たちの多次元的な現実というジグソーパズルを解く上で、手がかりを提供してくれるのです。

それに加えて、この時点で言っておかなくてはならないことがあります。それは、大半のセラピストは責任を負った専門的な臨床医であり、彼らはクライアントを誘導する危険を十分に認識しているということです。これは前に述べたことですが、クライアントが何を見ていると信じているかを確認する目的で、熟練したセラピストによって意図的に誘導がなされる場合もよくあります。しかし、それでも私はこのテクニックから浮上してきた情報には価値があると主張したいです。たとえ、私たちの精神が投影した象徴表現を最初に見ることを選択したとしてもです。

こういったアプローチに批判的で、そこから解き明かされたものに対して懐疑的な人のために伝えておきたいことがあります。そういった方々は、セラピストが何らかの方法で、結果に影響を与えていると感じているのだと思いますが、大半の臨床医は、クライアント以上に意図的なデータを避けるものだということを知っておいてもらいたいです。セラピストとクライアントの双方の当事者は、この種の多次元レベルの体験に毅然として立ち向かう上で、いかなる意識的な欲求も心に抱いてはいないのです。それに加えて覚えておいてもらいたいのは、この種のセッションの最中に解き明かされることは、クラアントのみならず、臨床医にとっても深い驚きを引き起こすことが多々あるのです。セラピストがまったく訊ねていないことや、示唆していない情報がクライアントによって自発的に解き明かされる様は、実に圧倒されるようなプロセスです。

アメリカの精神科医であり、マイアミのマウント・サイナイ・メディカル・センターの前所長であるブライアン・ワイスはその好例です。彼は、果敢にも退行催眠のセッション中に自発的に過去生へと戻ったクライアントについて書いています。多くの人々は、この類の情報を無視することを選択しますが、その情報の確認を探求する人々も存在し、その調査を通じて、高い確率でその情報が妥当であることが分かっています。では、現在の私たちの理解にその情報が挑戦的であるという理由で、その情報を無視するべきなのでしょうか？　あるいは、その妥当性とその情報ソースを定量化するため、その情報に光を当てるべきなのでしょうか？

そして、私とクライアントにとって、UFOに関連しているとはまったく思っていなかったケースもありました。そのクライアントは、彼が10代のときに遭ったオートバイの事故に関する情報を求めて私のところへやってきました。彼の説明によると、彼には事故の記憶がまったくなく、5時間分の記憶を失った状態で、ひどく混乱して家に辿り着いたことしか覚えていませんでした。それから、彼は病院で手術したことが一度もなかったのにもかかわらず、その事故の後、腹部に説明のつかない奇妙な傷跡ができたと言っていました。そのようなトラウマ的な事故の後、彼の失われた記憶を回復する手助けが私にできるかまったく自信がないと彼に伝えたものの、それでも挑戦したいと彼は言いました。

退行催眠によって、どのようにしてバイク事故が起こったのかという情報が明らかになっただけではなく、彼にとってまったく信じられない驚くべきことが分かったのです。それは私にとっても同じく驚きだったのですが、事故が起こった同じ日の午後に、彼は宇宙船と遭遇していたことが分かったのです。そして彼は起こったことを語り始め、それにより彼の傷の説明がつきました。バイク事故は、宇宙船との遭遇の後に起こったことが分かりました。私はこのケースを「コンタクト体験への目覚め」と呼び、ある記事を書きました。私たちがまったく予期していないときに、思いもかけないような情報が浮かび上がってきた様子を、このケースがハッキリと示していると感じたからです。

催眠状態や、変性意識状態で起こっていることに対する多くの誤解があります。

一般的に知られていないのは、実際に深いトランス状態に達しているのは、ほんのわずかなパーセンテージの人だけだということです。その深いトランス状態でのみ、自分が解き明かしたことをまったく覚えていないのです。ほとんどのケースでは、リラックスした浅い意識状態にとどまっており、それ故、自分が言っていることを認識しています。私の経験上、クライアントは自分の内的な探求が示したものと相いれないことを示唆するものは、どんなものに対しても、積極的にブロックする傾向があります。このデータは信じられないものかもしれませんが、クライアント自身がそれに抵抗し、そのような示唆を受け入れないことが多いのです。私は決してクライアントにいかなるものも強制しませんが、クラアントに何か意味があるものがないかどうか、たまに訊ねることがありあります。すると、私とクライアントの両方が驚くのですが、それが意味を持っていることが多いのです。

数年前までは、インプラントや「ハイブリッドの子供」のようなコンタクト体験のデータは、確実に多くのユーフォロジストたちから疑いの目で見られていたことを私たちは知っています。彼らの目には、そういったデータはあまりにも奇怪で、真実として受け入れるには非現実的なものに映ったのです。近年になって、一般的な見方が変化してきたことを示す情報が表面化してきています。データにより、活発な想像力の産物のように思われていることが多いインプラントのような事象に関する現実が分かってきているのです。インプラントされたと主張する人々が指摘した体の場所から異物が発見されたという物理的な証拠を今や私たちは持っているのです。その中には、実際に体から取り出されたものすらあります。したがって、ハッキリとした物理的な証拠がまだたくさんある状態ではないものの、インプラントや失われた胎児といったような異常な現象が実際に起こった本物の出来事であり、感情的なトラウマを体験者に与えているということを大勢の人々が信じています。これは非常に説得力があり、こういった現象に対してある種の前提が存在することを疑う理由を私たちに与えます。可能な限り多様な方法によって集められたすべての情報を尊重して調査を行うことによってのみ、コンタクト体験が私たちに示している実像をゆっくりと構築していくことができるのです。

現在、医療から心理学に至る様々な分野がこのホリスティック・モデルを研究していることを私たちは知っています。科学がいまだにある種のヒーリング・テクニックの原理を証明できていないものの、医学の分野のホリズムは信頼性を高めています。しかし、そういった種類の治療法（例えば、鍼治療のようなもの）のポジティブな効果によって、多くの医者たちがそのような治療法を研究する励みとなり、彼ら自身の治療法の中にそれを組み入れることすらあるのです。

現代医学の限界を認め、心と体のつながりの複雑さの研究を開始するならば、私たち自身の内にある、ヒーリング・プロセスに直接的、間接的に影響を与えている、もっと偉大な何かに徐々に気づくようになるでしょう。私たちは今、感情と精神的な健康が肉体の健康状態に影響を与えていることに気づき始めています。良い食事を摂ることだけでなく、感情と精神、そして霊的な欲求に目を向けることによって人は、もっと健康になれるのだということに気づき始めているのです。サークルによっては、私たちを治癒する上で、これ以上の薬や手術は必要ないと一般的に理解されています。私たちには、癒され回復したいという欲求や意志が必要であり、私たちがスピリット、あるいはソウルと呼んでいる自分自身の一部に目を向けるのかもしれません。ホリスティック・モデルの枠組みの中では、私たちの内的な自己であるスピリットの存在を認め、その側面が何らかの意味で不幸、あるいは病気であった場合、それがもっと有形な、私たちの物理的な側面に影響を及ぼすとしています。

ようやく伝統的な医学は、このことを理解し始めています。医学は、「スピリットの科学」の探求を始めているのです。そしてその研究によって、ヒーラー／エネルギー・ワーカーが、すべてのレベルで私たちを癒し、回復させるのを助けることができる、その「何か」に触れていることが分かっています。この研究が、大いに成功を収めていることが分かったため、ホリズムをベースにした病院は今やヒーラーを利用しています。患者への利益が、非常にリアルで有形なものであることが発見されたからです。私たちはまだ、この「ホリスティック・ソウル・プロセス」を科学的に理解していないかもしれません。しかし、理解できるようになるまで、それが私たちに提示するものを無視していいのでしょうか？

心理学の研究は、心と意識の謎を探求してきました。一般的に、人間の意識について発見が深まるほど、これまで心理学的に正常と見なしていたものを再定義することを余儀なくされています。そして、何が人間の体験として実際的に有効であるのか再検討することを迫られています。数年前までは、このような体験の多くは、伝統的なフレームワークの中では異常であると見なされていたと思います。アストラル・トラベルや体外離脱のような多くの体験は、最近まで精神のバランスを欠いた人の奇妙な幻想であると見なされてきました。今日でさえ、多次元意識を体験している大勢の人々が、施術者側の理解不足から、精神疾患の治療を受けています。これも、多次元的な世界の探求にオープンである必要性と、そのような分野の調査と研究が重要であることを例証しています。精神科医のジョン・マック博士は、私たちに本当に必要なのは、「人間の体験の科学」という新しい分野であることを指摘しました。「現実《リアル》」であると私たちが知っているものを調査し、再定義する必要があるのです。何故ならば、私たちは自分の多次元的な自己という側面について多くを発見しているからです。私たちの現実と理解は進化し変化するでしょう。

変性意識状態により、覚醒し起きているときの意識ではアクセスすることができない情報に触れることができます。その情報が、私たちの精神と現実に対し、価値のある洞察を与えるかもしれません。高い尊敬を集めている施術者や研究者たちは、すでに下記に挙げるような新しい意識の領域に目を向けています。

●体外離脱（ＯＢＥｓ）：研究によると、20％の人が自然にこの体験をしていることを示している

●臨死体験（ＮＤＥｓ）：世界中の何千人もの人々が体験している。その結果、劇的な変化を遂げる

●科学的なリモート・ヴューイング・テクニック：このテクニックにより、何千マイルも遠く離れた場所から情報にアクセスすることが可能となる。これは、私たちの意識が時間と空間を超えて情報にアクセスすることが可能であることを示唆している

●クンダリーニ・エネルギー：これは脊椎《せきつい》の底部にある精神エネルギーであり、医療関係者や、心理学の愛好家たちによって研究されてきた。この「クンダリーニ」と呼ばれるエネルギーは、急激に活性化されると精神的不安定を引き起こすが、ＰＳＩ能力や高次元知覚を助長すると言われている。これはさらに、私たちが単なる複雑な生物学的な機械以上のものであることを実証している

補完療法のセラピストたちは、細胞レベルの情報にアクセスできることを示しています。これは、マッサージや運動療法（筋力テスト）を含むボディ・ワークのような代替療法のヒーリング・セラピーを求める人々によって、記憶やフラッシュバックが引き金になることで証明されています。リラクゼーション・テクニックや瞑想によるものと同じように、肉体と細胞レベルの双方に働きかけることによって、意識に対する一定の範囲の情報が得られるのです。そのようなメソッドは、精神や「ボディ・メモリー」といった意識に対してオープンであるように思われます。つまり、私たちの顕在意識による論理的なマインドが気づいていないかもしれない範疇《はんちゅう》の体験に向いているのです。この場合もやはり、そのような代替的なルートを通じて得られ、明らかにされた情報の有効性は信頼に欠けると主張する人が大勢います。しかし、予期しない情報が大量に出てくることがあり、

それが施術者とそのクライアントを驚かせることが多々あるのです。それはどう説明すればいいのでしょうか？　実際には、その事実がこのようなプロセスに信頼性を与えているのです。深いフィーリングや感情という形をとって、クライアントの内部で共鳴が伴うことで信頼性が高まります。私たちの性質の中の多次元的な側面に対する理解を与えてくれる直観力として、この認識を描写する人もいます。

ここでも、それが目には見えないものであったとしても、私たちの深い所に存在する、知を司る部分で直感的に感じるものを私たちは無視することはできないのです。しかしながら、その意識を探求するためには、まずはその存在に敬意を払う必要があります。

では、その知と意識が存在し、私たちの内なる叡智に敬意を捧げたとして、その後に、どのようにしてそれを認識すればいいのでしょうか？　そのソウル／スピリットによる理解を、自分たちの内なる存在の中における深い共鳴のように感じている人々もいます。他の人々は、それをただ第六感と表現します。大勢の人々が、脳と認知による推論だけが信じるに足りるものであるという考えによって、この内なる意識を失っています。しかし、自分の内なる意識に敬意を払っている人々は、時に自分の認知力と対立することがあろうとも、それがいかに正確であるかを知っています。この直感的な側面が信頼されたとき、それは多くの価値のある情報を提供し、私たちの日々の生活の中で役立つ素晴らしいツールになり得ます。

真実とはどんなものであるのか、それを整理する上で、この直感的な認識を私たちは本当に必要としています。絶えず、歪められ、偏見《バイアス》がかかったデータが供給されているからです。事実と作り話、真実と嘘を見抜く上で私たちの助けとなるのが私たちのこの側面なのです。基本的には、事実と真実とは、私たちに納得がいくものです。退行催眠や、その他の代替的なルートを通じて明らかにされた情報は非常に奇怪で、私たちが現実であると認識し、理解しているものと対立するかもしれません。この対立が起こったとき、真実として共鳴するものを決めるのは、人のその内なる知なのです。そのデータが意味をなし、その人の体験について理解の助けとなるのであれば、それは有効で役に立つツールなのです。たとえ、それが客観的に定量化できないものであったとしても。その意識にアクセスするのを助けるために、私は「リラクゼーション・フォーカス」と呼ばれるテクニックを使っています。これは、クライアントを軽いアルファ状態に導いて、テレビや白昼夢を見ているときに似た状態にするものです。私たちはすでに本書の中で幾つかリラクゼーション・テクニックを見てきました。そして、この状態にあるとき、コンタクト体験を多くの異なったレベルで理解するためのツールとしてこの内なる意識を活用する事例を私は説明することができます。

私は、このモデルをエリス・テイラーに用いました（トレイシー・テイラーとは関係はありません）。彼は、コンタクト体験をしたと主張している人々の中で私が最初に会った人でした。彼の意識の異なったレベルを私は実証し、そのプロセスによって彼の体験に関する情報と理解を提示することができました。エリスは自分が体験した多くのものに困惑していましたが、とりわけ彼を悩ませている、ある出来事がありました。その出来事は、40年以上も前に起こったことでしたが、彼はその理由を理解したいと望んでおり、その出来事は長い間、彼の興味の対象でした。エリスは、その当時わずか7歳だったと言っていました。彼が友人たちと野原で遊んでいたとき、二人の男にヘリコプターに乗らないかと誘われました。エリスは、自分が実際にヘリコプターに乗ったのかどうか、まったく覚えていません。最近になってから、エリスは当時の友人だった二人の男性に会ったのですが、奇妙なことに友人たちはその出来事のことを覚えているのに、何が起こったのか思い出すことができませんでした。それは彼ら全員にとって、非常に重要な出来事だったのですが、彼らの全員がそれを思い出せないというのは、まったく奇妙極まりないことでした。では何が、その日に起こったのでしょうか？

エリスは、意識的に思い出せることをすべて私に話すことから、セッションを開始したのですが、それは実際には非常にわずかなものでした。彼はその当時イギリスのオックスフォードに自分が住んでいたことを知っていました。エリスは、5、6人の友人たちと野原で遊んでいたと私に言いました。ヘリコプターが着陸したことに彼は突然気づいたと言いました。着陸地点は彼らが遊んでいた所に非常に近く、25～50ヤード（約23～46メートル）しか離れていなかったそうです。二人の男がヘリコプターから降りてきて、彼らは飛行服を着ていました。それから、彼らがエリスのところへやってきて、ヘリコプターに乗りたいかと訊ねてきました。彼の人生の中で、とても重要な出来事だったのにもかかわらず、エリスはそこで何が起こったのか思い出せないことを、常に奇妙であると言っていました。ちょっと考えてみてください。日常生活の中で、ヘリコプターに搭乗する機会なんてありません！　それから、ヘリコプターから出てきた男たちは、決して顔を伏せたり、身を屈めたりすることはなく、後になって、そのことを不思議に思ったと彼は言っていました。

以下は、私たちが行った退行催眠のセッションの記録です。非常に長いものであったため、編集を加えてあります。また、私自身のメモや考えを括弧に入れて書いています。

セッションが始まったとき、エリスの心はリラックスした状態でした。

メアリー：それを体験したときに戻って、友人たちと遊んでいる自分自身を見てください。その日の何時だったのですか？
エリス：午前中の、11時頃です。
（エリスは、非常にハッキリと時刻を言いました）
メアリー：その日はどのような日だったのでしょうか？
エリス：良い天気でした。
メアリー：周囲を見てください。友人たちが見えますか？
エリス：無心になって遊んでいます。
メアリー：友人たちの名前を覚えていますか？
（この状態では、エリスはすべての子供の名前を言うことができました。しかしながら、ほんのちょっと前の意識が完全にハッキリとした状態では、名前を言うことができませんでした）
メアリー：自分の衣服を見てください。どんな服を着ていますか？

エリス：靴と半ズボンが見えます。
メアリー：半ズボンは何色ですか？
エリス：茶色です。
メアリー：上半身はどんな服装ですか？
エリス：Tシャツです。
メアリー：暖かい日ですか？　それとも寒いですか？
エリス：暖かい日です。
メアリー：あなたは友人たちと無心になって遊んでいるわけですね。いつ、ヘリコプターに最初に気づいたのですか？　誰が最初にそれに気づいたのですか？
エリス：ピーターです。
メアリー：ピーターがそれを見たとき、どんなことを言っていましたか？
エリス：ピーターは何も言いませんでした。彼はただ振り向くと、そこにヘリコプターがあるのが見えたのです。
（エリスは、ここでまったく騒音について言及していません。ヘリコプターはかなり大きな騒音を立てるはずだと思います）
メアリー：ヘリコプターを見たとき、あなたが最初に見えたのは何だったのですか？
エリス：ヘリコプターのぼんやりとした輪郭だけが見えました。それから、二人の男が外に出てきました。
（この「ぼんやりとした輪郭」というのも奇妙です。25〜50ヤードの距離にあるヘリコプター

は、ハッキリと見えるはずです。特に、明るい太陽の日差しの中では）
メアリー：その男たちについて教えてください。
エリス：彼らは二人ともブロンドの髪で背が高くて、革のジャケットとズボンを着ていました。
メアリー：ヘリコプターはどんな色をしていたのですか？
エリス：黒とグレーです。
メアリー：標識はありましたか？
エリス：円の中に、USという文字が描かれていました。
（この出来事は、約38年前にイギリスで起こったことです。小さな子供たちを乗せるために、アメリカのヘリコプターがイギリスに着陸するなんて実に奇妙なことに思われます）
メアリー：二人の男に戻ってください。彼らがヘリコプターから降りたとき、どんなことが起こったのですか？
エリス：彼らは、ただヘリから出てきて、私たちの方へ向かってきました。
（この様子は、エリスが意識的に覚えていたことで、彼らは頭を屈めることなく、直立した状態でヘリから降りてきました）
メアリー：どれくらいの距離まで彼らは近づいたのですか？
エリス：私たちのすぐ傍までです。
メアリー：では、すごく近くまで来たのですね？
エリス：私たちは、ただそこに立ちすくんでいました。
メアリー：彼らは誰に最初に声をかけたのですか？

エリス：私にです。
メアリー：彼らがあなたに話かけたとき、彼らの瞳の色が何色だったか分かりますか？
エリス：青い色です。
メアリー：あなたが彼らを見たとき、どんなふうに感じましたか？
エリス：彼らはアメリカ人のように見えました。
メアリー：彼らの姿からアメリカ人に見えたのですか？　それともアクセントからですか？
エリス：彼らは何かを私たちに呼びかけました。
メアリー：彼らがあなたに話しかける前に戻ってください。彼らがあなたに近づいてくる様子が見えます。彼らは何と言いましたか？
エリス：彼らは「やぁ」と言いました……。（含み笑いを浮かべて）
メアリー：彼らがそう言った後、何をしたのですか？
エリス：ヘリコプターに乗らないかと誘ってきました。
メアリー：あなたは何と答えたのですか？
エリス：ちょっと怖いと感じました。
メアリー：少し怖いと感じたのですね？　次に何が起こったのですか？
エリス：彼らの方に向かって、私とポールが歩いていきました……。

エリスはこの時点で、極度な興奮状態となって動揺し、彼の呼吸はとても速くなって苦しみだしました。彼を落ち着かせて、安心させるために私は少し時間を費やしました。数分後、エリスはセッションを続行する準備が整いましたが、私は彼がその体験をスクリーンを通して見ているようにして、これはすべて「過去」であり、今の彼は安全であるということをエリスに思い出させました。この恐怖と感情を伴うリアクションは、それが実際に起こったトラウマ的なものとして彼が知覚したものでない限り、こんなふうには現れません。

エリス：すごくフラフラします……。（まだエリスは、とても動揺し、興奮しているようです）

メアリー：（安心するように、さらになだめながら）……テレビのスクリーンを見ているように、その体験を見てください。何が起こったのか、理解したいのですか？

エリス：私たちはヘリの中に入り、他のみんなはそこに留まりました……彼らはただ私たちを見ていて、何もしませんでした。（エリスから驚嘆の反応）中には窓がありませんでした。窓があったと思ったのに！

メアリー：次に何が起こったのですか？

エリス：あたりを飛び回って、それから戻ってきました。

メアリー：彼らがあなたを送ってくれたのですか？

エリス：そうです。

メアリー：他には何も起こらなかったのですか？

エリス：いいえ。

エリスは、そのことについてそれ以上何も言いませんでした。ヘリコプターに搭乗したのにもかかわらず、これはおかしいです。ヘリコプターに乗ったことについて、どんな感じだったとか、詳しい話を聴けるものであると人は期待するものです。加えて、彼との対話に動揺が伴っていたことが、退行催眠の中で思い出せる以上のことが、この体験の間に起こっていたのではないかと私は連想しました。

さらなる情報にアクセスし、彼をもっと助けるため、私はエリスを彼の内なる知の別のレベルにアクセスできるようにしました。

メアリー：そのフライトで他に何か起こっていなかったかどうか、私はあなたの内なる知の部分（潜在意識）に訊ねようと思います。
エリス：（すぐに）眩しい光……（ブツブツと言う）……光については、何も心配することはない。
（エリスは、あたかも自分自身を安心させているかのように見えました）
メアリー：その光を見たとき、何が起こったのですか？
エリス：何も心配することはない。
（エリスは、この言葉を繰り返しているように見えました。非常に小さな声であったため、聴き取るのが困難でした。どうして、何も心配することはないと知っているのか私はエリスに訊ねました。すると、エリスは「彼ら」が何も心配することはない、それはただの光だと言って

いたと言いました）
エリス：私は、どこかの丸い……湾曲した部屋の内側にいる。
メアリー：そこはどこなのですか？
エリス：ポールは黙ったままだ……。
（エリスは話を続けて、自分がポールと部屋の中にいると言いました。その部屋には椅子がありましたが、彼は立ったまま前の方を見つめ、動くことができないと感じました。エリスは頭を動かすことができなかったと言い、それから再び激しく動揺し始めました）
エリス：二人の男がいる……それから、椅子が現れた。私は麻痺しているが、立ち上がった！
メアリー：どうして動けないのですか？
エリス：とにかく動けないんだ。
（エリスは、ローブを来た二人の存在を自分の背後に感じると言っています）
メアリー：彼らの姿が見えますか？
エリス：彼らがそこにいるのを感じる……。
メアリー：他に、誰かそこにいますか？
（エリスは、部屋の隅で「何か」をしているグロテスクな存在を見ましたが、彼は見たいと思っていません。その存在も関係があるのか私は訊ねましたが、彼はノーと言いました）
メアリー：友人のポールの姿は見えますか？
エリス：彼は横になっている。
（エリスは再び、とても混乱し始め、極度に動揺したため、私はさらに落ち着かせるテクニッ

クを使いました）
メアリー：暖かいですか？　それとも寒いですか？
エリス：少しムッとする。（暑くて、風通しが悪い）
メアリー：動けますか？
エリス：いや、ただ横になっているだけだ。二人の男が、私の隣に立って、話をしている……。
メアリー：彼らの声は聞こえますか？
エリス：聞こえない。
メアリー：では、どうして彼らが話していることが分かるのですか？
エリス：彼らは身体を動かしてジェスチャーをしている。テレパシーだ……。
（エリスは、その存在の一人が彼に近づいてくるのを見ています）
エリス：彼らの一人が近づいてきて、私の瞳を見ている。彼は何か物をチェックしている。彼は私がどんな人間であるか見ることができて、私の心の中に物を入れることができる。そして、彼は私がどこにいて、何をしていたかをずっと見ていた。今、私は宇宙にいて星を見ている……ああ、素晴らしい！
（エリスは、少しの間、その感覚を説明しました）
メアリー：その後、何が起こったのですか？
エリス：私はテーブルを降りた。
メアリー：どんな気分ですか？
エリス：問題ない。ポールがそこに立っている。

メアリー：他の存在の姿は見えますか？
エリス：見えない。それから、私たちは友人たちの所へと戻った。
メアリー：では、それからあなたとポールは友人たちの所へ戻って、遊んだのですね？
エリス：そうだ。

多くの臨床医は、ここでおそらく得られる情報は止まるでしょう。これは確実に、その日に何か異様な性質の出来事が起こっていることを示しています。これは典型的なコンタクト体験のシナリオに一致します。それに加え、いわゆる「黒いヘリコプター」に関する質問が浮かんできます。コンタクト体験者の中には、自宅の上空や自宅の周辺に「黒いヘリコプター」が浮かんでいたと言っており、このヘリコプターは宇宙船を隠すための視覚的な錯覚であるという仮説がありま す。

明らかにされたこれらのことが、エリスの心を大きく揺さぶったことは理解できます。彼は自分の体験についてもっと理解する必要があり、それに意味を見出したいと思いました。それから私は退行催眠を異なったレベルに移動し、彼の内なる叡智に対して、彼の体験に対する理解を提示するよう訊ねました。

メアリー：異なった空間から、この体験を見ることができるように、あなたが理解している部分に訊ねてみることにしましょう。その宇宙船の中で、あなたは何をされたのでしょうか？

エリス：彼らは人の心の中のすべてのものを見ることができる。ETたちは、そこに物を入れることができるんだ。なぁ、知っているか？　固体の物体を置く必要はないんだよ。

メアリー：どんなことを言いたいのか、説明してもらえますか？

エリス：説明するのは難しい。言葉が思いつかない。彼らはある意味で、心を読むんだよ。彼らは人の脳に何かを行って、あらゆるものを変容させることができるんだ。彼らはその引き金を引くことができるということだ。彼らは、人間をその空間に連れてくるんだが、彼らはその人と共にそれを行う必要はない。彼らは、その人の目を通して見ることができるんだが、それが当たり前のようにできるんだ。このことを説明するのは無理だ。彼らがそれを行う際、人間をどこかに送る必要がある。そのために、私はその空間の中で彷徨っていたというわけだ。彼らはそれを行うために、人間のある「部分」を送る必要がある。

メアリー：彼らはそれを行うために、あなたの意識の部分を送る必要があるということですか？

エリス：そうだ。

（エリスは、この処置がしょっちゅう行われていたと言っていました。彼が言うには、それは情報のダウンロードと再編成のようなものだと言っていました。これは、たぶん再調整のための処置なのかもしれません）

メアリー：では、それはあなたを検査するものだったのでしょうか？

エリス：ああ。

メアリー：つまり、それはあなたの行動や体験をモニターし、検査するためのものだったのですね？
エリス：彼らは人間を任意の場所に行かせたり、何かをさせたりすることができる。だが、本人はそれを決して覚えてはいない。
メアリー：では、あなたは指示を与えられて、それを行いますが、それは意識的な自覚がないということですか？
エリス：そうだ。
メアリー：どうして、彼らはそんなことをするのですか？
エリス：それには、彼らがアクセスできる場所にいる必要がある……そして時には、同じときに誰か他の人がいることもある……しかし、自分は何か他のことをやっていたと考えている。
メアリー：つまり、そのことをまったく覚えていないわけですね？
エリス：その通りだ。
メアリー：どうして、彼らはそんなことを行い、何故、そのことを彼らは知られたくないのですか？
エリス：恐怖のためだ。
メアリー：では、それはあなたを怖がらせないためなのですか？
エリス：そうだ。
（エリスの説明によると、その処置の何らかのものが、恐怖の感情を与えるそうです。そのために、彼らはエリスの意識をちょっとの間、他の場所に送りました。このケースでは、宇宙へと。エリスは、そこはとても素晴らしい場所だとコメントしています）

メアリー：あなたの意識と一緒にいた、部屋の隅にいた存在についてはどうですか？　それは何者なんですか？
エリス：イヤだ！
メアリー：知りたくはないのですか？
エリス：知りたくない！

私は常に、この種の叡智を尊重しています。この場合、エリスの一部が特定の情報を明らかにするのを選択しませんでしたので、当然ながら私はそれに従うべきだと感じました。人間の精神／叡智は、特定の時期に理解し、受け入れることができるものを明らかにするのだと私は考えています。したがって、このアプローチはその人の個人的な探求の旅に敬意を払い、尊重するだけではなく、その内なる叡智を尊重し、彼らが準備できたときに対処可能なものを明らかにさせるわけです。これ以上の情報をここで無理強いすると、私の計画は大きなダメージを受け、不適切な対処となる可能性が高いのです。

そこで、私はこの体験についてもっと理解する必要があるのかエリスに訊ねました。彼は、その存在たちの顔を見てみることを決心しました。

エリス：白いローブ、突き出した額……眼が飛び出ている、それが目を引く……大きな顎。
メアリー：彼らにどんな感じを受けますか？

エリス：あぁ、良い感じだ……。

メアリー：彼らの計画がどんなものか分かりますか？

エリス：しかし、彼らに責任があるわけではない。

（私はついに、彼の内なる叡智を通して、彼自身の理解を見てみるように訊ねました）

メアリー：あなたが理解している自分の役割はどんなものですか？　何故、あなたはその体験をしているのでしょうか？

エリス：人間になるために、統合しているようなものだ。彼らは私の目を通して、それを体験し、人間が感じているものがどんなものであるのかを得ている。彼らは、私たちを、ただ知りたいだけなのだ。

（彼が所属しているサポートグループの別のメンバーも、彼らのチームの一人なのだとエリスは言及しています）

エリスは、これらの出来事をいくらか思い出して、かなり心に傷を負ってきましたが、このセッションは最終的に、その出来事の詳細だけではなく、それがどうして起こったのかという彼自身の理解を得るところまで発展しました。そのすべてが、彼にとって完全に意味をなしました。エリスは、その時期にずっと彼と一緒に宇宙船の中にいた彼の旧友に対する深い関心を抱いて退行催眠のセッションを終えました。エリスが私に言うには、その友人は困難な時期を過ごしており、エリスはその幾つかはこの遭遇体験に原因があるのではないかと疑っていました。

Note：エリスは著書『雌伏の日々（Dogged Days: The strange life and times of a child from eternity. Paranormal experiences with Extraterrestrials, Humans, & Beings from other worlds and dimensions）』を出版し、その中で自身が経験した地球外の多次元的な体験について述べています。（副題：その奇妙な人生と、永遠の子供時代について。地球外生命体との超常的な体験。人間と、他の世界と他の次元からやってきた存在たち）
エリスのウェブサイト　www.ellisctaylor.com

では、このような方法で退行催眠を通じて明らかにされた情報を検討するにはどのようにすればいいのでしょうか？

●認識可能なコンタクト体験のシナリオ
●感情の高まり（表現される感情は、非常に劇的なことが多く、それは本当に起こったトラウマとして知覚されたものからのみ発生します）
●多くの場合、それはただただ奇怪なだけで、クライアントが疑問視することすらあります
●誘導尋問はクライアントに無視され、正されることすらあるかもしれません
●深い直観のレベルで共鳴する情報

しかしながら、もしそれが可能であれば、確認可能な情報を得ることが重要であることも私は指摘したいです。ただ単に、彼ら自身に自問させるだけではなく、異なったスタイルの質問を織り交

ぜることによって、私たちは、その体験とそれが意味するものにもっとアクセスすることができるのです。エリスの体験を裏付け、立証するため、そのときに彼と一緒にいた他の友人たちを同席させ、どんなことが起こったとエリスが考えているかを語り、それを友人たちが容認するかを確かめてみるという提案もしました。しかしながらエリスは、その時点においては、その出来事について若干の個人的な理解を持っているのは、自分だけで十分だと言っていました。

エリスは、このプロセスを通して私たち全員にとって幾つかの興味深い情報を解き明かしてくれました。彼はまた、その日に何が起こり、彼が宇宙船に搭乗させられた理由を彼自身の洞察を提供しました。ここでの大きな収穫は、この種の処置が恐怖を大幅に低減させている場合が多いということが分かった点です。その処置を通じて、その体験が統合、理解されるのです。

このことは、多くのコンタクト体験者がその体験の多次元的な性質の故に、研究者たちが適切な質問をしていないと指摘していることに関連性があるように私は感じています。ジュディス、アラン・ガンスベルク、モナの『直接遭遇（Direct Encounters)』の中で、あるコンタクト体験者がこう述べています。

「研究者たちが異なった方法で質問をしていたならば、私たちからもっと多くのことを学べる余地があったと私は感じています。仮に彼らが、私たちの心の中にあるエイリアンに関するすべてのことを私たちに話すように言えば、もっと多くのことが学べるはずです」

モナは、質問のタイプとスタイルが、調査員が集める情報を制限していると言っています。

ホリスティック・アプローチの利点

●トラウマとなっている可能性がある記憶からブロックを取り除き、それにより、さらなる洞察を得ることができる

●ホリスティック・モデルは、情報と理解、癒しと統合を提供します。ほとんどの人々は、それにどんな意味があるかだけではなく、自分にそれが起こった理由を理解したいと望んでいます。彼らは単に不運の犠牲者なのでしょうか？　それとも、ある深いレベルで、彼らはそれに参加することに同意したのでしょうか？　内なる叡智にアクセスすることにより、その問いに関する情報が提供されるでしょう。その情報が、クライアントにとって何らかの意味をなすはずです

いかなるレベルでも、コンタクト体験がトラウマとなっている場合、私はその人にその体験をすることにいずれかのレベルにおいて参加することに同意していないか訊ねることにしています。これまで、同意していなかっと言ったのは、たった一人のクライアントだけでした。これは異例でしたが、彼女は退行催眠により、自分の二重のアイデンティティ、一部は人間、一部はＥＴの自分を見ました。彼女に自分が同意していたのかと訊ねると、彼女はノーと言って、驚いていました。しかし、彼女が退行催眠を通じて自分自身を一部がＥＴで一部が人間として見たことを私は知ってい

ました。そして、彼女のETの部分は同意していたのかと訊ねると、彼女の答えはイエスでした。「彼ら」が、それを彼女の人間の側面にどれだけ影響を及ぼしているのか彼女自身に認識させないようにしていたことに驚いたと説明していました。

確かに、このモデルは私たちのクライアントにとってだけではなく、この専門分野で働く人々にとっても挑戦的なものです。しかし、この体験が意味するものを見出そうとし、私たちが何者であるかを深く見ようとするならば、私たちは異なった質問を問いかけ、内なる叡智が私たちに提示するものを尊重することを始めるべきです。

このアプローチから何を学べるのか?

- 「二重」の意識の経験
- 二重の人生、内的次元に住んでいる自己の二つの側面
- ETコンタクトを伴う過去生
- ETとしての過去生
- 私たち自身の意識の多次元的な探求。例えば、霊体、アストラル体、ソウル・ボディなど
- 未来の自己が訪問してきているという感覚
- 宇宙船の中で行われるヒーリング
- 別のETによって、人間/ETの自己にヒーリングが施されている様を観察する

●ソウルが分裂し、一方が人間の形をし、もう一方が内的次元に住んでいるソウルの別の側面となる

超常的な体験は、深遠で変容的なものです。それは、あなたの信念や価値、態度を貫通し、コアを直撃します。

ジャネット・バーグマーク
『エイリアンたちの存在の中で（In the Presence of Aliens）』より抜粋

ジャネットが、自分のコンタクト体験について父親に説明しようとしたときに、彼女の父親はこう言ったそうです。「お前は確かに、私が住んでいる世界とは別の世界に住んでいるみたいだな」

彼女はこう答えました。「私の世界では、物理学の法則ですら、もはや真実ではないわ。壁は蒸発し、時間は反転し、鍵がかかった扉が安全であるなんていうのは妄想で、私は時々飛ぶことができるの。電化製品でさえも、あてにならない。私はパパやママ、大半の友人たちとは別の世界に本当に住んでいるのよ。でも、自分ができる限り、私の人生の中でその異様な体験とうまく付き合っていく方法を学んでいます。それ以外に道はないもの。今の私は、エイリアンたちの存在の中に生きることが常に私の選択肢であったことが分かっています。私の霊的な起源に関する理解、エイリアンの文化に触れることに対する自分の同意が、新たな光の中に照らし出されます」

ジェームズ・ウォールデンは、私に宛ててこう書いています。「我々は、利用可能な膨大な範囲のデータに目を通さなくてはならない。さらに直感的なコンタクト体験の多次元的な側面への扉を開くのは、この開かれた心であり、そこから我々は何らかの答えを得るだろう」

コンタクト体験に関するあなたの理解や信念がどんなものであれ、ここで言っておくべきことがあります。大勢の人々が続々とコンタクト体験に目覚めている中、この現象が私たちに示しているものを理解する新しい方法を見出すことが重要です。ホリズムという完全にオープンなフレームワークを利用することで、さらなる証拠が明らかとなり、この体験の物理的な世界の証拠と、意識の他のレベルを発見することができます。この体験に関する人々の独自的な理解を尊重する準備ができていれば、私たちの多次元的な世界への価値のある洞察を提供してくれることに間違いありません。

私たちは皆、自分の体験とそれに対する知覚を通じて意味を追求し、自分の体験を尊重することによってのみ、それを適切に行うことができるのです。人生が紡ぐ物語がどんなものであったとしても、私たちが個人的な体験に敬意を払うことができれば、それを統合することができます。私たちは、その統合を理解することによってそれをなすことができます。これをもって、癒しが起こるのです。

第16章 巨象ETと繋がる超現実世界へ！ 人類を高次意識に進化させる新時代の到来

ＵＦＯの存在は通常、宗教、心理学、科学の視点によって扱われます。これらの視点から、現代の思考のプラットホームが形成されているからです。このことがコンタクト体験者がエイリアンに対する総合した真の考えを伝える上で困難にさせています。私が共有したものが失われるかもしれないという危機感を持って私はこれを書いています。しかし、二つの意識の領域の間を取り持とうと努めることが私の仕事なのです。

ダナ・レッドフィールド

何が起こっているのか、何故、私はこの体験しているのか分かりませんでした。私の中の人間の部分が恐怖を感じました。私の中のＥＴの部分は、何が起きていて、その理由も正確に認識していました。常に、私とゼータ（グレイ）の間には対等な交流がありました。私は彼らが遺伝的な目標を達成するのを助け、そのお返しに、私はヒーリングとサイキック能力を受け取りました。そして、私の地球での人生に対する理解、地球外生命体と宇宙に関する私の理解が広がりました。彼らはまた私が保護を求めたときはそれを与えてくれました。質問に対する答えが必要な場合は、彼らはテレパシーで答えてくれるでしょう。私のETの部分は、グレイを支援することに決めていました。このことを理解すれば、制限のある人間の知覚とこの体験に対する反応からくる恐怖に打ち勝つことができます。

トレイシー・テイラー

地球外生命とのコンタクト体験とは、盲目の人間と象の話に似ていると私は考えています。何人かの盲目の人々が、象とはどんなものであるのか説明するよう訊ねられます。ある盲目の人は象の鼻に触れ、温かい空気を発する何か長くてチューブ状のものであると説明しました。別の人は尻尾に触れ、何か細くて柔らかいものであると説明しました。また別の人は足に触れて、何か木の幹のようだと言いました。また別の人は腹部に触れ、巨大なスポンジ状の何かであると説明しました。しかし誰一人として、一歩引いて、象を全体として見ることはできませんでした。

私たちは皆、ETという巨象を見ることができると思っている盲目の人のようなものだと私は感じています。しかし、私たち自身の個人的な制限のために、その一部分だけしか見ることができません。もっと大きな全体像を見るための唯一の道は、お互いの視点と気づきに対して心を開くことです。

このETという巨象に関して私が理解している個人的な解釈を私は提供することができます。しかし、その解釈もまた、この現象のスケールの大きさとその複雑性の故に限られたものでしょう。

自分がすでに知っていると信じている人々にとっては、もっと学ぶと、すぐに溶けてしまう氷の河の上に自分がいることに気づくでしょう。もっと学ぶには、限られた信念と盲目の箱の中から外に出て、すべての人の視点を尊重し、他の人々が体験しているものを自らのものとして受け入れなければなりません。彼らは勇気をもって自分の物語を共有し、それが残りの人々が全体を感じる上で助けとなってくれるからです。この資料の中には、必然的にあなたの信念や視点に挑戦するものがあるでしょう。私自身もそうでした。私の個人的なETという巨象は、とてつもなく変わってしまい、自分が見ているものが何であるのかまったく分からなくなりました。しかし、私は自分がいかに何も知らないかということを、ハッキリと悟ったのです。ソクラテスは言いました。「叡智とは、我々がいかに何も知らないかを知ることである」

そうです。私たちは自分が何を知っていないか分からないのです。しかし、私たちが直面する現実が示してくれるあらゆる価値を持つものに心を開くことができれば、それが巨象の別の重要な部分に私たちを導き、その全体像を理解する上で助けとなります。したがって、全体像をもっと理解したいと望むならば、私たちがすでに知っているものからスタートすべきです。

ETという巨象の部分、私たちが知っていること

●大半の人が、その体験の後、ちゃんと元の場所に戻ってこられることを私たちは知っています。
何故なら、彼らがその体験について語っているからです

●大きな苦痛を伴うものから、非常に素晴らしいものまで、様々な体験の種類があることを私たちは知っています

●コンタクト体験者の多くが、生涯にわたってその存在たちと愛情を持った交流を持ち、緊密な関係を持っていることを私たちは知っています

●コンタクト体験者の中には、その存在に対して強烈な感情とフィーリングを持ち、彼らを家族のように感じている人がいることを私たちは知っています

●様々な施術があり、その中には非常に侵襲的なものがあって、人の体内に生物学的な物質をインプラントするものがあることを私たちは知っています

●物理的な癒しが人間の身体に施され、それを実証する文書化された証拠があることを私たちは知っています

●秘密の学校が教育プログラムを実施している可能性があり、コンタクト体験者が教育を受けており、意識的な知識や学習を超えた情報が「ダウンロード」されることがよくあることを私たちは知っています

●変容体験があることを私たちは知っています。その困難な体験を切り抜けたというからだけではなく、その変化が意識の目覚めという観点から深遠であることによって人々は変化を遂げます

●コンタクト体験は、エネルギーや振動、周波数などに対する理解と同様に、芸術、言語、筆記物などを通じた芸術表現を生み出すことを私たちは知っています

●コンタクト体験者は、形而上学的で宇宙的な霊性を追求するだけではなく、調和に対する環境学的な情熱を持ち、自分たち自身と惑星を慈《いつく》しんでいることを私たちは知っています

●人間の特別な感覚が強化され、多次元的な性質を持つ「超現実」に気づくようになることを私たちは知っています

●「ホモ・ノエティカス」の理論を裏付ける、新たな子供たちの世代が誕生している証拠があることを私たちは知っています

すべての真実は、3つの段階を経る。最初は嘲笑される。次に、激しく反対される。最後に自明の理として受け入れられる。

ETという巨象全体を理解する

上に挙げたリストは、この謎について知られているものの縮図を示しています。包括的なものを意味するわけではないものの、謎についてある程度の考え方や見方を探求する助けとなります。最も聡明で情報力を持つ科学的なソースですらも、限られた視点だけしか提供できないということを心に留めておくべきです。私たちが答えを探し求めるのは自然なことですが、フィクションである可能性があるものと事実を分離する努力をすべきです。そして、私たちにとって誠実なデータを識別するべきです。とりわけ、この現象は相当な量の偽の情報を引き寄せるからです。私たち自身の内的な共鳴を通じて真実を見極めるために、この「泥まみれ」のデータを取捨選択することが肝要なのです。私たちにとって、この世界の中で最も困難なことは、私たちの内なる叡智を信じることであることが多々あるのですが、私たちが持っている情報を理解するためには、この内的な意識を信頼することによって可能となります。内的な共鳴を認識し、尊重することを選んだときにのみ、理解がもたらされるという性質をこの体験が持っていることが興味深いです。

ショーペンハウワー

この現象は、多くの異なった解釈を私たちに与え、それを解釈するには直感的な導きや理解をもたらす私たちの内的な部分を信頼する必要があります。それと同時に、私たちの個人的な態度や知覚が、その理解を型にはめてしまうことを認識すべきです。私たちの人生経験と判断が、個人的な

「色づけ」を生み出すからです。体験の複雑さと無数の方法でそれが知覚できる故に、その個人的な「色づけ」が私たちが信じ、フォーカスすると選択したものを反射していることを認識することが大切です。このことを理解し、私たちの「型」を広げれば広げるほど、ＥＴという巨象をもっとクリアに理解する機会が私たちに与えられるでしょう。

あなたの個人的なET世界の探求

個人的なＥＴ世界は、その人の信念や哲学を反映したものでしょう。そして、その信念や態度が自分がフォーカスしているものに影響を与えていることに気づくと、自分の体験をさらにクリアに探求し、それを判断することができるようになります。あなたの態度は、あなたの人生経験に対する視点を反射したものなのです。例を挙げれば、半分満たされたカップと半分空のカップのアナロジーです。つまり、「ＥＴという巨象は驚くべき生物だ」と私たちは言えるのです。あるいは、「このＥＴという巨象は私を殺そうとしている！」とも言えます。究極的には、すべての解釈はその人が選択したものなのですが、その下した選択が、その人が信じると決めたものに影響を与え、最終的には対処法にも影響が及びます。

この体験を哲学的に魂やスピリットの視点から探求し、すべての人生体験とは魂が人間の限界や物理的な視野を拡大するための欲求であると見なす視点を選んだ人々は、ＥＴ体験とは人間のスピリットに対する別の挑戦であり、彼らは人間の魂の旅を助けていると考えるかもしれません。これは、「シャーマニズムの旅」のような解釈が可能なのかもしれません。「高次の意識という大学」を研究するために魂に与えられた、恐怖を超越するための機会なのだと。しかし、この体験を完全に人間の世界を通じて認識しようと選択した場合は、コンタクト体験は、数えきれない種類の地球外生命体が、無数のアジェンダを持って様々な方法で人類と交流していることを示唆しています。ETの数だけETのアジェンダの解釈が数多く存在するため、自分の体験が何を示し、何が自分と一番共鳴するのか決定しなくてはなりません。

地球外生命体という巨象は実に多面的で、非常に多くの種類の体験を提供します。その体験は、その人が選択したものがどんなものであっても、その人のフォーカスからやってくるもので、それはその人が探求する視点の数だけ無数に異なります。ETのアジェンダが邪悪なものであると感じる人々がいる一方、それと同じ数だけ、エイリアンは私たちを陥れようとしているというシナリオは単純化されすぎていると感じている人々が存在し、彼らはトラウマを受けたのにもかかわらず、それと同じ数だけ多くの人々がETに助けられたと主張しています。彼らの意見は多数派ではないかもしれませんが。

あることが事実なのは明白です。それは、この体験が確かに人々を変化させたという事実です。しかし、何が彼らを、何の目的で変化させたのかは、いまだに議論の対象です。その仮説は、崇高なものから、馬鹿げたものまで様々です。例えば、知的なETが私たちの進化を助ける目的で、優れた知覚能力に目覚めさせるためにここにいるとか、彼ら自身の目的のために私たちを奴隷化するためにここにいるなどです！　個人的には、後者の意見は、あまり意味がないと思っています。彼らが示している優れたテクノロジーをもってすれば、仮に人類の奴隷化が彼らの真の意図であるならば、そうする機会が幾らでもあったはずです。過去のみならず、現在の今すぐにでも。私たちの技術の進歩によって、彼らは私たちを簡単に連れ去り、また戻すことができることが暗示されているのが分かっています（そして確実に、彼らはそのテクノロジーを持っています！）。

聖書学者であるゼカリア・シッチンは、その著書『地球年代記（Earth Chronicles）』の中で、ETが創造主の神であることを示唆しています。シッチンは、そのETを「アヌンナキ」と呼び、人類は地球由来のものと宇宙人の生物学的材料を混ぜ合わせることによってアヌンナキによって創造されたと言っています。ETと地球原産の遺伝子の操作を繰り返すことによって創り出されたものから人類は発生したとシッチンは言っているのです。シッチンは、アヌンナキは絶えず私たちを監視しており、今日まで人類の発展を後押ししているという仮説を提示しています。では、仮にシッチンの仮説が正しいとすれば、アヌンナキの究極の目標が奴隷化された人類を創造し、あるいは生物学的な飼料を生み出すことだとしたら、なぜ彼らは人間の意識の上昇を支援し続けているのでしょうか？

エイリアンの知性と比較した場合、人間の思考は十中八九、甚《はなは》だしく制限されたものであるかもしれないことを受け入れなくてはならないでしょう。そして、それ故に私たちは、訪問者たちのマインドを理解できる見込みは持てないかもしれません。彼らの知性は、猿とバッタのごとく、私た

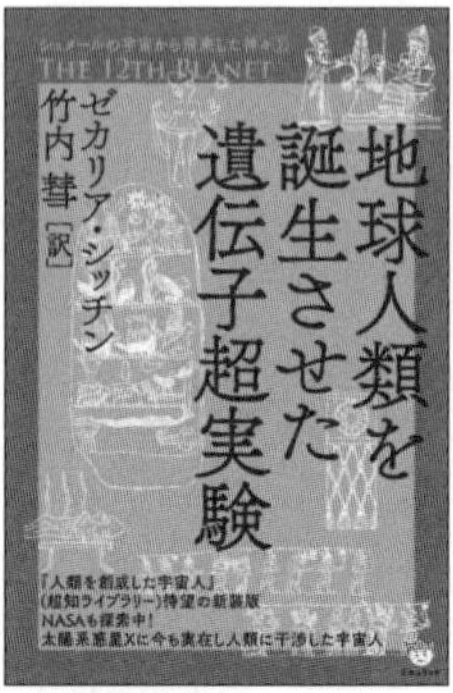

地球人類を誕生させた遺伝子超実験
〜NASAも探索中！ 太陽系惑星Xに今も実在し人類に干渉した宇宙人〜

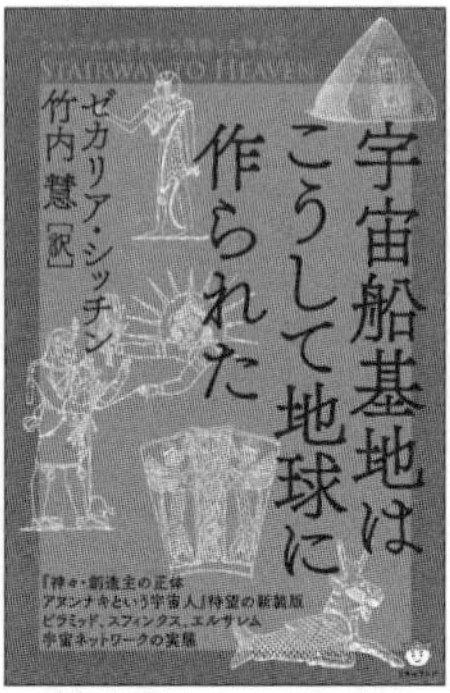

宇宙船基地はこうして地球に作られた
〜ピラミッド、スフィンクス、エルサレム 宇宙ネットワークの実態〜

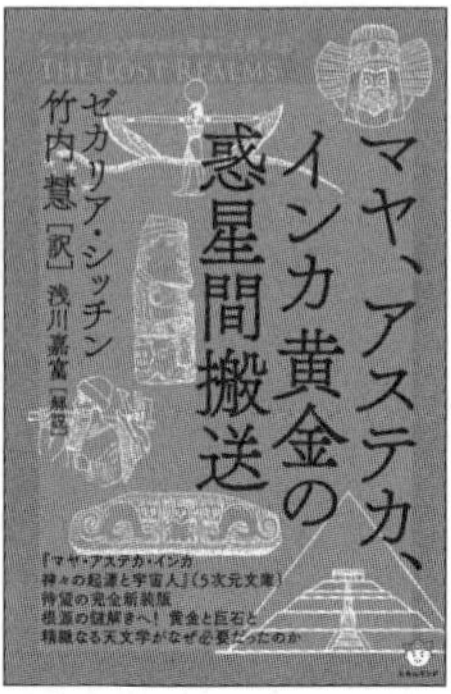

マヤ、アステカ、インカ黄金の惑星間搬送
〜根源の謎解きへ！ 黄金と巨石と精緻なる天文学がなぜ必要だったのか〜

彼らはなぜ時間の始まりを設定したのか
〜超高度な人工的産物オーパーツの謎を一挙に解明する迫真の論考〜

神々アヌンナキと文明の共同創造の謎
〜高度な知と科学による機械的宇宙文明と聖書の物語のリンク〜

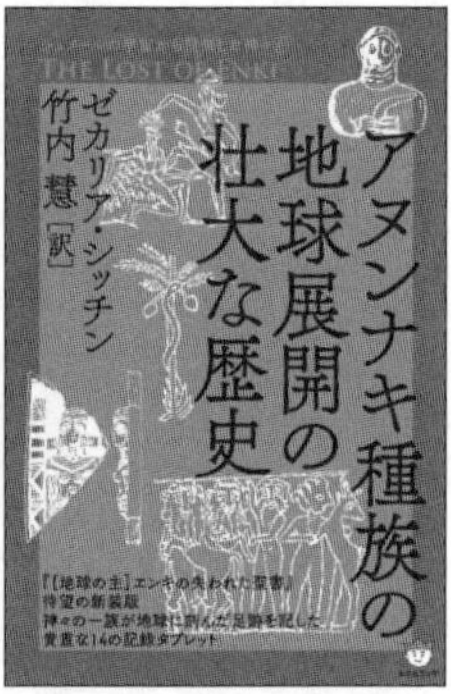

アヌンナキ種族の地球展開の壮大な歴史
〜神々の一族が地球に刻んだ足跡、超貴重な14の記録タブレット〜

ゼカリア・シッチン［著］ 竹内慧［訳］ シリーズ6巻（ヒカルランド）より

ちの知性と大きな隔たりがある可能性があるため、私たちが彼らの知性を理解できない可能性が極めて高いのかもしれません。しかし論理的には、進化した種族が人間と同じように、移民や自分の領土を拡大しようとしていると考えることもできます。私たち人類が、この惑星の至る所ですでにそれをやってきたからです。人類の科学や遺伝子工学のようなものの発展によって、そのような仮説は大きな信憑性を帯びます。

遅かれ早かれ、私たちは真の「スター・トレック」の方法で新たな世界を探険することができるでしょう！　それが起こったとき、私たちは自分たちの手で新たな人類を生み出し、居住可能な惑星の上に彼らを住まわせ、自分たちの創造のしるしとしたいと考えるかもしれません、そして、彼らを自分たち自身として見るかもしれません。仮定の話として、仮に私たちがある惑星の先祖であった場合、その進化を私たちが支援したいと願うことは合理的なことです。

しかし、時を経て、彼らが技術的な成熟期に達したとき、「自分たちが播いた種」に対して私たちはどのような反応を示すでしょうか？　彼ら自身とその世界を破壊することが可能な様々な装置を獲得し、彼らが特に攻撃的な性質をまだ持っていた場合は、私たちはどうするでしょうか？

そのような惑星の先祖として、自分たちが種を播いた子孫たちのマインド／意識の中に「高次意識の教育プログラム」を促進させる必要性を認めざるを得ないということは理に適《かな》った考え方です。彼ら自身と、その世界を守ることを奨励するためです。彼らの中の攻撃的で破壊的な性質を制限するため、遺伝子に再プログラミングを施すことが理に適ったことなのかもしれません。まずは、新たな潜在能力に彼らを目覚めさせることが必要で、次にそのエネルギーの性質と創造性に関する霊的な理解への欲求の引き金を引き、その結果、その子孫たちがすべての生命に対して敬意をもってその能力を賢明に使用することができるようになるのかもしれません。よく考えを巡らせれば、このようなことが目下進行中である可能性があります。その変化は緩やかなものであるため、その「新たな種子たち」は、前の「モデル」によって脅威と見なされるほどには異なったものではないのかもしれません。

彼らには、自分たちの惑星の健全な変化を迎えるため、古いマインドを持った種子たちの理解と成長をゆっくりと促す能力が必要なのでしょう。その新たな種子たちは、忍耐を学び、自分の内なる叡智を信頼しなくてはならないはずです。何故ならば、当面の間、彼らは非常に孤立し、周囲との違いと孤独を感じるからです。しかし、十分な数の新たな種子たちがやってきたとき、目覚めと変化の緩やかなプロセスが始まるでしょう。

感受性と癒しの意識を通じて、彼らは対立を生むことなく、その意識を変化させ統合する術を直感的に知るでしょう。そして、その種子たちは自分たちの創造主たちに感謝を捧げるでしょう。

コンタクト体験の果実

さらばその果によりて彼らを知るべし。

マタイ伝　7章20節

ETがどんな目的で交流を行っているのか結論を下すには、コンタクト体験の効果について見るしかありません。その効果について、この本の中で議論してきましたので、読者の皆さんが自分自身でどう解釈すべきであるかを決めなくてはなりません。多次元世界と高次元知覚――それがコンタクト体験の果実です。最終的には私たちの利益になるために彼らはここにいるのでしょうか？それとも不可知で邪悪なETのアジェンダを確立しようとしているのでしょうか？　私は自分自身のETという巨象に対する理解が絶えず変化していることを知っています。ですから、私はこの瞬間において、自分が理解しているものを皆さんと共有することしかできません。ほとんどの場合において、その複雑さ故に、私はETのアジェンダについてはいかなる仮説にも触れないように努めてきました。エイリアンのアジェンダの解釈は、私たちが知っているものからきているのではなく、私たちの恐怖心や無知からきているものだと私は思います。私たちは、その体験をした人々から知識を得るわけですが、彼らが常に実際に起こったことを信じているとは限りません。この体験は玉ねぎのような多重構造を持っていますが、その玉ねぎのどの層を剝《は》がしたとしても、常に、ある事実が見えてきます。それは、コンタクト体験は私たちを多次元世界へと目覚めさせ、その超現実を通して、私たちはその体験と人間の潜在能力を深く理解することができることです。では、人間の意識の変容と変化は、コンタクト体験の第二の目的なのでしょうか？

その目的とアジェンダについて、私たちができるのは推測することだけです。エイリアンの種族の数が無数にあるのと同様に、その理由も無数でしょうから。私たちが騙されている、あるいは彼らが私たちに信じさせたいと思っているものを信じるようにプログラムされていると考えている人々が大勢います。そして、そういった思考自体が一種のプログラムで、ある種のETによる「乗っ取り」であるのだと。しかし、それは非論理的に見えると私は思います。どうして、彼らは私たちの中の意識と理解の増大を助長し、私たちの能力を拡大させるのでしょうか？　ただ乗っ取るためだけに、そんなことを先行して行うのでしょうか？　唯物主義と暴力と貪欲を通じて、人類が徐々に地球やお互いを破壊している様を見れば、正直に言って、仮に彼らがあと何年間か人類をそのままにしておけば、その技術発展の速度から判断し、この惑星を乗っ取ろうとしているETのためにその破滅行為をしていることになります！

世界を愛しているならば、その破滅へと進む道にとって見ると、彼らETたちの行為は脅威であることが誰の目から見てもハッキリと分かるでしょう。しかし、彼らは私たちを高次意識へ目覚めさせ、おそらくは人類の進化の中で私たちを支援しています。そして、人類の中にスター・チルドレンが誕生し、彼らは癒しへの新たな情熱を持っています。本当に、こういった性質のものが、悪意を持ったETによる操作であると信じられるのでしょうか？

コンタクト体験の目的がどんなものであると信じたとしても、彼らが私たち人類の「現実という障壁」に対する理解を変化させてきたことに疑いはありません。コンタクト体験は、人類の新たな潜在能力を例示し、それは私たちが自分が信じているものによってのみ制限されていることを示唆しています。今や、人間の意識は目覚め始めているように見えます。そして、その意識は私たちの多次元宇宙へと開かれているのです。リモート・ヴューイング、リモート・センシング、体外離脱、テレポーテーション、空中浮遊、コンタクト体験中に固体の中をすり抜けるなどのことによって、私たちが不可能だと考えていることが、実は可能であることがハッキリと示されていることを私たちは知っています。そしてそれは、人間の潜在能力が、私たちが信じているものを遥かに超えていることを表しています。

私たちは今、現実を構成する時間と空間に対して疑問を持ち始めています。時間と空間とは、意識が創り出した現実を制限する構成物なのでしょうか？　時間と空間が現実を制限し、人間は自分自身によって欺《あざむ》かれているのでしょうか？　人間は進化する必要があります。そして、それは伝統的な物の考え方を変えることによってなされます。ちょうど、数百年前に、地球が平らであるという信念を変えたように（今日でも、地球は平らだと信じている人々がいるわけですが！）。人間の好奇心は私たちの制限された信念体系を超越させ、かつて誰も行ったことのない場所へ行くよう私たちを絶えず励まし続けます。一握りの人たちが私たちの現在の限界に挑戦し、その後、全員が最終的に変化し、かつて自分であったものから変容します。コンタクト体験は、まさにそのような挑戦を提示します。その体験を生きた人々は、人間の最も根本的な考え方である、現在の3次元世界に対して挑戦しなければならないことに気づいているからです。

ショーペンハウワーはこう言っています。「すべての真実は、3つの段階を経る。最初は嘲笑される」コンタクト体験が示すところによれば、私たちの全員が現実を見るための独自の「窓」を持っていて、自分の体験にオープンである人々は、現実が多くの側面を持った流動的なものであることを発見します。それが示しているものは、私たちが「限界」だと知覚しているものが、実は選択であるかもしれず、私たち自身が現実の境界をどこまで広げるのかという選択にかかっています。

そこで生じる疑問として、意識の拡大を体験するための、その体験が無意識に選択された部分であるならば、その無意識の部分の「意識」が、制限された顕在意識の部分を拡大し、成長させようと促しているのでしょうか？　このコンタクト体験とは、この拡大のプロセスを支援する目的で、私たちの無意識がもたらしているトリガーなのでしょうか？　ETコンタクトとは、私たちを目覚めさせるための魂／スピリットの旅路の別の側面に過ぎないのでしょうか？　そして、私たちが目覚めたいと願うならば、その選択をする必要があり、それは恐怖と向き合う必要があることを意味します。

異質なものとして他人から見られるかもしれないことが、恐怖の一つなのだと思います。そして、私たちはどのようなものが異質に見えるのか経験しています。たとえ子供であっても、異なって見えるという理由で多くの人々がイジメられています。大人の社会は、順応を尊び、その考えを受容していいます。そして、大半の宗教もそれを要求しています。しかし、コンタクト体験は、私たちにこの「ワイルド・カード」を投げかけ、変化への挑戦状を私たちに突きつけています。そして、私たちの現実と体験を通じて、自分たちの独自性に向き合い、それを認めさせようとしています。その多面的な性質は、私たちの相違を見ることを強制します。この体験は、伝統的な慣習に対して、「自分はここに属していない」というフィーリングを抱かせ、そこから連れ出します。私たち個人が独自に持っている「窓」を通じてもたらされる異質な概念が、私たちの世界に対する理解を深めるという理由から、その相違を尊重し、受け入れることを私たちに強いる以外に、この体験の目的はいったい何なのでしょうか？

相違を認めることによって、私たちはお互いの独自の視点を称賛し、互いにそれを共有することができます。このプロセスが、私たち自身が創り出した限界と境界を超えて、人間の現実世界の地平を拡大し、真の私たちの姿に対する、もっと全体的で完全な理解へと私たちを導きます。つまり、コンタクト体験は、その多彩な側面を通じて、現在の現実世界という限界に対する暗黙の了解を破壊することを私たちに強制し、これまでの従来型の信念体系の中で生きていくことを徐々に難しくさせていきます。そしてそれが拡大への人間の欲求を目覚めさせる扉を開けるよう私たちを誘惑します。それが提供してくれるものに手を伸ばさせようと。

私たちが歩んでいる個人的な旅がどんなものであれ、多くの物事がその前に立ちはだかろうとも、この現象は大局図に目を向けさせる理由を与えます。地球に対する無配慮と未熟な扱いの故に、私たちは表面的には破滅へと向かっている世界へと住んでいます。しかし、この謎は私たちに希望を与えると私は信じています。この現象の侵襲的に見える側面によってもたらされる恐怖や困難があるのにもかかわらず、最終的にはこの現象を体験した人々に、その体験を統合し受け入れさせる効果があるからです。それが変化であり希望の一つで、それが私たちの現実世界を探求し、変えていくための新たな道を私たちに示し、私たちに備わっている能力に目を向けさせます。それが、コンタクト体験者をサポートし、尊重する上で不可欠な理由なのです。彼らが、人間の進化と未来の人類のパイオニアであるのかもしれません。

あとがき　エイリアンの女

数年前、私は地元のショッピング・センターにいました。私は空腹でスナックを買いに急いでいる、そんなときでした。私は急いでスナックを食べながら、エスカレーターの方へ向かって歩いていました。突然、私の背後から大きな声が聞えました。「すみません、エイリアンの女の方ですよね？」一瞬、私の心臓は止まり、胃がすくみ上りました。私は信じられないという思いで振り返り、私の闘争本能と逃避本能は私を見捨て、私はただ頷きました。

若い女性が小さな子供を連れて小走りで近づいてきました。彼女は自分の小さな息子のことを私に急いで話し始めました。彼女の話では、その子はエイリアンと会ったことがありました。私はそこで立って、静かに彼女の話を聴きながら、大勢の人々が私たちの会話を聴いているのではないかと思いました。この状況が明らかに奇妙であることに彼女は気づいていない様子でした。そして、私の中では彼女に、こう答えていました。「この会話によって自分の人生が永遠に変わってしまったことを痛感した」と。

私はおそらく、この現象について真剣に調査を開始したときに、自分の人生が決定的に変わってしまっていたことをそんなに意識していなかったことに気づきました。「エイリアンの女」という言葉が、私が思いつく限り最高の表現です。何故なら、私は時々、自分がちょっとエイリアンのように感じることがあったからです。人口の圧倒的な大多数がETの存在をいまだに軽視しているこの惑星において。しかし私は自分自身のことを、どちらかというと「宇宙のアガサ・クリスティ」、つまり宇宙の探偵のように考えています。ETという巨象を調査し、それが本当はどんな姿をしているのかを解き明かしたいと願う探偵です。

以前、このことをコンタクト体験者のジュリアに言ったら、彼女はこう言いました。「じゃあ、私は？　宇宙のレポーターってところかしら？」ある意味ではそうかもしれません。コンタクト体験者はある意味において、この現象の宇宙のレポーターです。そして、私が宇宙の探偵であろうとなかろうと、私はこの「ドラマ」の実像に関する新しい証拠を絶えず探し求めています。そのドラマの容疑者と動機を。誰が、どんな目的でそれを行ったのかを。いつの日か、私の推理が正解を見つけ出すのでしょうか？　それとも、それは永遠の謎なのでしょうか？　私個人としては、この謎は私の残りの人生の中で解き明かされていくのだと思っています。発見への旅は、答えよりもさらなる質問を生み出し、そしてその答えはさらなる質問を生み出します。その過程の中で、私は身をもって学んでいます。

確かに、私のクライアントを通じて見てきた多次元世界は、現在利用可能な機材の測定の範囲を超えています。私は今、人生の謎に対して魅力と情熱を感じています。私は常に、奇妙で不思議で不可解な現象の熱心な読者でした。最初にコンタクト体験者と会う前から、私はすでにジョン・マック博士やホイットトリー・ストリーバーの本を読んでいました。しかし、それらの本は面白かったものの、本を読むことによっては、現実的ないかなるインパクトも私に及ぼすことはありませんでした。光るものを集めるカラスのように、私の知識のジグソーパズルにこの情報を追加したに過ぎません。それがカラスを惹きつけたように、理由を理解する必要もなしに。

しかし、最初のクライアントが私に会いにやってきたとき、私は目が覚めたような気がしました！　それは現実の出来事でした。それは確実に本物の出来事に違いありませんでした。何故なら、その現象は人々の人生に強力な方法で大きなインパクトを与えたからです。私はこの現象にどんどん魅了され、興味をかきたてられるようになりました。ある謎に出会うと、次から次へとその後に複雑に絡み合った謎が続いたからです。そうとはいえ、私自身の専門家としての個人的なプロセスを通じて、私は絶えず、この現象がどこまで本当のことなのか見極めようとしてきました。


かつて私は、あるＴＶのモーニング・ショーの中で、避けられない質問を受けました。

「あなたはクライアントの話を信じているのですか？」

私はこう答えました。

「十分な数の人々がアラスカに行ってきたと私に言って、彼らが体験したものを説明した場合、自分自身がアラスカに行ったことがなく、行くつもりもないとしたら、それはアラスカが存在しないことを意味するでしょうか？」

実際には、私は「アラスカ」にぜひとも行きたいと思っているので、「訪問者たち」にはガッカリさせられます。私のクライアントを通じて、その「アラスカ」が存在する証拠を持っているだけで、それで十分だと彼らは思っているからです。しかし、私自身はどうなのでしょうか？　私は、彼らの最も声が大きな広報担当員であり、私を招いてブザーを鳴らし私をＵＦＯに乗船させてもらえるかもしれません。彼らは、私が今どこに住んでいるのか知っているはずです！　仮に彼らが私のもとを訪ねたことがあるのならば、彼らは私にまだそのことを伝えていません！

その一方、私は「アラスカ」に行ったことがないため、その場所が存在するという新たな証拠を絶えず探しています。つまり、私は他の人々の言葉をただ鵜呑《うの》みにはしていないのです。私の個人的な探求は、科学、心理学、歴史学、スピリチュアルな領域など、様々な分野に及びました。私の好奇心は、この現象に触れてきた人々に支援の手を差し伸べるのと同様に、この現象を理解したいという深い欲求をかりたてます。この旅は、後戻りできないほどに私の人生を変えました。それは私が意識している限り、体験的なことだけではなく、コンタクト現象の好奇心あふれる観察者と記録者としての役割を私に与えたことです。私のクライアントたちの独自の旅路を尊重し、必死で支援しながら、私も私自身の旅路を探求し、それを理解するために彼らに呼ばれることを待つつもりです。

コンタクト体験は、それを直接体験した人にとって挑戦的であるように、私にとっても、現実に対する私の理解、私の信念と真実にとっても挑戦的です。人間の知識の隅々から「現実」に対する考え方にますます私は疑問を持つようになりました。この調査は非常に困難なものでした。私は自分が疑問の答えを探し求めた多くの学問分野の権威でもなんでもありませんでしたので。しかし、私たちが教わっている大半のものには多くの解釈が存在し、そのすべてが私たちが信じるように教え込まれているような確固たる事実に基づいているわけではないということを発見しました。私は本の虫で、折衷《せっちゅう》的に読むのが大好きなのですが、私たちが信じているものが、いかに流動的なものであるかを私は以前から気づいていました。私は無知でありながらも、人間が理解している多くの分野の資料を参照することを通じて、私たちの世界と私たち自身についてあまりにも知らないことが大量にあるということを明確に認識することができました。私たちは皆、「不可知」なるものを理解しようと努め、私たちそれぞれの個人的な世界は極めて柔軟性を持っていることに気がついたのは、このプロセスを通じてでした。この事実を理解する過程を経たことが、私に啓示をもたらしました。それが私を解放し、私自身のために「私の世界」を本当の意味で探求させることを可能としたからです。それがただ、「信頼のおけるソース」から来たというだけで、今の私はもはや、自分が読み、教えられたものすべてをむやみに受け止めるつもりはありません。私はそれらすべてに疑問を投げ続け、常にそうあり続けるでしょう。

1997年にブリスベンで開催された、オーストラリアUFO国際シンポジウムは、私にとって触媒となったもう一つの出来事でした。それはショッキングで、徐々に脆くなっていく私の世界にさらにトラウマ的な打撃を与えるものでした。ボブ・ディーンやジョー・ルーウェルズ(『神の仮説(The God Hypotheses)』などの雄弁な講演を私は聴きながら、彼らの個人的な旅と理解に、私自身の旅の多くのものがギュッとカプセルに詰まっているように感じました。彼らは、私の崩壊しつつあるパラダイムを共同で浮き彫りにするようなやり方で彼らの理解を私に伝え、それに何らかの意味を与えました。それが私の脆弱な世界に対する接着剤となり、新たに浮かび上がってきたパラダイムの新鮮な基礎を築きました。世界に対する物理的、科学的な証拠としてのさらなる知識を得ただけではなく、その新たなパラダイムが私たちの歴史や精神世界の謎の多くに魅力的な答えを提供するポテンシャルを持っていることが分かりました。最終的には、古いパラダイムがなしたものよりも、ずっと大きな意味をなす、私の世界に対する新たな構図を構築することができました。この現象の謎が、どのようにして人々の人生を形成してきたのかを私は見ることができたのです。

私は時折、何故、自分が個人的に体験したことのない物事について情熱を燃やすと決めたのか不思議に思うことがあります。私個人の職業生活と精神生活にこのような活気を吹き込んだ、この現象に。これは私にとって常に謎であり、私の中の一部はあえて古い世界観という「コート」を脱ぎ去ることを恐れています。別の部分では、かつて自分が言い、考えたものにもはや、一切の執着を持っていない新たな人物の誕生を祝福しています。その新しい人物のフレームワークや物の考え方は、他の人々のものと一致はしていません。それは自分自身への傲慢ではなく、どちらかと言えば、自分自身と、その新たな世界観を理解したいという心からの切実な想いに忠実でありたいというフィーリングに近いものです。導かれるままに自分の内なる共鳴を受け入れることによって、私は自由となり、自己の感覚を新たにしました。これが、コンタクト体験者たちが得たものだったのかと私は思いました。彼らが感じ、知ったものが真実であることを証明する必要性を手放し、新たな意識を統合し始めたときに、コンタクト体験者が得たものだったのかと。

しかし、臨床医学に携わる者として自分の体験を尊重することが、時代遅れとなった信念を手放す助けとなり、私の個人的なパラダイムと同様に、私の専門家としてのパラダイムは確実に、その現実の境界線を失い始めました。私がこれまで知り、受け入れてきた「現実」から私を引き離す激流に真っ逆さまに引き込まれることなく、その体験という河の中にどこまで深く踏み入れるべきかを自問するのは困難なことでした。

幸いなことに、私は非物理的な世界に対する個人的な体験と若干の理解を持っていて、それが流れに足を取られずに済むような幾つかのパラメーターを私に与えてくれました。多次元世界というヴィジョンは、一連の複雑で込み入った可能性を露見させ、恐ろしいコンセプトを時折私に見せました。しかし、これらすべての困難にもかかわらず、私はそれでもこれがコンタクト体験者が感じているものではないのかと考えました。

私の友人のジュリアは彼女自身がコンタクト体験者として、私の仕事に重要な貢献をしてくれました。この本の中に含まれている素晴らしい勇気を持ったすべての人々と同じように、私は常にジュリアの視点を大切にしてきました。彼らの洞察と気づきが、彼らが体験したものを少なからず私が理解する上で助けとなりました。そして、それがどんなものであるのかを本当に理解したいと思うならば、それを実際に体験した人に訊ねることが一番近道であると私は思います。コンタクト体験は人それぞれに多様性があり、この現象に対するユニークなコメントをジョン・マック博士が次のように述べています。「その体験は、それを実際に体験した人々が知っているものだ」

ジュリアは自分の個人的な調査とは、絶えず広がり続ける謎に点を加えていくようなものであると、かつて私に言いました。そして、その点の一つひとつに、宇宙が包含されているように見えるのだと。その表現が私にとってもピッタリだったため、極めてふさわしい表現だと思います。この仕事は、私たちの世界が何から構成されているのか理解するために実に多くのユニークな機会を私に提供してくれたと感じています。そして、私自身のために新たなジグソーパズルを組み立て始めながら、クライアントたちと共にこの複雑なパラダイムを探求し続けるでしょう。クライアントたちが体験しているかもしれないものを、彼らに見せ、調査する許しを与えているように、私自身も自分に許しを与えているのだということを認識しています。私が受け取る資料の信じられないような性質にもかかわらず、このプロセスの開放性によって生じる混乱よりも、新しい理解の深さを発見し、さらなる統合と完全性を感じることができるのだと常々感じています。

時代遅れのパラダイムに適合するのを手放して、その代わりに自分の内なる共鳴を信じるとき、大勢のコンタクト体験者たちと仲良くなるのと同じように、その情報になじんでいくようになりました。そして、その体験に対する社会的な判断がどのようにして摩擦を生み出しているのかが分かりました。

私は研究者である前にセラピストでありヒーラーで、クライアントのニーズを満たすため、私には「未知という河」の中につま先を浸す以外に選択肢はありませんでした。その過程を通じて、私自身も元には戻れない変化を遂げました。クライアントたちの体験を尊重することによって、存在することすら思いもしなかった世界へと私は連れ出されていきました。その特殊なセラピー・モデルに対する私の解釈は、元々の情報発信者が意図していたものよりもずっとリベラルなものでしたが、それがあるフレームワークを形成し、「私は何を知っていないか知らない」ということを受け入れるための真の開放性と非判断の姿勢を可能とさせました。ETという巨象がどのようなものであるか、その全体像の極《ご》わずかな部分以上のものは知れそうにないということを私は薄々感じています。しかし、象を調べている盲目の人のように、自分がそれを実際に何であるのか知っていると信じ込みながら、私は象の鼻をいまだに摑んでいます。象がその鼻を使って私を持ち上げて、その巨大な背中に乗せ、私の世界が再び完全にひっくり返るのを常に感じています。それは爽快でありながら、深い葛藤を生み出します。そして私の中の一部は、数年前の安全な世界へと戻りたいと思っています。その古い世界には答えがあったのです。その答えが正しかったのかどうかは関係なく！

しかし私の別の部分では、自分は決して退屈な現状に満足することはないことを知っており、私を取り巻く驚きと魅力に満ちた新たな世界を見回すことできる象の背中の上で身を乗り出していることと比較しています。この調査を通じて、私たちがいかに何も知らないかを悟り、深い謙虚さが生まれます。その体験によって、元には戻れないほどの感動の人生を生きているクライアントたちの信じられない旅に耳を澄ますとき、私は謙虚な気持ちになります。彼らは人間のスピリットに包まれた驚くべき弾性と勇気を例証しました。私が人々に自分が何をやっているのかと訊ねられるとき、私は世界で最も魅力的な仕事に恵まれていますと答えています。私は、この惑星の上で、最も興味深い多次元的な意識を持っている人々に会う機会を持っているのです。彼らが、私がいかに何も知らないかを教えてくれますから。

終

補足資料

このチャプターは、宇宙人のコンタクトによって展開されている人間のアップグレード・プログラムが存在する可能性とその証拠、および影響について述べています。この内容は2006年に最初に公開され、多くのウェブサイトやアメリカの『UFOマガジン』のような雑誌で取り上げられています。

ニュー・ヒューマン

第5番目の根源種、インディゴ、中国のスーパー・サイキックとスター・チルドレン

人類の新たな種が出現しようとしています。表面上、彼らは識別されませんが、彼らは光を運ぶ者たちの次の波の一部であり、地球の意識の目覚めと共に人類を支援する目的を持っています。人間は生得的に備わっている宇宙との接続に目覚めつつあります。これは地球へとやってくるすべての「新たな子供たち」の主たる役割なのです。

トレイシー・テイラー（2000年）

ボルゴグラード地方のボリスカという7歳の少年が、自分の火星での生活とその文明について家族に話し始めました。彼は実に詳細にわたって地球とリレムリアについて知っていると言いました。彼は深遠な知識と高い知性を持っていました。(『プラウダ』2004年9月 ロシア)

ボリスカは、異常行動の兆候を示していました。生後2ヶ月で頭を上げることができるようになり、4ヶ月で最初の言葉を話しました。そして、1歳になる頃には、大判の新聞を読めるようになっていました。明瞭さと精度をもって、彼は火星の知識、その惑星システムと住人について回顧しました。彼は「インディゴ」と呼ばれる特殊な才能を授かった子供たちについて語りました。彼らの重要な役割は予期されている地球の変遷の期間において人類を支援することでした。

人類は、種族として変化しているのだろうか? 新しい子供たちの集団：世界的な現象

高名な予言者でありヒーラーであるエドガー・ケイシー(1877―1945)は、第5番目の根源種と呼ばれる新たな人類について語っているだけではなく、1988年から2010年の間にそれが出現するだろうと予言しています。形而上学者たちや教祖たちも、インディゴと呼ばれる、この最近出現した新しいタイプの人類に関する予想と考え方を共有しています。彼らはまた、新たな千年紀の子供たち、クリスタル・チルドレン、光の子供たち、虹と黄金の子供たちなど、多くの名前で呼ばれています。

ユーフォロジーのコミュニティは、子供たちによって体験された宇宙人現象について調査を行っ

ています。彼らの調査はこれまでのところ、ニュー・ヒューマン、もっと一般的にはスター・チルドレンといったような単語を生み出してきました。

インディゴ・チルドレンのプロフィールは、スター・チルドレンと同じ性質を共有しており、驚くほど似ています。彼らは高い知性を持ち、クリエイティブで、サイキックでテレパシックで、ヒーリングや千里眼の能力を持っています。インディゴ・チルドレンはまた、遺伝的な能力を共有し、それを霊的な概念や、歴史的、人類学的、科学的なデータに対する深い意識と知識を明瞭に発揮します。それは、彼らの年齢や認知発達や教育のレベル、他の無数の関連するファクターに関係なく、最も博識な学者たちの能力ですら遥かに凌駕します。

この突出した証拠は、「例外的な人間の機能（ＥＨＦ：exceptional human functioning）」を持った子供たちを調査している中国政府の興味と注意を捉えるほどでした。その子供たちは、一般には「中国のスーパー・サイキック」と呼ばれています。

このチャプターでは、そのような子供たちによって示されている並はずれた能力と意識の状態、そして出現しつつあるニュー・ヒューマンの影響について検討していきます。多すぎるほどの情報と根拠となる証拠があるのにもかかわらず、この現象は私たちのロジックにいまだに抵抗し、信念に挑戦しています。しかし、この現象は科学的な裏付けがなされているのです。すべてが、人類が進化の量子的飛躍の縁に立っていることを示唆しているように思えます。この仮説を受け入れた場合、この現象は地球外生命体とコンタクト体験が関連していると考えるのがまったく妥当で、子供たちの発達に関する合理的な説明を提示するのではないでしょうか?

出現しつつあるニュー・ヒューマンについて語っている形而上学者たちは、心理学や医療科学の専門的な背景を持っています。ドリーン・バーチュー(『クリスタル・チルドレン(The Crystal Children)』の筆者)は、博士号、およびカウンセリング心理学の修士号と学士の学位を取得しています。リー・キャロルとジャン・トーバーは『インディゴ・チルドレン(The Indigo Children)』を出版する際に心理学者やセラピストから情報を収集しました。中国の調査は政府による後押しがあり、その現象が真剣に受け止められていることを示しています。ユーフォロジーの研究者たちも同様に、信頼がおける科学と心理学のバックグラウンドを持っています。仮に私たちが種として変化をしているのならば、ユーフォロジーは合理的な説明を提供しています。科学的、生物学的、人類学的な見地から見た異常は、ホモ・サピエンスの進化の中で確実に、ある種の介入を示唆しています。系統樹の中の「ミッシング・リンク」は、私たちの遺伝子構造に対する大きな介入を間違いなく暗示しています。この介入が本当であれば、ニュー・ヒューマンは私たちのDNAの遺伝子的なアップグレードに類似した方法によって展開されている可能性があります。しかし、今回のアップグレードは非常に急激なもので、進化における「ジャンプ・スタート」のように突然出現しているように見えます。すなわち、ニュー・ヒューマンという名の新種の登場です。

人類がその進化における量子的飛躍を体験しているとすれば、何故それが今起きているのでしょうか？　トレイシー・テイラーによれば、スター・チルドレンは地球の意識の目覚めを導くために自分たちがここにいると信じています。しかし、それはどのようにして成し遂げられるのでしょうか？

新たな科学的調査によって、その答えの幾つかが提供される可能性があり、スター・チルドレンが人間の意識の目覚めの中で担っている役割のような資質を持っていることが理解できそうです。それに加えて、私たちと地球外生命体とのつながりが、これまで想定されていた以上に親密であるかもしれない理由が説明できるかもしれません。なぜ彼らが今、私たちに興味を持っているのか、その理由も分かりそうです。

地球外生命体とのコンタクトによる遺伝子操作？

私たちの領空におけるUFOの出現は、長年にわたって政府から純粋にナンセンスなものとして組織的に冷笑されてきました。そのような飛行物体を一度に10人の人々が目撃したという証拠があるにもかかわらず、これは効果的な戦略でした。冷笑や偽《にせ》の情報は、多くの人々が自分が見たものを話すのをためらうということを意味します。そのような飛行物体と交流があったことを認めるなど、もってのほかです。写真や何時間にもわたるビデオ・フィルムという形での証拠、航空会社のパイロットや軍関係者からの信頼できる証言は、何の意味もなさないように思われます。この現実を裏付けるレーダーの反応ですら、大衆の目から隠されているのです。

医療従事者であるステファン・グリアー博士は、ディスクロージャー・プログラムを支援しており、軍関係者の高官による何百時間もの証言を収録したビデオ・テープを所有しています。証言者の全員が、UFOが現実に存在し、政府の機関によって組織的に意図的な情報操作が行われていることを認めています。退役したアメリカの軍人であり、NATOの特務曹長だったロバート・O・ディーンは、1960年代から1970年代にかけて、「COSMIC」と分類された機密文書を保管していました。その機密文書は、政府機関が地球外生命体の存在を十分に認識しており、UFOが私たちの領空に定期的に侵入していることを示すものでした。

これは説得力のあるもので、私たちの空にそのような飛行物体が現れている証拠が本当に存在するわけですが、それはこの現象の極めて小さな部分に過ぎません。その飛行物体を誰が操縦し、なぜ彼らがここにやってきたのか、私たちは絶対に訊ねるべきなのです。ロバート・ディーンは、精神面と物理面の両面で、私たちがエイリアンと極めて密接につながっていると信じており、エイリアンがスター・チャイルド現象に対して責任を負っていることを指摘しています。新しい人類として発達しているものは、「ホモ・ノエティカス」と呼ばれていますが、これは超心理学とノエティクス（意識の研究、認識論）を研究しているジョン・ホワイトによる造語です。イギリス人の作家であり UFOの研究者であるジェニー・ランドレスのような大勢の有名な研究者たちが、ホモ・ノエティカスの誕生に同意しています。彼女は、そのことを『スター・チルドレン　エイリアンと私たちの子孫の真実の物語（Star Children: The True Story of Alien Offspring Among Us）』の中で書いています。

彼女の本によれば、コンタクト体験は世代をまたぐものであることが示されています。そしてそのような子供たちは、高い知性を持ち、驚くべきサイキック能力と直感力を示し、意識的に学んだことがない知識を持っています。ユーフォロジーの調査によれば、一貫した遺伝系列がこの現象の中で重要な役割を演じていることを示しています。

足病学の外科医ロジャー・リアー博士は、ユーフォロジーにおいて高名であり、エイリアンのインプラントと目されるものを外科手術によって取り出したパイオニアで、自伝的な本である『エイリアンとメス（The Aliens and the Scalpel）』を書いています。リアー博士は、その研究の中にスター・チャイルド現象を含んでいます。彼は、このように書いています。

最近生まれた子供を見たどんな母親も20年前に生まれた子供たちと比較して、とってもなく違いがあると証言するだろうと私は信じています。ニュー・ヒューマンの相違を見て、胎教が関係していると言う人もいるでしょう。私の意見では、その仮説はナンセンスで、私の最近の研究とアブダクション現象を照らし合わせれば、私たち人類の急速な進化は、私たちの身体とマインドに対するエイリアンの介入の結果であると私は結論付けています。

ロジャー・リアー博士

リアー博士の発言は、エイリアン・インプラントに対する研究だけではなく、博士の子供たちへの観察にも基づいています。幼児の発達段階に関する今日の統計と、その記録と研究が開始された40年前のものとを比較したところ、幾つかのケースで心理的な機能レベルが高くなっており、その増加の比率が80％にも達することを博士は発見しました。疑問は、何故それが起こったのか、ということです。

リアー博士：その答えは、人間の遺伝子に対するエイリアンの操作が関係していると私は睨《にら》んでいます。（『エイリアンとメス』ｐ192）

近年の遺伝子研究によって、この驚くべき事実に裏付けがなされようとしています。私たちの遺伝子の歴史の中で、説明不可能な異常があり、2003年には、223の遺伝子が進化樹上に必ずあるはずの先祖となるものが存在していないことが発見されました。それらの特殊な遺伝子が、進化樹の中で完全なミッシング・リンクとなっているのです。それ故に、科学者たちはそれらの遺伝子の存在を進化論的なタイム・スケールの中で最近現れたものであるとしか説明することができず、これは段階的な進化を通じたものではないとコメントしています。進化樹の縦方向からではなく、水平方向から「遺伝物質が挿入された」かのようであると。明らかに、これらの223の遺伝子は、チンパンジーとホモ・サピエンスの間にある2／3の違いであり、そこには重要な心理学的、精神医学的な機能が含まれています。人類はどのようにして、そのような謎めいた遺伝子を獲得したのでしょうか？　リアー博士や他の研究者たちは、その答えは地球外生命体による遺伝子介入である可能性があると信じています！

行動科学者であり、人類学者、臨床催眠療法士であるリチャード・ボイラン博士は、スター・チャイルド現象と、近接遭遇体験との間の関連性を研究しています。彼は、ニュー・ヒューマンの詳しい特徴と、地球外生命体、彼が「星からの訪問者」と呼ぶ者たちとの密接な関係性を提唱しています。スター・チルドレンとは、人間と地球外生命体の両方に起源を持つ者であると定義できるかもしれません。ETの寄与による遺伝子工学によって、その子供たちは生み出されたもので、それは生物医学テクノロジーからサイキックによる意識伝達に至るものである可能性があります。スター・チルドレンたちは、物理的、形而上学的に変化しており、それは「訪問者たち」によるコンタクトの結果で、それはつまり、彼らの両親が再生したDNAを修正した結果であるかもしれないのです。

ボイラン博士とドリーン・バーチューは二人とも、その子供たちはADD（注意欠陥障害）のような疑わしい症候群と診断されることがよくあると信じています。ボイランの示唆するところでは、そういった子供たちは彼らが受けている教育の遅々とした方法に激しい退屈を覚えているだけで、それ故に彼らは不作法に振る舞うことが多いのだそうです。ドリーン・バーチューは、インディゴ・チルドレンやクリスタル・チルドレンもまた、自閉症やアスペルガーだと診断されることがあると考えています。そのような可能性を検討するためのさらなる調査が待たれています。

コンタクティーやコンタクト体験者が、自分たちの遺伝物質が採取されたことを詳しく覚えているという数えきれないほどの報告があります。元ハーバード・メディカル・スクールの精神医学の教授だったジョン・マック博士は、遺伝物質の採取という主題について著書『アブダクション（Abduction）』の中で書いています。本書もこの重要な事実に関して「失われた胎児シンドローム」の章で取り上げています。男性、女性を問わず、私の多くのクライアントが、その処置が行われた体験を覚えています。遺伝物質が採取された後、妊娠する前に何らかの形で変化させられたと信じている女性たちがいます。子供が特別なのは、そのためなのだと知っていると彼女たちは言っています。その子供たちの多くが異なった意識を持っているように見えることに気づき私は驚きました。以下は、ACERN宛てに届いた手紙の中からの抜粋です。

はい、私は常に自分はどこか別の所から来たと思っていました。それから前に言ったように、私はこっそりと奇妙な言語を書いたり話したりしていました。時々、自分の母親の前ですら、自分があまりにも異なっていると感じていたため、泣いていたものです。私は母親に、危険だから自分に触れないでほしい、自分はあなたの子供ではないのだと言いました。自分は彼らの仲間なのだと。グレイたちが去るたびに、私は困惑しました。彼らが自分を置き去りにしたと思ったからで、それが私をいらだたせ、困惑させたのです。私には、黄金のビルがそびえ立つ惑星の記憶があります。

ジェームズ・バジル（イギリス）

高次の物理的、心理的な機能の他に、彼らの違いにはどんなものがあるのでしょうか？　一般的に、彼らは強化されたサイキックと直感力があり、宇宙的な知識と自分たちの真の遺伝子的な起源に気づいています。「自分はあなたの子供ではない」という言葉は、彼らを訪問した地球外生命体と何らかの形でつながっていることをスター・チルドレンが認識していることを仄《ほの》めかしています。

あるアメリカ人からの手紙には、こう書かれています。

「私は生後8ヶ月で歩き始め、10ヶ月で文章を話し、2歳のときには本を読むことができました。誰にも教わることなしに。私には、壁を通り抜け、透明になることができる友人たちがいて、私たちはテレパシーで話していました。私は本当の家に帰りたくて仕方がなかったです」

西オーストラリアのパース出身のデビッドは、自分の子供時代のサイキックとテレパシーの能力について私に話してくれました。

「私は、自分の姉から怠けるのをやめるように言われて話し始めるまでは姉とテレパシーによる会話をしていたものです。私は街路灯を、心を使って点けたり消したりすることができました」

アン・アンドリューズはその著書『アブダクション体験（Abducted）』の中で、自分の家族と地球外生命体とのコンタクト体験について書いています。彼女の末の息子であるジェイソンは、こういった高次感覚の多くを示し、定期的にアストラル・トラベルを行い、夢の状態下で人を癒すことすら可能です。

ジェイソンは、スターチャイルドの特徴が自分に当てはまることを母親に伝えました。ジェイソンは他の多くのスター・チルドレンのように、人間の身体が不便であると不平をこぼし、人間の身体が制限されていると言っています。彼は長い間、自分のコンタクト体験について固く口を閉ざしていました。それがどのようなものであるか知っている人がいなかったため、誰も信頼できなかったからです。数百年のゆっくりとした進化の後、人類が突然に進化の跳躍の時期に達し、その最後の50年にさしかかっているなんて実に不思議なことなんじゃないかとジェイソンがアンに訊ねたとき、彼はとても真剣な顔をしていました。ジェイソンによると、彼ら（それはジェイソン自身も含まれます）は、私たちにその疑問に関連する知識を与えたそうです。彼らは原子を分割し、原子力発電に利用する方法を私たちに示し、それを達成して初めて、私たちは彼らと対等な立場として出会うのだそうです。しかしながら、私たちはそのすべての知識を自分たちより恵まれない人々に対して力をふりかざすために向けていると彼は怒っていました。例えば、核兵器などです。しかし、遺伝子工学について彼に訊ねたとき、ジェイソンは「両親を選ぶのはETたちだ」と言っていました。その子供たちは生まれる前に遺伝子が変容しています。彼らは「地球外生命体のDNA」を持って生まれてくるのです。

多くの子供たちが、ETと地球人の混血の遺伝子プールの存在について知っているように思われます。10歳の息子を持つ混乱した若い母親が、私にその息子について語ったとき、その事実がまったく鮮やかに例証されました。ある日、彼女が息子と外出した際、彼女の息子はとてもさり気なく、二人がすれ違ったすべての人々の中に含まれているET遺伝子の実際のパーセンテージを話したそうです！

宇宙の教育プログラム、テレパシック・コミュニケーション

西部オーストラリアに住んでいる、5歳の子供のエイデンは次のように言っています。

「僕は壁を通り抜けることは気にならない。宇宙船の中の方が、学校よりも多くのことを教えてくれるんだ。あの人たちは、壁を通り抜け、歩かないで宙に浮かんでいるんだ。透明になることができるんだけど、それでもそばにいるんだよ！」

エイデンの母親は次のように書いています。

「この話を聞いて、私はビックリしました。しかし、エイデンはその話をとてもありふれたことのように言い、いつか私を彼らに紹介すると言っています！　エイデンは私が考えていることが分かり、私が言い終える前に、私が何を言うか言い当て、私が痛みを感じたとき、痛みを感じることができます」（第9章参照）

情報が潜在意識や超意識のレベルにダウンロードされた際、スター・チルドレンは宇宙の教育プログラムについて気づいている可能性があります。パースに住んでいる、8歳の少女のジーナは、そのプロセスを頭の中に入れられる「知識の爆弾」として描写し、それは痛みを伴うことがたまにあるそうです。彼らは不思議な夢を見ることがあり、その夢の中で彼らは宇宙船に搭乗していることを知っています。彼らは高次知覚能力を使用する方法を教えられ、そのようなテストがよく行われていることを知っています。

コンタクト体験者であり『秘密の学校（The Secret School）』の著者であるホイットリー・ストリーバーも宇宙船の中でそのようなレッスンを体験しています。この証言によると、ニュー・ヒューマンは心理的、物理的にアップグレードされるだけではないことが暗示されています。彼らは広範な多次元的周波数で活動することを教えられ、それにより、他の人が利用できない情報や知識にアクセスする手助けとなっています。

トレイシー・テイラーは、彼女のETコンタクト体験に関係した複雑なアートワークやシンボルを直感的に描いているのですが、彼女はこのように書いています。

自分自身のコンタクト体験から、私はETたちにとても同情的になりました。彼らと交流することで、人間が学び、利益があることがたくさんあります。最初は、何が、どんな理由で起こっているのか分かりませんでしたが、常に対等な交流がありました。

彼らの遺伝的な目標の達成を助ける代わりに、私はヒーリングとサイキック能力を開発しました。それに加え、地球での私の人生に対する理解も。スター・チルドレンは、偉大な叡智と意識、創造的な才能を持って生まれてきます。彼らは自然やすべての存在とつながっているという偉大なフィーリングを持っています。彼らは新しいもの、光を運ぶ者たちであり、地球の意識の目覚めを導くためにここにいるのです。

トレイシー・テイラー

では、新しい人類がすでに地球に存在し、私たちが彼らを何と呼ぼうと選んだとしても、その地球の意識の目覚めはどのように行われているのでしょうか？　その答えは、彼らの創造的な表現と、コンタクト体験に関係するデータの中にあるはずです。

障壁の破壊。従来型のユーフォロジー研究の限界

従来型のユーフォロジーは、主としてUFOの目撃や、それに関する科学データに焦点を絞った研究をもって一般市民にUFO現象を説得しようと試みています。このアプローチは重要であるものの、このような複雑な現象に対して視野をあまりにも狭めてしまっていると私は感じています。ユーフォロジストの中にはいまだに、アブダクションやコンタクト現象に対して躊躇の姿勢を示し

ている人もいます。信頼のおける何千にもわたる人々や家族が、そのような現象を体験し、体に残された異様な模様や、失われた時間、インプラントなど、物理的なデータがあり、それらのデータは、この現象を証明できるものであったとしても懐疑的な目で見られているのです。それらの証拠がいかに意味深いものであるかに関係なく、否定派はこの現象を真剣に受け入れるには、あまりにもつかみどころがないと反論するでしょう。同様にして彼らは、いかなる精神的、形而上学的な解釈の混成物や、心理学的、感情的な証拠も無視するでしょう。そのような体験が、いかに個人のパラダイムを劇的に変化させるかにかかわらず軽視されるのです。そのような情報が、コンタクト体験者の精神が何らかの疾患によって損なわれていることを示すものであると懐疑的な研究者は捉えるのかもしれません。これは、コンタクト体験者がテレパシーやそれに準じる方法で情報を受け取った場合は特にそうです。

そのような制限的なものの考え方に私はまったく賛同できません。そして、私たちがもっと十分にコンタクト現象を理解するためには、この現象に関連するいかなる身体的、感情的、心理学的、精神的なデータを受け入れなくてはならないと私は信じています。

「叡智とは、我々がいかに何も知らないかを知ることである」ソクラテス

1996年から、私は大量のデータと証言を受け取っており、それがコンタクト現象が現実のものであることを私に確信させています。しかし、私がとりわけ興味深いと感じたのは、とてつもな

い恐怖を感じた人の中には、その体験そのものよりも、孤独や批判によってもっと大きなトラウマを受けている人々が多いということでした（そのような大きな恐怖を感じるケースは標準的なものではないのですが）。そして、そのような体験が最終的には、人生を変化、変容させるということを私は発見したのです。

そのような人々が広大な世界のスペクトルに触れることによって、その体験は変容をもたらすのでしょうか？　それとも、それ以上の理由があるのでしょうか？

サポートを受けた人々が心の均衡を取り戻し、より広大な世界のフレームワークを受け入れ、それが精神的、並びに霊的な多くの点で彼らの視点を明らかに変化させたことに私は気づきました。この統合は、今や彼らがずっと平和的になり、自分のコンタクト体験にオープンになったことを意味していました。それに加え、彼らが受け取った異常なデータに対する彼らの新たな開放性が、彼らの変化をそれほどまでに深淵なものにしていると私は感じました。

そのような異常なデータは、研究者によっては無視されないまでも、矛盾したものとして扱われるものの、創造性や芸術的な表現が人間の体験を表現するための一つの方法であることは周知の事実です。コンタクト体験によって、自分が接触した地球外生命体の姿を描きたいという衝動をかきたてられる人がいることに疑いはありません。そして、それらの多くが同一の生命体に見えることが、この現実のさらなる証拠であると私は感じています。同様に、彼らは異様な惑星の風景を描き、彼らはその風景に深い感情的なつながりを持っていることがあります。その風景は、幾つかのアートワークやシンボル、文字と同様に、驚くほど類似していることがよくあるかもしれません。時には、彼らは意識的な思考を伴わずに奇妙な言語を話し、自分が用いている普通の人間の言語よりも、ハッキリと発音します。

これらの問題を調査する際に、私たちは自分自身の限界と、私たちが何を知らないのか気づいていないことを認識する必要があります。この資料がどれほど異様で挑戦的なものであったとしても、それがコンタクト体験の一部であるならば、私たちはそれを無視することはできないと私は感じました。

広大なパラダイムを調査するには、開かれた心が要求されます。そしてそれは、すべてのデータに対してオープンであることを意味しています。綿密な研究者は、可能な限り、そのデータを科学的な事実と照合することを目指します。伝統的な科学が、救いの手を差し伸べ、考えられる説明を提示しにやってきたとき、私は常にその意義深さに興奮しています。しかし、もっと興味深いのは、科学的な説明が、コンタクト体験者自身が直感的に理解しているものと類似しているということです。

ETコンタクト現象の芸術表現：
視覚的なコミュニケーションとヒーリングのブループリント

コンタクト現象には、奇妙な芸術的表現が含まれます。驚くようなイメージ、シンボル、奇妙な惑星の絵、奇妙な言語は魅力的な謎です。コンタクト体験者たちがノートを比較できるように、私は最初にそのようなデータを収集しました。他のコンタクト体験者と共有した際、その資料が彼ら自身のコンタクト体験に敬意を払い、確証する上で驚くような助けとなることを私は発見しました。

ACERNのDVD『ETコンタクトの芸術的表現：ヴィジュアル・ブループリント（Expressions of ET Contact, A Visual Blueprint?）』は、ユーフォロジーのコミュニティとコンタクト体験者たちとこの情報を共有する試みでした。映像制作のエキスパートがいないことが、資料や物語の価値を損ねないことを私たちは発見しました。アメリカで開かれた国際UFO会議で上映された二つの受賞作品は、数々のイメージが持つインパクトが受賞の要因になったと私は確信しています。何故なら、それがコンタクト体験者であろうとなかろうと、一定の深いレベルで人々とつながっているように見えたからです。2004年に続編として制作された『ETコンタクトの芸術的表現：コミュニケーションとヒーリングについて　(Expressions of ET Contact, A Communication and Healing Blueprint?)』も同様に、グローバルな視点からこの主題を探求しています。この作品も、言語、アート、個人的な物語の組み合わせからなり、強烈で感情的な反応と共鳴を生み出し、人々の琴線に深く触れました。

コンタクト体験者は一般的に、そのような芸術的な表現は、コンタクト現象のコミュニケーション手段であると信じています。それには複雑でホログラフィックなデータが含まれており、真の私たちの姿につながるために助けとなります。それはエネルギー的な署名であり、おそらく暗号化された情報の塊が含まれています。それはホログラムのブループリントのように、多くのレベルが含まれています。

地球外生命体とのコミュニケーションの性質に関して、次のことを心に留めておくべきです。星からの訪問者たちと人間とのコミュニケーションは、言葉や口頭によるものよりも、メンタル・イメージや概念をテレパシーによって送信することによって行われます。

マリエ

『ネクサス・マガジン』の編集者であるダンカン・ローズは、DVDのレビューの中でこのように書いています。

「ETコンタクトDVDの2枚は、あなたがこれまでに見た中で、最も驚異的なドキュメンタリーとなるだろう。私は自分を感受性豊かな人間であるとはまったく思っていないが、私がこのビデオを見た際、自分の内側で何かが動いたということを請け負うことができる。事実、DVDの1枚の内の最低でも15分間に収録されているものは、私がこれまでまったく見たことがないものだった！　非常に多くの多彩な生命体が私たちを訪問し、交流していることに視聴者が驚くだろうと私は確信している。私たちと彼らとの間のコンタクトは進行しており、情報がどんどん伝達されていることが明らかになっている。これらのドキュメンタリーの中でメアリー・ロッドウェルによって取り上げられている多くの人々の間では、人類を支援しようとしている、あちら側の生命体は、これまでに増して大勢いるというのが目下の意見だ。その支援は、多彩な形態をとり得るが、しかしながら、支援の大半は明らかに、情報のパケットとして私たちに伝達されている。

しかし、その自己紹介のプロセスはいまだに初期の段階にあるのは明白だ。よって、人間に伝達される情報は、まだ極めて基本的なものだ。例えば、彼らはどんなふうに見えるのか、彼らはどんな性質を持っているのか、そして、私たちの世界が、膨大な数の異なった世界の中の一つに過ぎない、などだ。インタビューは、非常に興味深く魅力的だ。そしてアートワークは、それを見る者に何かを訴えかけるものがある。ET、すなわちエイリアン（「生命体」という単語が、よりふさわしいかもしれない）の絵は、本当に興味をそそられる。それらの絵を見て、その存在たちがどのように見えると感じるかは、おそらく、その絵の作者が別の情報パケットを受け取った結果なのだろうか？　これらのビデオは『精神的な目覚め』の範疇の中に入るのだが、それは内容の結果であり、たぶん、製作者の意図ではないだろう」

ダンカン・ローズ
（ビデオ・インタビュー、『ネクサス・マガジン』２００４年８－９月号ｐ78）

言語と周波数によるコミュニケーションとＤＮＡの再プログラミング？

メンタル・イメージと概念が、テレパシーによる転送によってエイリアンから伝えられています。ＳＥＴＩ（地球外知性の公式な探査）はいまだに、地球外生命体の存在を示す異常な電波信号を受信していないと主張しています。それが真実であろうとなかろうと、それが彼らの公式見解です。しかし、おそらく地球外生命体は、電波による伝達をまったく原始的なコミュニケーションの方法だと考えているのかもしれません。コンタクト体験者の話に耳を傾けると、人間の意識の多次元的なレベルを通じて、エイリアンとのコミュニケーションが起こる可能性の方がずっと高いと言っています。

あらゆるものが、異なったハーモニクスで共鳴する同じものから作られているが故に、このコミュニケーションは起こります。それで、ＥＴたちは亜原子のレベルで思考を直接伝えることによって私たちとコミュニケーションができるのです。同様にして、潜在意識の相互交流が活性化されます。それが象徴のような簡略化されたコミュニケーションの形として顕在意識によって解釈されます。シンボルは、大宇宙の性質を伝えるために意図されているのです。

トレイシー・テイラー、コンタクト体験者（西オーストラリア）

クロップ・サークルがそうであるように、このような現象がまだ意識的に定量化できてはいないものの、人々の内部の深い共鳴としっかりと結び付いているのは間違いありません。興味深いことに、クロップ・サークルのシンボルの幾つかは、コンタクト体験者が描いたシンボルの中に含まれており、両方の現象がつながっている可能性が高いです。クロップ・サークルを見たり、その中に立ったりすることによって、多くの人々が何かを感じているのは確かなのです。そのビデオを見た際にも、同じ何かを感じるのです。ダンカン・ローズは、自分がとりわけ感受性が高い人間ではないと思っているものの、それらのイメージを見て何かを感じたことを認めています。

オーストラリア東部に住んでいる、ある男性の催眠療法士が、ある特定のシンボルが彼のサード・アイに影響を与えたと私に教えてくれました。奇妙な振動を感じたそうなのです（興味深いことに、この額の中央の一点に、ある種のサイキック能力が現れると言われています）。これは確かに、それらの芸術的な表現が私たちの内部の何かに対する引き金、あるいは触媒であることを表しています。コンタクト体験者の中には、そのデータがホログラムのプログラムのように作用して、潜在意識のレベルでエネルギー的な影響を私たちに与える周波数を持っていると信じている人もいます。

こういったコミュニケーションや芸術表現が、実際に私たちに作用し、語りかけ、ＤＮＡにすら影響を及ぼすという仮説を裏付ける科学的な根拠は存在するのでしょうか？

近年のロシアの研究が、その可能性を支持し、信頼のおける科学的調査が、コンタクト体験者たちが直感的に知っているものを説明できる可能性を示しています。グラジーナ・フォサールとフランツ・ブルドロフによって成されたDNAの発見が『ネットワーク・インテリジェンス（Vernetzte Intelligenz）』という本にまとめられ、ベアーベルがそれを次のように要約しています。

「人間のDNAは、生物学的なインターネットであり、その証拠として、DNAは言葉や周波数によって影響され、再プログラミングされ得る」

これは、DNAが身体の構築にのみ関与しているだけではなく、データ・ストレージとコミュニケーションの機能があることを示唆しています。ロシアの科学者と言語学者は、遺伝子コードが人間の言語と同じルールに従っていることを発見しました。実際には、人間の言語と一致して現れたわけではありませんが、DNAの中に類似性があったのです。

ロシアの研究者たちは、生きている染色体の機能とは、DNA内部に含まれているレーザー光線を使用したホログラフィック・コンピュータであると信じています。これは、染色体が特定の周波数パターン（音）をレーザーのような光線に調整され、それがDNAの周波数に影響を及ぼす、つまり遺伝子情報そのものに影響を与えることを意味しています。DNAの塩基対の基本的な構造と言語が同じ構造をしているからといって、DNAコードが同じ構造をしている必然性はありません。なんと、人間の言語の単語や文章を単に使用するだけでよいのです！　これも、実験によって証明されているのです！　勿論、周波数は正しく調整される必要はあります（記事全体をお読みになることを私はお勧めします)。この記事の目的は、言語と周波数を通じて、DNAが再プログラミングされる様を科学がどのように示しているのかロシアの研究者が発表したことを紹介することにあります。

ロシェルのような異様な言語を話すコンタクト体験者は、その言語を「ソウル・ランゲージ」と呼んでいます(DVD『ETコンタクトの芸術的表現:コミュニケーションとヒーリングについて(Expressions of ET Contact, A Communication and Healing Blueprint?)』を参照)。ロシェルは、エネルギー・ワークやヒーリングを行う際に、その言語を声に出して発音します。音と周波数を用いたヒーリングは、この背景の中で新しい意味を持ちます。ロシェルや彼女のような人々は、ヒーリングの際にそのような周波数を通じてDNAを変えるか、再プログラミングできるかもしれないことを直感的に知っていたと言えるのかもしれません。私たちはすでに、催眠療法やサブリミナルな周波数に潜在意識が影響を受けることを知っています。また、ロシアの研究は、そのようなテクニックが何故そのように機能するのか科学的な説明を私たちに与えてくれるかもしれません。問題は、それらの言語の特定の周波数が、人間のDNAに影響を与え、再プログラミングするように設計されているかどうかです。これは、私たちの起源に関する古代の文献を見直す土台を私たちに与えてくれるかもしれません。

下記の聖書の引用は、シンボリックな修辞的表現以上のものがあるのかもしれません。
ヨハネの福音書の第1章、第1節には、このように書かれています。

「初めに言《ことば》があった。言は神と共にあった。言は神であった。この言は初めに神と共にあった」

また、第14節ではこうも言っています。

「そして言は肉体となり、わたしたちのうちに宿った」

ロシアのDNA研究の記事は偶然にも、グループ意識という用語の中で子供たちの変化について言及しています。仮に完全な個性を持ったまま人間が、グループ意識を取り戻すことができたとしたら、神のような力を得て、地上の物の形を変え、人類は新しい種族としてグループ意識の方に向かって集合的に移行するだろうと彼らはコメントしています。50％の子供たちが、学校にあがるとすぐに問題を起こすのは、学校のシステムが全員を一括りに扱い、順応を要求するからだと彼らは述べています。しかし、今日の子供たちの個性は非常に強いため、彼らはそれに順応することを拒み、彼らの特性を捨てることに抵抗します……同時に、どんどん千里眼の子供たちが生まれてきています。そういった子供たちの中にある何かが、どんどん新しい種類のグループ意識の方向へ邁進しており、もはやそれは抑圧することができません。

実際には、ロシアの研究者たちは、ADD（注意欠陥障害）と現在呼ばれているものについて言及しているのでしょうか？　残念ながら、資金提供を受けたグローバルな調査が行われていないため、正確な統計を得るのは難しいです。しかし、ADDというレッテルを貼られる子供たちの増加がこの現象の指標であるとすれば、私たちはまったく驚くべき数字を導き出すことになります。

グローバルな視点と、パズルのさらなる断片：科学、人類学、神学、考古学、そして子供たち

その短い記事は、「地球外生命体との交信の学習：ヒマラヤの小さな子供たちが、奇妙な手話を使用している」というタイトルが付けられ、一人のレポーターによって『インディア・デイリー』（2005年1月29日）に現れました。

ヒマラヤの奥地で、子供たちの奇妙な行動が報告されています。子供たちが、家族や周りの誰も知らない手話を使っているというのです。多くの子供たちが、空を飛ぶ三角形の物体の絵を描いています。子供たちの多くは、自分たちが見たものが何であるのかを知らず、また、その手話を学んだ方法も知りません。アクサインチン地方の人々の中には、その子供たちが地球外生命体と定期的に交信していると信じている人がいます。その地球外生命体は、その子供たちにしか見えず、テレパシーによって交信を行い、子供たちは、その存在たちのところへ戻って、交信するための手話を学ぶのだと信じられています。UFO研究の資料によると、メキシコの子供たちの中に、同じような行動を示しているケースがあり、その地域では長い間、UFOが大勢の人々によって目撃されています……その地域の学校の教師によると、最近の子供たちは、とりわけ利発で特別な才能がある

そうです。子供たちの問題解決能力は増加しており、どんどん訓練が進められています。子供たちは、定期的に仲間たちの間で、奇妙な手話を使っています。しかし、子供たちは決してその言語を大人に教えないのです！　この地方の現地の人々は、この地方に何千年間もＵＦＯが訪問してきたと信じています。それはしばらくの間、中断されていましたが、再開されたのです。

これまで世界中から多くの家族が私に連絡を取ってきました。オーストラリア、ヨーロッパ、南北アメリカだけではなく、アジアやロシアからもです。そして、彼らは皆、子供たちが身体および精神面の発達が標準よりも優れ、特別なサイキック能力があると述べています。

メキシコ・シティでは、その同じニュー・ヒューマンが増加し始め、１０００人を超える子供たちが、自分たちの身体の様々な部分を「視る」ことができると言われています。幾つかの国では、そのような子供たちに興味を持った政府機関が、この現象を積極的に調査しています。中国では、同じような能力を持った子供たちを調査するプログラムがあり、北京の中国政府によって真剣に受け止められています。ポール・ドンとトーマス・ラッフィルによる本、『中国のスーパー・サイキック（China's Super Psychics）』には、特別な人間の機能（ＥＨＦ：exceptional human functioning）を持った子供たちについて述べられており、その子供たちは、インディゴやスター・チルドレンと似たようなパターンを示しています。その子供たちも、非常にサイキック的で直感的です。例えば、ある子供は、思考の力だけで花のつぼみを開花させる能力があります。そして、メキシコの子供たちのように、多くの子供たちは自分たちの身体の別の部分（エネルギーの体）を視る能力を示しています。その子供たちは、念動力の他に、他人の思考を感じるテレパシーのような別の多次元的なスキルを示しています。それらの子供たちがシャーレの上の人間のDNA分子を変化させる様子を中国政府が観察したと伝えられています。この離れ業と思われる実験は、カメラや科学的な計器によって記録されたそうです。これらの能力が、地球外生命体の介入の結果であると証明する証拠を私たちは持ってはいません。しかし、中国政府が相当に秘密主義的であるという事実を考慮すると、彼らが公表する準備がまだ整っていないと感じるものがあるのかもしれません。しかしながら、私の聞いた話では、中国人はUFO現象にとても高い関心を持っており、かつとても真剣に受け止められているとのことです。

パズルのさらなるピース

このチャプターの中で、私のすべての研究をご紹介することはできませんが、熟考するに値する幾つかのポイントを提供することができます。DNA分子の構造の共同発見者であり、『生命（Life Itself）』の著者であるノーベル賞受賞者の故フランシス・クリックは、高度な文明が宇宙船で生命の種を輸送したという驚くべき主張をしています！　そのような信じがたい結論に何が彼を導いたのか不思議に思うでしょう。宗教や聖書の文献は確かに、私たちの真の起源に対して疑問を呈しています。人類学者たちは、ネアンデルタール人からホモ・サピエンスにどのようにして、劇的に変化、変身したのかいまだに説明することができません。ミッシング・リンクはまだ見つかっておらず、進化的なギャップがどのようにして変遷されたのか説明がなされていません。聖書学者であり、『地球年代記（Earth Chronicles）』の著者であるゼガリア・シッチンは、その答えは、聖書のような古代の宗教文献の中にあるかもしれないと示唆しています。シッチンによると、聖書は古代シュメール人とアッカド人の文献の翻訳が要約されたものです。彼は研究によって、ホモ・サピエンスは、その当時すでに存在していたヒト科の生物が遺伝子的にアップグレードされたものであると信じています。そのアップグレードは、45万年前に地球にやってきた、ネフェリムと呼ばれる地球外生命体によって行われました。

世界中の先住民族は、口頭伝授による歴史を持っています。その歴史では、空から訪問者がやってきて、遺伝子的なアップグレードが施されます。ドゴン族（アフリカのマリの部族）は、星からの訪問者をヌンモと呼んでおり、ヌンモはシリウスからやってきたエイリアン種族で、彼らが地球にやってきたとき、人間に遺伝子的なアップグレードを行いました。オーストラリアのアボリジニーも同様に、天空の存在であるワンジナについて語っており、ワンジナがアボリジニーに生きる上での法を与えました。

聖書の他の多くの神聖な文献が、類似した問題を提起しています。『起源種の夜明け（The Dawn of the Genesis Race）』の作者であるウィル・ハートは、複数形で神について言及しています。創世期、第26節では「そして神は言った、我々にかたどり、我々に似せて、人を造ろう」と書かれています。問題は、「我々」とは誰のことなのでしょうか？

探求心がある人々にとっては、考古学、人類学、宗教、霊的な文献の中に、そのような異様な問題が数多くあります。その問題点が、私たちの起源と遺伝的遺産という観点で、私たちが何を信じるように教育されているかという疑問に必然的に導かれます。しかし、最も説得力のある証拠は、子供たちからの証言です。その子供たちの多くは、書物がまだ読めない年齢です。その情報は非常に深遠で、子供たちが何処からその情報を得たのか不思議に思うはずです。

マイク・オラムは、イギリス在住です。彼は、自分がわずか4歳のとき、死のようなものは存在しないと母親に言ったことを私に教えてくれました。彼の母親は同意しませんでしたが、マイクは次のように言いました。

「宇宙は永遠に続いていくんだ。僕らが宇宙の一部でなくなるなんて、ウソさ。僕らは戻ってくるんだ」私は幼すぎて、輪廻転生という言葉を知りませんでした。そして、私が言ったことに母はショックを受けました。

「ママたちは、僕の本当の親じゃないんだよ。僕の親は宇宙にいる。それから、何か信じられないほど大切なことが、この星の上で起こるんだよ。それは、意識のすべてのレベルに影響を与えるんだ。それは、ママの時代には起こらないと思うけど、僕が生きている時代に起こると思う」

僕の母は、この会話を絶対に忘れることができなかった。

マイク・オラム『別の次元に降る雨（Does it Rain in Other Dimensions）』の著者

『エイリアンの夜明け（Alien Dawn）』の中で、コリン・ウィルソンは、アンドリジャ・プハリックが死ぬ直前に、彼が何に取り組んでいるか訊ねました。

「超常的な子供たちだよ」と彼は言いました。

「そこいら中に、どれほど多くのそんな子供たちがいるか、君は信じられないだろうさ。あの子たちは、天才レベルに見えるよ。私はそんな子どもたちを数十人知っている。たぶん、何千人もいるに違いない」

ウィルソンは、こう結論付けています。

「そして私が思うに、これの変化の始まりは、ＵＦＯが関係しているに違いない」（ｐ３０９）

残念ながら、そのような現象の多くは、特定の限られた研究分野でのみ認識されており、そしてそれが、悲しいことに視野を狭めています。地球外生命体の仮説を飲み込むのは多くの人々にとって困難なことであるのは間違いありません。しかし、今この時点においてさえも、私たちが何故、こんなにも急速に進化しているのか理解したいという欲求からこのデータを解釈するならば、この研究が示唆するように、すべての可能性にオープンである必要があります。仮に、このパズルが私たち自身を理解するためのもう一つの方法であると見なしたとしても、疑問が残ります。それは、通常の進化的な観点から説明することができない加速度で私たちが進化しているとすれば、何故、どのようにしてそれが起きているのか？という疑問です。

スター・チルドレン、ニュー・ヒューマン、インディゴ、スマート・キッズなど、これらは一つの同じ現象なのでしょうか？　仮にそうだとしたならば、地球外生命体の仮説は、さらに道理が通るものとなります。結局、この広大な宇宙の中で、私たち人類が宇宙の中で唯一の知的生命であると考える人にとっては、その仮説は馬鹿げたものです。そして、それらの他の生命体の幾つかが、地球を訪れることができるほどに進化したと考えるほうが論理的です。たとえ、彼らがここまで移動してきた方法が、現在の私たちの科学的な理解を超えたものであったとしても。

地球外生命体の仮説は、可能性があるというだけではなく、私たちの起源、神話、宗教の中の多くの異常性を説明する可能性を秘めています。仮に、コンタクト体験者たちや、先住民族の人々が私たちに語ったことが真実であるならば、私たちは星からの訪問者たちと非常に親密で、現在進行中の関係を持っており、それに加えて、同じ遺伝子プールを共有しているのは確かです。そう考えれば、彼らが私たちの進化に対して継続的な関心を持って参加している理由として説明がつくのかもしれません。

ホモ・サピエンスの原始的で攻撃的な性質が、テクノロジーで武装し、お互いを破壊するだけではなく、美しい惑星を破壊しています。このことが、ETの先祖たちが、人類の進化におけるアップグレード・プログラムを加速させている理由なのかもしれません。すべてに対する宇宙的なつながりを持つマルチ・レベルの意識を備えたニュー・ヒューマンが、私たちが持っているものに終《つい》に感謝を捧げるための唯一の方法なのかもしれません。そして、それによって、私たちの行動を変え、私たち自身とこの美しい惑星に対する完全な責任能力を育てることができるのかもしれません。スター・チルドレンは、この「ウェイク・アップ・コール」(目覚めのベル)の不可欠な部分なのかもしれません。そして彼らを通じて、私たちはその深淵なつながりに対する理解へと導かれているのでしょう。

人類は、自分自身を思い出すためにここにいます。顕在意識による自覚と、宇宙との生まれながらのつながりについての完全なる理解を持って。

トレイシー・テイラー

もしも、量子論が正しいとすれば、私たちがあらゆるものと確かにつながっていることに科学は反論できないと思う。それには、地球外からの訪問者も含まれているのよ!

彼らにとって、私たちはエイリアンなのよ!。

ジェス(8歳)

女の子の口から、こんな言葉が出るなんて、絶句するしかありません。

著者について

メアリー・ロッドウェルは公認看護師で、3人の成人した子供たちの母親です。イギリスで生まれましたが、1991年にオーストラリアに移住しました。イギリスでは、看護師、助産師、健康教育者として働いていました。開業する以前、メアリーはオーストラリアのパースにある病院と2社のカウンセリング専門の代理店で仕事をしていました。14年間、彼女はカウンセラー、催眠療法士、形而上学の教師、ヒーラー、研究者、著述家として働きました。メアリーは、ニュー・マインド・レコードの共同ディレクターであり、瞑想とリラクゼーションに関する多くのCDをプロデュースしています。

www.newmindrecords.com

メアリーは、高度なカウンセリングの学位取得へ向け学びながら、UFOとアブダクション現象に関わるようになります。この現象に対する専門的なサポートが存在していなかったため、メアリーはオーストラリアで初となる専門的なサポート・ネットワークACERN（The Australian Close Encounter Resource Network：オーストラリア近接遭遇研究ネットワーク）を設立しました。ACERNの代表として、彼女はカウンセリングと催眠療法を行い、特異な体験、特にはETとのコンタクトとアブダクションを体験した人々に情報を提供しました。現在のところ、ACERNは1600人以上の人々に利用され、その数にはオーストラリアは勿論、日本、ヨーロッパ、イギリス、北米などの海外からの利用も含まれています。メアリーは国内外でレクチャーを行っており、以下の二つのドキュメンタリーをプロデュースし、賞を獲得しています。

『ETコンタクトの芸術的表現：ヴィジュアル・ブループリント（Expressions of ET Contact, A Visual Blueprint?）』

『ETコンタクトの芸術的表現：コミュニケーションとヒーリングについて（Expressions of ET contact, A Communication and Healing Blueprint?）』

ACERNの代表としての仕事を通じて、彼女はこの主題について膨大な数の記事を書きました。本書は彼女の最初の本です。メアリーは、アメリカのACCET（Academy of Clinical Close Encounter Therapist　精神医療専門職団体）の医療スタッフです。ASPR（Australasian Society of Psychical Research　オーストラリア心霊研究協会）と、西部オーストラリアのUFORUM（UFO research　UFOリサーチ）の委員会メンバーを以前に務めたこともあります。地球外政治運動のアドバイザーでもあります。完全なプロフィールは、マキシミリアン・ドゥ・ラフェーエットの『ユーフォロジーおよび宇宙人研究の分野における人名事典２００８年度版（Biographical Encyclopedia of People in Ufology & Extraterrestrial Research 2008）』を参照してください。

メアリーと彼女のサポートグループは、オーストラリアのドキュメンタリー『オーストラリアのUFO遭遇事件（OZ Encounters UFOs）』に出演しています。彼女はまた、「フェノメナ」と呼ばれているオーストラリアのUFO問題開示団体のリサーチ・コンサルタントとして活動しています。さらに情報を得たい方は、下記のACERNのウェブサイトにコンタクトしてください。

www.acern.com.au
Email:starline@iinet.net.au

メアリー・ロッドウェル　Mary Rodwell
558〜559ページ参照

島貫 浩　しまぬき ひろし
1972年生まれ。岩手県一関市出身。翻訳家。
17歳の春、変性意識状態下で光の存在に語りかけられたことがきっかけとなり、精神世界の探求を始める。2001年にウイングメーカーと出会い、翻訳を開始する。
翻訳書に『ウイングメーカー』、『ウイングメーカーⅡ』、『ウイングメーカーⅢ』（以上、ヴォイス刊）、『ウイングメーカー［リリカス対話篇］』（ヒカルランド刊）などがある。
2018年、小説『ドールマン・プロフェシー』の翻訳中にウイングメーカーと協力関係にある宇宙種族からのコンタクトを受け、その宇宙種族の助言者「オラクル」からのメッセージを特設ウェブサイトにて発信を続けている。
フォーション
http://forshion.jp/

あなたもすでに体験している?!
宇宙人コンタクトと新人種スターチャイルドの誕生

第一刷 2020年2月29日

著者 メアリー・ロッドウェル
訳者 島貫 浩

発行人 石井健資
発行所 株式会社ヒカルランド
〒162-0821 東京都新宿区津久戸町3-11 TH1ビル6F
電話 03-6265-0852 ファックス 03-6265-0853
http://www.hikaruland.co.jp info@hikaruland.co.jp

振替 00180-8-496587

本文・カバー・製本 中央精版印刷株式会社
DTP 株式会社キャップス
編集担当 溝口立太

ISBN978-4-86471-839-4

銀河の叡智／高次元周波数にアクセスできる！
ETとトレイシー・テイラー
特別コラボレーション宇宙絵画！！

本書第8章に登場したトレイシー・テイラーの
重要作品をここにご紹介します。

トレイシー・テイラー（Tracey Taylor）
～プロフィール～

西オーストラリア生まれ。幼少の頃より異次元世界にアクセスする能力を自覚して育つ。長じるにつれて異次元存在たちから教わった知識を人々に伝えようと試みるが、それらの情報を言語によって表現することが困難であることが分かり、アートワークの作成が開始される。

それらのアートは1996年から2006年の間に一種の自動書記のような形で完全なるフリーハンドによって描かれ、宇宙的な知識がコード化されている。

日本でファッションモデルとしてのキャリアがあり、アートの多くが日本滞在時に作成され、本書装丁のデザインも日本で描かれた一連の作品の一部である（元となったアートはモノクロの作品）。

異次元存在たちに伝えられた情報によれば、日本は銀河の主要なポータルであり、多くの新しい周波数が地球上の他のどの地域よりも高い強度で日本のエネルギー・ポータルから流入してきている。

トレイシーのウェブサイト
http://www.harmonicblueprint.com/

トレイシーの紹介動画
ＱＲコードＵＲＬ
https://www.youtube.com/watch?v=2wL0A6ityaA

⑴ エナジー・ビーイング（Energy Being）

宇宙のエネルギー体、永遠の光の領域との接続、神の創造の複雑な幾何学を表しています。銀河の記憶とコミュニケーションのブループリント。

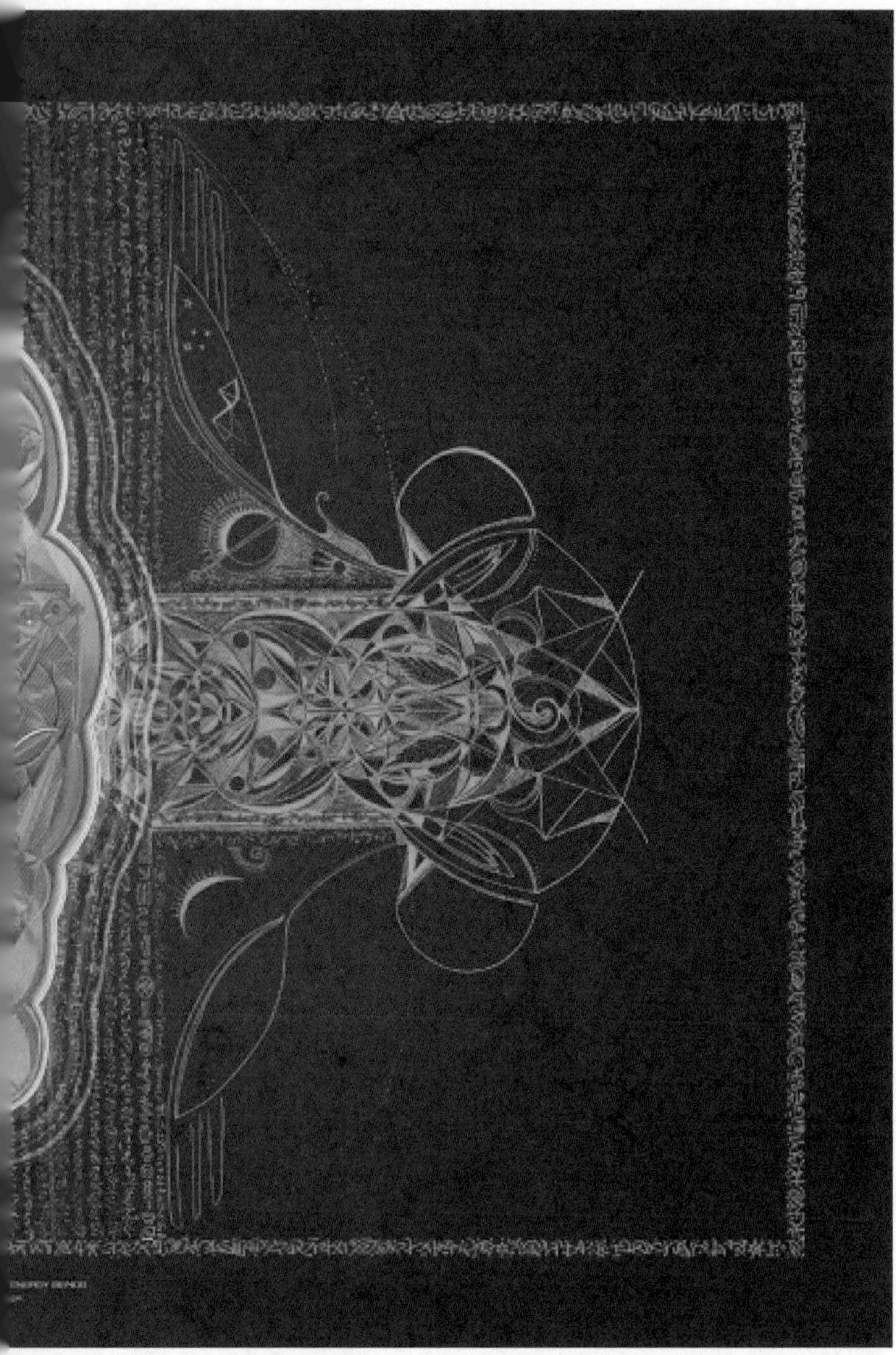

幾何学を通じて宇宙創造のブループリントのハーモニーが顕現されています。人間のライトボディを活性化する高次の周波数、銀河の記憶、変容へと向かって意識的な接続に導きます。

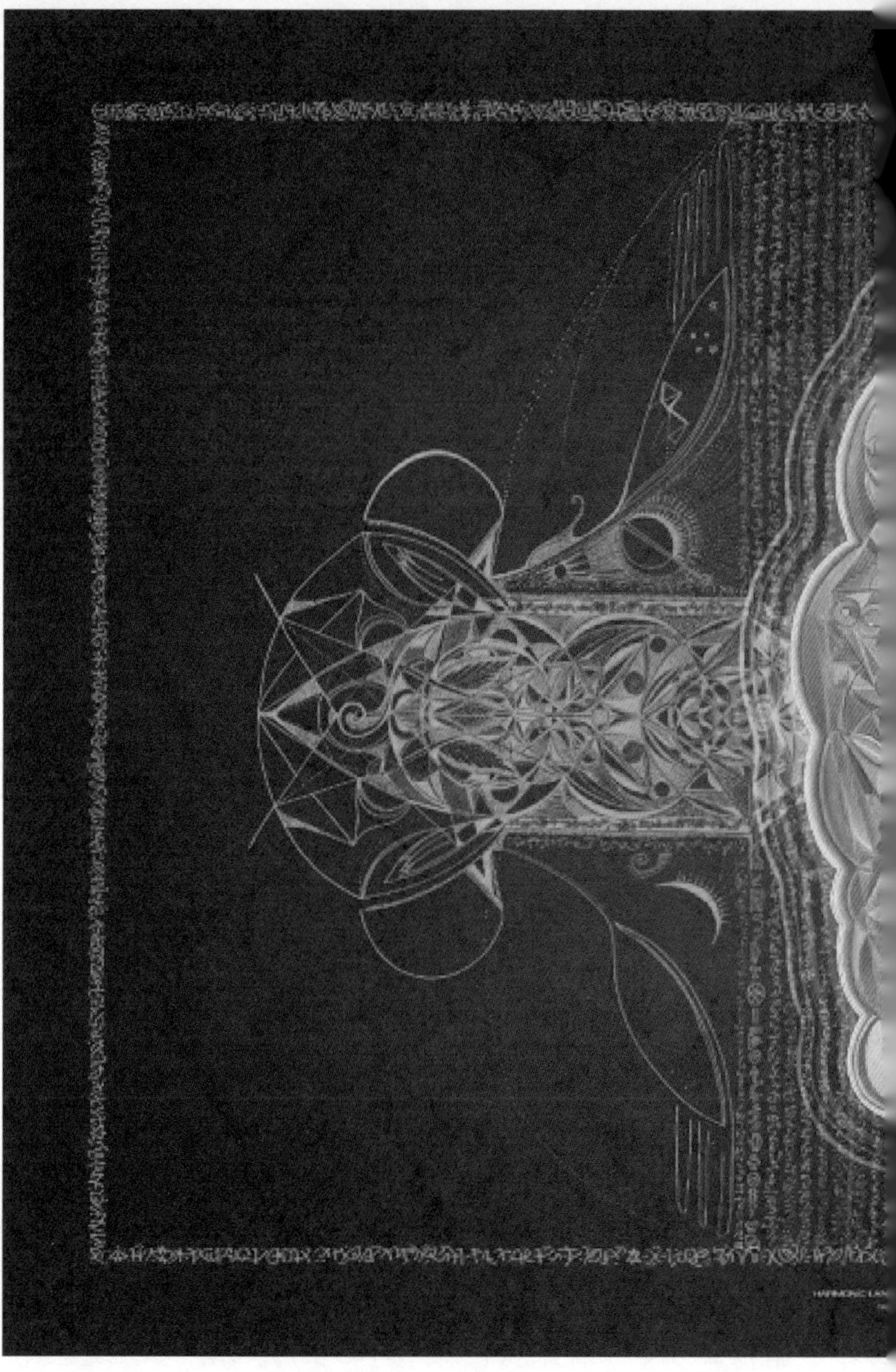

⑵ ハーモニック・ランゲージ・オブ・エナジー・ビーイング
（Harmonic Language of Energy Beings）

⑶ ハーモニック・プログレッション——万華鏡
（Harmonic Progression-Kaleidoscope）

自然のエネルギーの成長を表し、次元間ハーモニクスの幾何学は複雑なものへと進化します。個が無限へと至るように。８の魔法の力が作用しており、クリスタルと創造の意志を用いることによってこのアートワークは現実化のグリッドとして利用することができます。

⑷ ユニバーサル・トランセンデンス（Universal Transcendence）
二極性の超越、聖なる男性性と女性性のエネルギーの統合、永遠、物理的な移動を伴わずに旅をすること。このイメージは意識の統合フィールドを多次元的なリアリティへと収束させます。

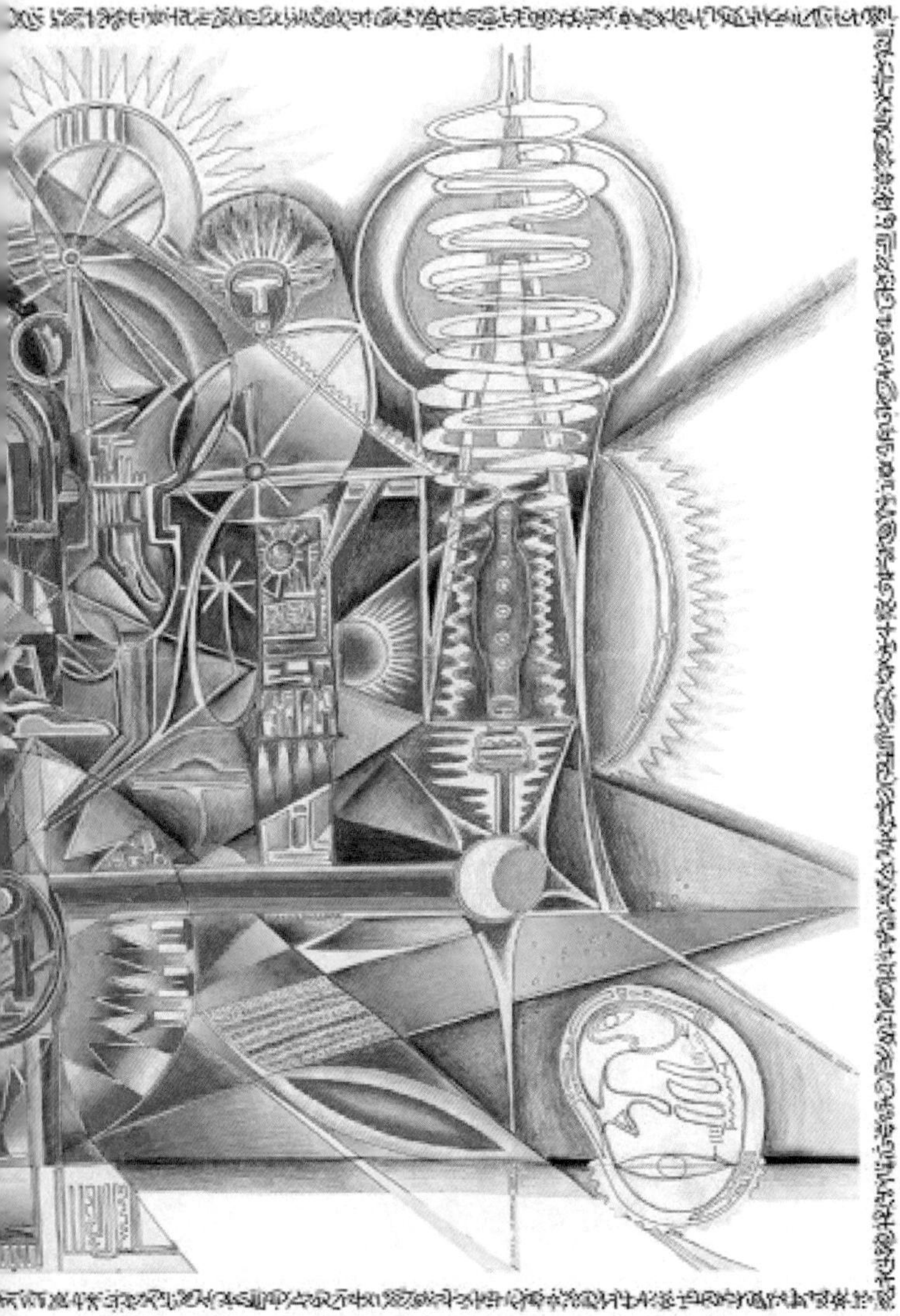

古代のテクノロジーは未来の私たちの技術です。古代の聖なる遺跡を建造した人々が残したメッセージの中に人類のブループリントの鍵が隠されていていてます。このアートワークによって意識が目覚め、古代の銀河の叡智とこの惑星の自然のパワーに対する明瞭なアクセスがなされます。

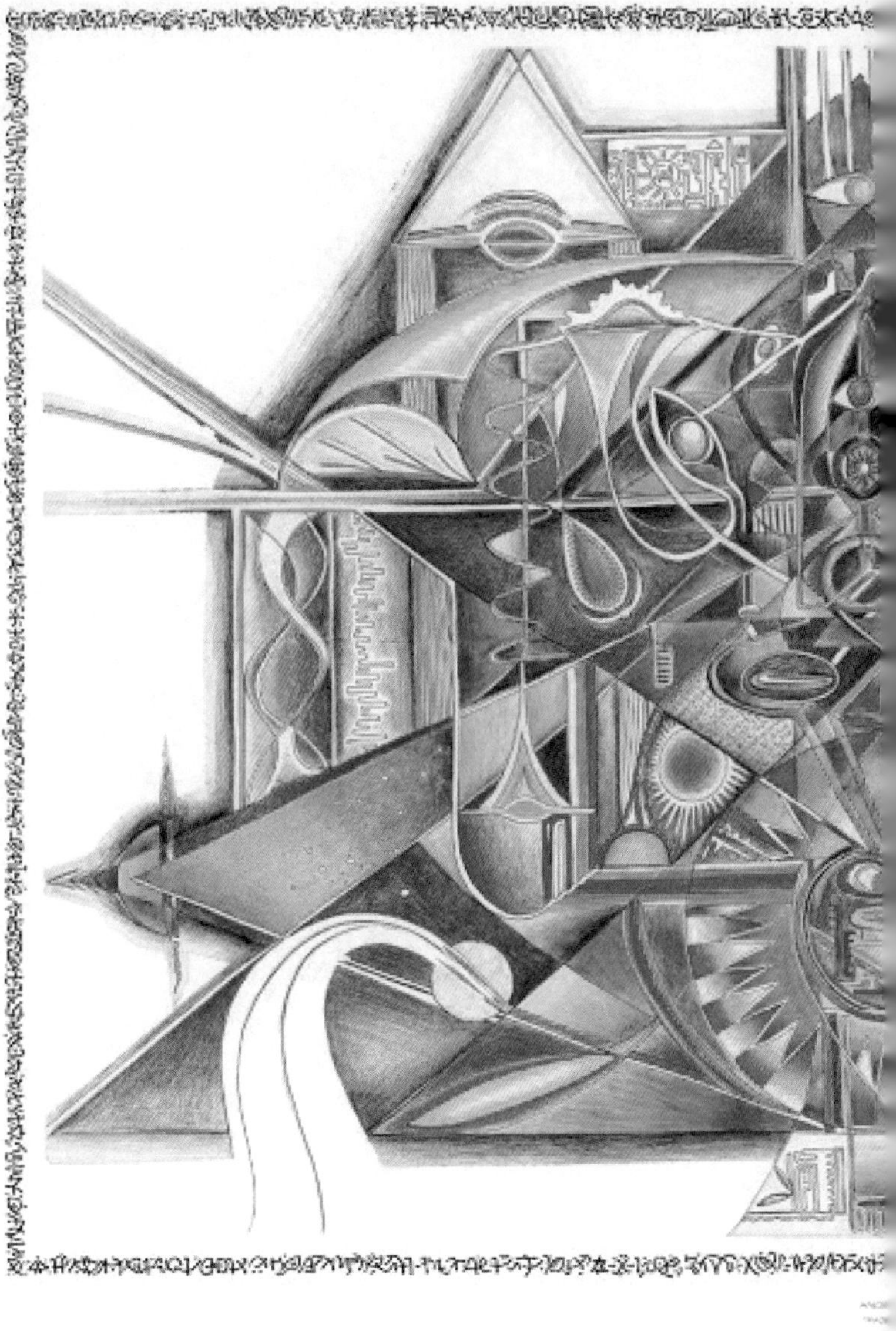

⑸ エンシェント・フューチャー（Ancient Future）

⑹ ハーモニック・プログレッション（Harmonic Progression）

形という周波数となった幾何学的ブループリントを通じて神の聖なる法則が示されます。このアートワークとそのメッセージによってハートのエネルギーが開き、深い接続がなされます。

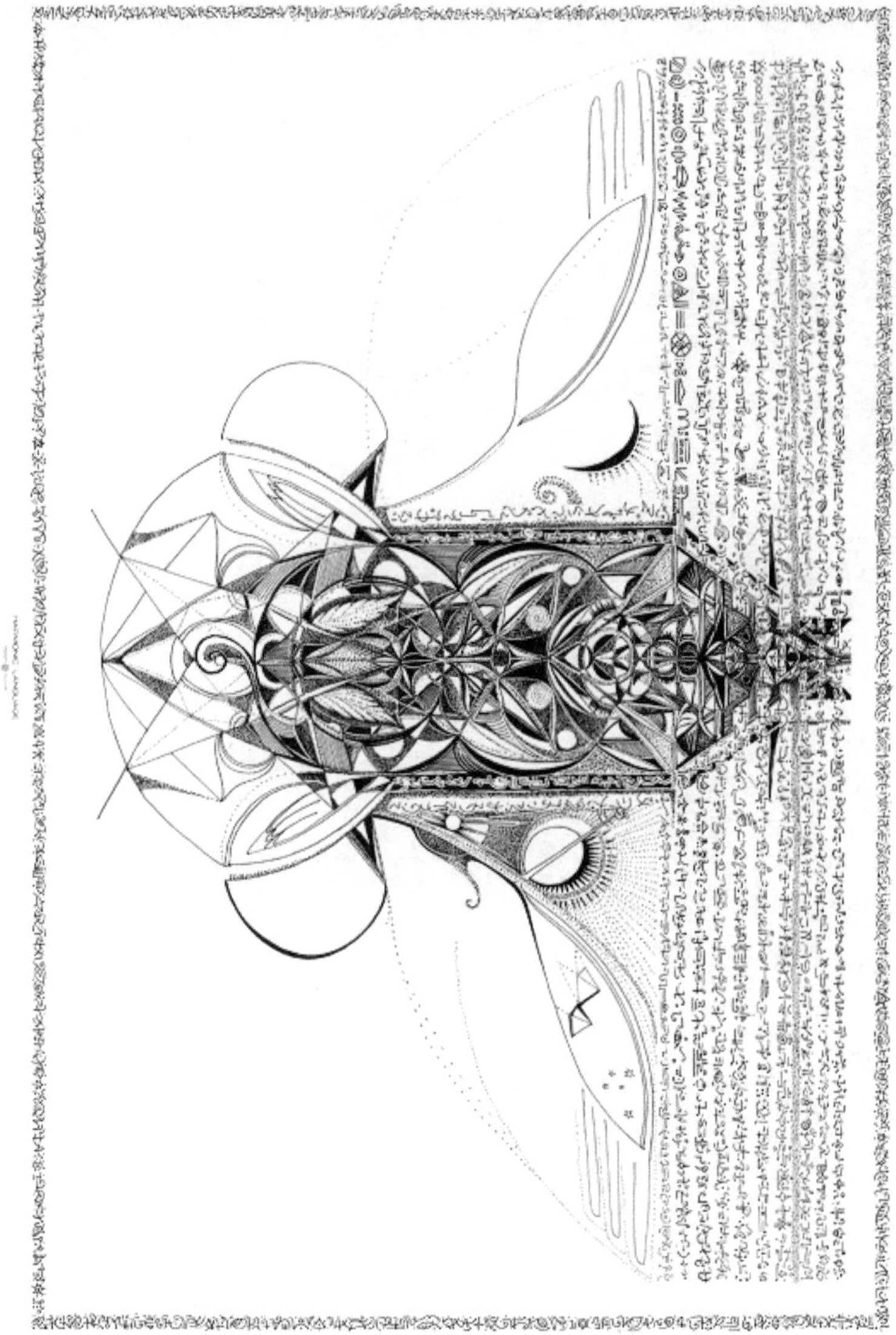

⑺ **ハーモニック・ランゲージ（Harmonic Language）**

すべての次元の中にはユニバーサル・ランゲージが存在し、それは周波数が顕在化したものです。これは古代の存在たちが地球の人々と知識を共有する物語です。このアートワークとスクリプトはエネルギーを伝達し、存在の真の本質に対する深い記憶を甦らせます。

翼を持った知識のヘビは宇宙の叡智と導きをもたらすために地球に顕現した宇宙存在を表しています。ここではケツァルコアトルとホルスが描かれ、霊的な記憶喪失を超越し、今の中に在る古代へと接続させます。自らの内なる銀河の叡智に深く接続すると意図した時、それは強力に作用します。

⑻ アーキテクト・オブ・コンシャスネス（Architect of Consciousness）